数值方法 MATLAB 实验

袁占斌　李义强　主编

西北工業大學出版社

西　安

【内容简介】 本书详细介绍了数值分析课程的基本算法，包括非线性方程求解、线性方程组的直接解法、线性方程组的迭代解法、数据插值与拟合、数值积分与微分及常微分方程数值解法等，并介绍了 MATLAB 软件编程实现上述各种方法的具体流程，给出了详细代码。

本书可作为高等学校工科专业本科生或者研究生学习“计算方法”或“数值分析”课程中数值实验环节的用书，也可作为参加全国大学生数学建模竞赛的大学生尤其是编程队员学习 MATLAB 编程的指导教材，还可作为从事科学计算的科技人员应用 MATLAB 求解数值计算问题时的参考书。

图书在版编目(CIP)数据

数值方法 MATLAB 实验 / 袁占斌，李义强主编. —西安：西北工业大学出版社，2022.2
ISBN 978-7-5612-8108-6

Ⅰ. ①数… Ⅱ. ①袁… ②李… Ⅲ. ①数值分析-Matlab 软件-高等学校-教材 Ⅳ. ①O241-39

中国版本图书馆 CIP 数据核字(2022)第 029091 号

SHUZHI FANGFA MATLAB SHIYAN
数 值 方 法 MATLAB 实 验

责任编辑：孙 倩　　**策划编辑**：杨 军
责任校对：王 静　　**装帧设计**：李 飞
出版发行：西北工业大学出版社
通信地址：西安市友谊西路 127 号　　**邮编**：710072
电　　话：(029)88493844　88491757
网　　址：www.nwpup.com
印 刷 者：陕西宝石兰印务有限责任公司
开　　本：787 mm×1 092 mm　1/16
印　　张：12.25
字　　数：321 千字
版　　次：2022 年 2 月第 1 版　2022 年 2 月第 1 次印刷
定　　价：49.00 元

如有印装问题请与出版社联系调换

前　言

在现代科学研究与工程实际中，科学计算已经与理论研究和实验研究成为并列的研究方法。目前，全国各高等学校普遍将“数值分析”(有些学校称为“计算方法”或“数值计算方法”等)作为工科各专业本科生的必修课程及工科专业硕士研究生的数学基础课程，同时该课程也是数学学科中信息与科学计算专业的主干课程。

“数值分析”本应是一门实践性很强的课程，但由于课时所限，很多学校只注重计算数学理论和计算方法的教学，并没有开设实践教学环节，不利于学生编程能力的培养。本书是为学生学习“数学建模与科学计算”课程中的上机课程而专门编写的指导用书。该课程一般设置64学时，由44学时理论课和20学时上机编程课组成，编程课程与理论课程并行进行，且顺应理论课程的教学进度进行安排。

对“数值分析”课程中的算法，虽然可以用FORTRAN语言、C语言、Python语言和MATLAB语言等多种编程工具来实现，但其中最易于上手且使用最广的当属MATLAB语言。其原因在于MATLAB专注于数值计算，且集成了大量的基础运算库和函数库，大大降低了初学者的编程难度。凡事有利就有弊，基于现成的MATLAB命令虽然可以快速实现各种算法，得到想要的数值结果，但是让初学者失去了锻炼基本编程能力的机会。本书旨在让学生从最基本的顺序、选择、循环开始一步步搭建数值分析课程中各主要算法，同时为了检验程序的正确性，将计算结果与MATLAB相关命令进行对比。

本书第1、4章由李义强编写，第2、5章由袁占斌编写，第3章由王俊刚编写，第6章由西安财经大学郭妞萍编写，第7章由空军工程大学黄志强编写，全书由袁占斌整理并统稿。博士生李露、田少博、张尚元编写和调试了大量程序。

在本书付梓之际，衷心感谢西北工业大学数学与统计学院的聂玉峰教授，他拨冗审阅了书稿，并提出了很多中肯的意见。

由于水平有限，书中疏漏之处在所难免，恳请读者批评指正，可将修改建议发送到电子邮箱 yzzzb@nwpu. edu. cn，在此感激不尽。

编　者

2021 年 2 月

目　　录

第 1 章　MATLAB 安装及使用

1.1　MATLAB 简介

MATLAB 是 MATrix LABoratory（矩阵实验室）的缩写，是一款由美国 MathWorks 公司出品的商业数学软件。MATLAB 最早由美国新墨西哥大学计算机科学系的主任 Clever Moler 于 1980 年开发。他为了减轻学生编程的负担，用 FORTRAN 语言编写设计了调用 LINPACK 和 EISPACK 程序库的接口。后来在 Little 等人的推动下，1984 年成立了 MathWorks 公司并将软件 MATLAB 1.0 推向市场，软件内核用 C 语言编写，除了数值计算外增加了数据图形显示功能。由于其开放性和高可靠性，在 20 世纪 90 年代，MATLAB 软件已经成为控制领域公认的标准软件。在欧美国家，MATLAB 已经成为线性代数、自动控制理论、数理统计、数字信号处理、时间序列分析和动态系统仿真等课程的基本教学工具，成为大学生、研究生必须掌握的基本技能。在设计研究单位和工业部门，MATLAB 被广泛用于研究和解决各种具体工程问题。2020 年，MATLAB 已经发展到 MATLAB 9.9（建造号为 R2020b）版本，包含 MATLAB 主程序包和各种可选的工具包共 110 个产品，安装需要 30 GB 左右存储空间。建议初学者在安装时选用 MATLAB 9.0 以上版本，在安装时可只选择安装 MATLAB 主程序包。

MATLAB 是一款以数学计算为主的高级编程软件，提供了各种强大的数组运算功能用于对各种数据集合进行处理。MATLAB 中所有的数据都是用数组来表示和存储的，因此矩阵和数组是 MATLAB 数据处理的核心。除了矩阵运算、绘制函数/数据图像等常用功能外，MATLAB 还可以用来制作各种带图形界面的应用程序软件。App Designer 是 R2016a 中推出的一种顺应 Web 潮流，帮助用户设计更加美观 GUI 的新平台，它将代替原来以 Java swing 为基础的 GUIDE。App Designer 有了更多的控件选择和更便捷的界面设计流程，且支持在 Web 上运行。最新版 MATLAB 将上述三个常用的功能板块分别放置在界面第一行的主页、绘图和 App 三个功能模块中。本课程中主要使用主页和绘图模块中的功能。

经过 MathWorks 公司的不断完善升级，MATLAB 软件发展得越来越优秀，功能越来越强大。与其他语言相比，其主要优势有以下三方面。

1. MATLAB 语言易学易用

MATLAB 语言既是一种编程环境，又是一种程序设计语言，其内定规则更接近数学表示，不要求用户有高深的数学和程序语言知识，不需要用户深刻了解算法及编程技巧。在其提供的方便、友好的界面环境下，用户只需要简单列出数学表达式，就能用数值或者图形方式显示计算结果。

2. MATLAB 计算功能强大

MATLAB 软件自身就是包含上千个基础数学运算函数的软件包，这些函数使用的算法都是科研和工程计算中的前沿研究成果，而且进行了各种优化和容错处理。用户可以用这些数学运算函数，方便实现各种计算功能。MATLAB 通过收购 MAPLE 软件，使用并优化 MAPLE 的符号运算内核，使得用户可以方便进行函数推导、函数求微积分等相关符号计算。

3. MATLAB 专业工具箱广泛

MATLAB 工具箱分为功能性工具箱和学科性工具箱，前者主要是扩展符号运算功能、图形建模和文字处理等功能。而后者专业性很强，它们都是由相关专业学术水平很高的专家编写开发的，方便相关领域用户直接用这些现成程序解决各学科专业领域内的复杂问题，并进行高精尖的研究。在命令行窗口输入命令 ver，就会显示当前安装的 MATLAB 中各种工具箱的名称和版本，最新版本包含 5G、机器学习、自动驾驶和机器人等许多热门专业技术的工具箱。

1.2　MATLAB 的安装

MATLAB 不仅功能十分强大，而且对主流软、硬件计算环境均提供了广泛的支持，它提供了 Windows、MacOS 和 Linux 等几种主流操作系统上运行的版本，可以在个人计算机、工作站和服务器等硬件平台上安装运行，并且具有平台无关性（可移植性），无论在哪个平台上编写的程序都可以在其他平台上运行。本节以常见的 Windows 10 操作系统为例，介绍 MATLAB 的安装方法。

首先准备好 MATLAB 的安装介质，可以从 MathWorks 官网上下载试用版或购买 MATLAB 的安装镜像文件来进行软件安装。在 Windows 10 中挂载镜像文件，选中 MATLAB 安装文件的镜像文件，右键点击选择装载，然后在 DVD 驱动器光驱中双击 setup. exe，打开安装向导，如图 1.1 所示。按照安装向导依次选择安装方法、安装文件夹、选择安装产品（针对本书内容，仅选择 MATLAB 9.5 即可），然后点击安装，等待几分钟后即可安装完毕。

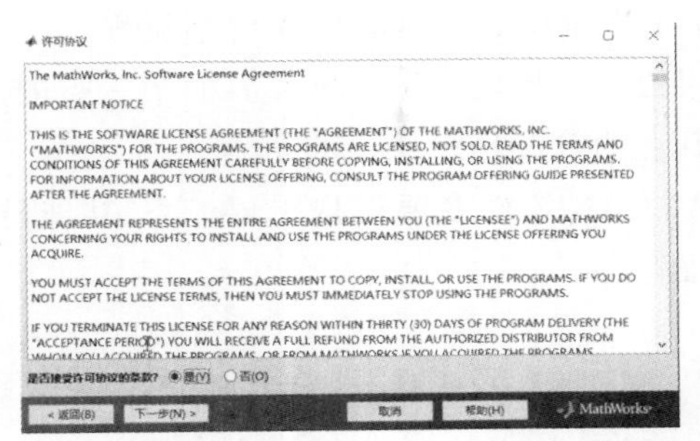

(a)

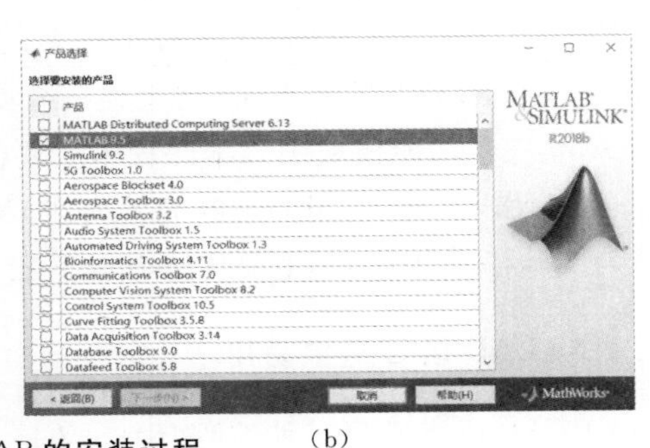

(b)

图 1.1　MATLAB 的安装过程

(a)安装许可协议；(b)选择安装产品；

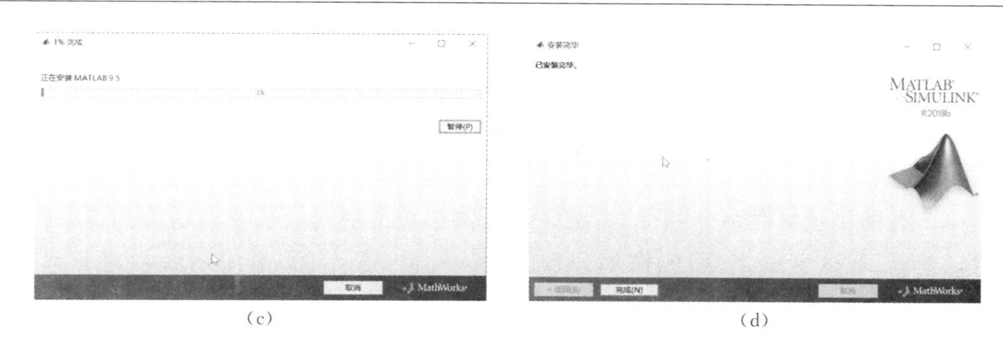

(c)　　　　　　　　(d)

续图 1.1　MATLAB **的安装过程**

(c)软件安装过程;(d)软件安装完成

MATLAB 每个版本都会有中文版和英文版,在安装时进行语言选择即可安装相应版本,而且安装好以后,也可以进行中英文切换。切换方法是点击菜单栏“预设”,在弹出的窗口,选择“常规”在其右侧面板找到“桌面语言”,选择另外一种语言,点击应用和确定,关闭并重新打开 MATLAB 就会切换到新选的语言。

1.3　MATLAB 使用

1.3.1　MATLAB 工作环境

MATLAB 安装完成后,双击桌面上的 MATLAB 图标,即可打开 MATLAB 图形用户界面(见图 1.2)。

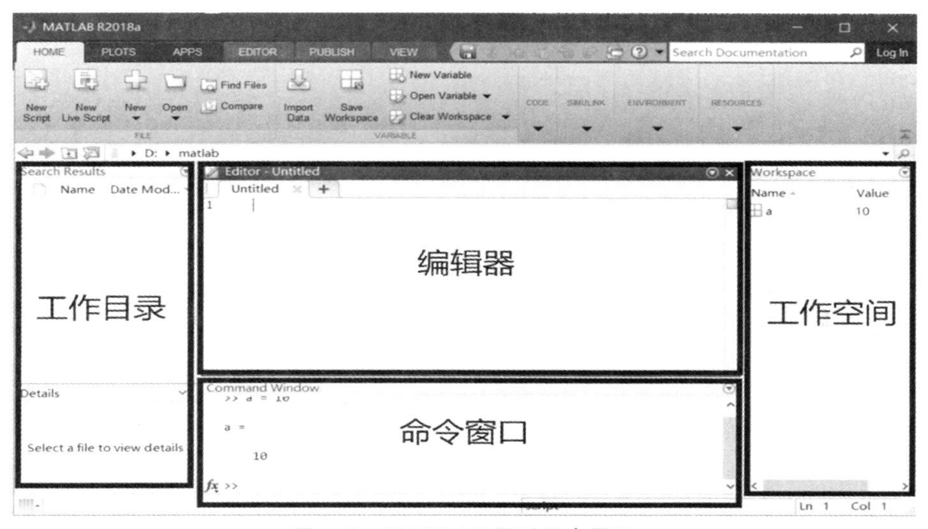

图 1.2　MATLAB **图形用户界面**

MATLAB 的图形用户界面采用了带状 (Ribbon 式)的设计,根据功能的不同,主要分为菜单栏区域，以及命令行窗口(Command Window)、工作目录、工作空间和代码编辑器等区域。用户可以根据使用习惯调整这些窗口的大小、形状或者隐藏工作目录窗口或者工作空间窗口。如果想恢复原来的经典视窗，则需要点击“布局”按钮，然后在弹出窗口选择“默认”。

当 MATLAB 运行时，如果在程序代码中有相关输入输出命令，还会弹出除了上述窗口外的其他窗口，有的用于接收命令，有的用于显示图像。常用的三个重要的窗口为命令行窗口、图像窗口、编辑/调试窗口，它们的作用分别为输入命令、显示图形、使用者创建和调试修改 MATLAB 程序。下面对一些主要窗口进行介绍。

1. 命令行窗口

该窗口是运行 MATLAB 命令的主要窗口，在此窗口通过键入 MATLAB 命令(包括各种指令和函数)，运行这些命令就能实现对应的计算、查询及对软件的操作功能，命令行也会在程序调试运行过程中显示运行过程中的提示信息、错误信息和帮助信息等。命令行窗口等待输入时，会显示双箭头提示符“＞＞”，后跟闪动的输入提示符“|”，使用者可以在闪动位置键入一些命令，进行简单计算，如在命令行窗口输入：

```
>> a=1+2 ↵
        a =
              3
```

这里符号“↵”表示回车键，敲击回车键后程序就会自动运行。常用的计算输入格式为“变量＝表达式”，如果直接输入表达式，则 MATLAB 会将结果存储到默认的变量 ans 中，例如：

```
>> 1+2 ↵
ans =
      3
```

系统会自动存储计算结果，在表达式后面输入“;”就不会在窗口显示结果。这个规则对于编写 M 文件也是一样的。例如：

```
>> a=1+2; ↵
>>
```

如果想要查询 a 的值，则需要输入 a ↵，在命令行窗口输入变量名是最常用的查询数值方式。

命令行窗口也可以输入一些常用指令来实现窗口甚至整个软件的操作，例如输入命令clc能清除当前命令行窗口的内容，让等待输入行回到顶行；输入命令clear可以清除工作空间(工作区)内的数据；命令exit或者命令quit能直接退出 MATLAB。另外一个常用的技巧是在光标闪烁处按键盘中向上方向键“↑”就会显示历史命令，上移或者下移到某个历史命令再按回车键就能实现历史命令的再次输入。由于选中的历史命令也会同步显示在命令行窗口，所以也可以对其先进行修改后再按回车键，这样就能减少命令重复输入，提高计算效率。

2. 工作目录窗口(当前文件夹)

MATLAB 包含了很多工具箱，使用者在编程时也会产生很多的文件，为了方便调用、复制或者修改这些文件，首先需要明确这些文件的工作路径。工作路径作为 MATLAB 使用各种函数和文件的途径，代表当前 MATLAB 运行时的工作目录。

在 MATLAB 界面的地址栏中的地址，代表当前的运行工作目录，默认的工作目录是软件安装路径下面的 bin 文件夹。以 R2020b 版本为例，其工作路径为 D:\Program Files\Polyspace\R2020b\bin。在命令行窗口中输入命令cd，也可以查询到当前的工作路径，该地址和地址栏中的路径是一致的。

为了使用方便，用户可以建立专门的文件夹来存放程序和数据。将程序及数据存放到指定的路径有两种办法，一种是在新建 MATLAB 的 M 文件(脚本或者函数)时，专门指定存放路径。另一种是通过命令userpath来修改原来默认的工作路径，其调用格式为 userpath('workpath')，字符串 workpath 表示新建的工作路径，比如 D:\Matlabprogram\works 表示 D 盘下的 Matlabprogram 文件夹中的子文件夹 works。这个命令需要配合命令savepath一起使用，在下次重新启动 MATLAB 后，默认的工作路径就会改变为指定的路径。需要注意的是这些文件夹应该提前建好，否则程序会报错。点击“主页”然后再点击“设置路径”也能重新设定工作路径。

工作目录窗口显示了 MATLAB 当前工作目录，包括子目录、M 文件、mat 数据文件以及其他类型文件等。在该窗口中可以对这些文件或文件夹进行新建、复制、删除、排序、重命名等各种操作。该窗口的下方一行是概况窗口，当选中某一个文件或文件夹时，该窗口会显示其概况。

在工作目录窗口操作文件或者文件夹的方法是选择待操作的文件或者文件夹，然后点击鼠标右键，在新弹出的窗口中选择相应的操作。点击工作目录窗口的空白处，再点击鼠标右键就可以创建文件夹或者 MATLAB 文件。

建议使用者在编写程序时，最好将脚本、函数文件、数据文件以及生成的图像等存放在同一目录下，方便脚本或者函数对这些文件的调用，例如脚本中需要读入数据文件 txt 中的数据，如果该数据文件和脚本在同一个文件夹中，则读入时只需要输入文件名而不需要输入文件路径，但如果该数据文件在其他文件夹中，则读入该文件中数据需要输入详细的路径和文件名。另外，这样做的好处是退出 MATLAB 程序后，可以快速找到这些文件并进行一些操作。

3. 工作空间窗口(工作区)

工作空间是 MATLAB 用于存储各种变量和结果的内存空间，该窗口显示工作空间中所有变量的名称、大小和变量类型等信息。在该空间可以观察、编辑、保存和删除各个变量。工作空间窗口和工作目录窗口既可以固定在整个用户界面上，也可以悬浮起来进行移动和调整大小。具体的方法是在窗口顶端点击鼠标右键，在弹出的窗口中选择“取消停靠”，则该窗口就会出现在所有窗口的最顶部，使用者可以根据使用习惯进行大小和形状的调整。

工作空间中保存着运行命令行窗口命令或者脚本文件时产生的一些变量，可以很直观地看到这些变量的名称、大小、字节数和变量类型等。如果想进一步查看某一变量的具体内容或者对其进行修改，可以双击该变量名称，就可以打开数组编辑器(Array Editor)。如果要查询当前存储的各种变量，可以用命令who和命令whos进行查询，前者只会显示目前工作空间存储的所有变量名，而后者会详细显示变量名、变量维数、存储字节数和变量类型等信息。

在 MATLAB 关闭时，这些变量将会丢失，如果想要保存这些数据，则可以用命令save或者鼠标操作。命令save的调用格式为 save('name.mat')，name 是待保存的变量名，且必须和工作空间的某个变量名一致。鼠标操作存储数据的方法为：鼠标左键选择要保存的数据，然后点击鼠标右键，在弹出的新窗口中选择“另存为”就可以用后缀名为 mat 的文件将这些数据保存到当前工作目录。点击“主页”中“保存工作区”按钮会保存当前工作区所有数据。

例如，在命令行窗口输入

```
>>A=[1 2 3;4 5 6]; ↵
```

工作区就会出现这个变量名和具体的值。双击工作区的变量名，就能打开数值编辑器，在数组编辑器中，将第 2 行元素修改为“1　2　3”后，在命令行窗口输入 A 进行查询，即

```
>>A ↵
A=
    1   2   3
    1   2   3
>>save('A.mat')
```

工作目录窗口就会出现名称为 A.mat 的数据文件，再在命令行窗口输入

```
>>clear all ↵
```

工作空间窗口的变量会被删除，但是工作目录窗口的数据文件依然存在。点击工作目录窗口的数据文件 A.mat，该数据会被重新导入工作空间，且在命令行窗口自动出现命令：

```
>>load('A.mat')
```

4. 编辑器窗口

在 MATLAB 中，对于一些简单的问题可以在命令行窗口输入几行命令来求解，但对于一些复杂问题，需要输入成百上千行命令才能解决，这就需要使用编辑器来事先编写一个脚本或函数文件，然后进行调试和执行，这样也方便后面修改和复用。

MATLAB 软件提供了一种如图 1.3 所示的文本文件编辑器，用来创建一个 M 文本文件来写入命令。M 文件的扩展名为 *.m。M 文件分为两种：一种为脚本文件，它是由许多命令构成的，里面第一行不以 function 开头，调用这种文件只需要在命令行窗口输入文件名即可；另一种为函数文件，第一行为函数说明语句，其中必须包含 function，例如 function y = name(x)，表示输入为 x，输出为 y 且函数名为 name 的函数文件，该文件在存储时会被自动存储为 name.m，即函数名和文件名相同。这种函数在命令行、脚本、其他函数中都能被调用，调用时必须给参数 x 传递相应的数值或者句柄。

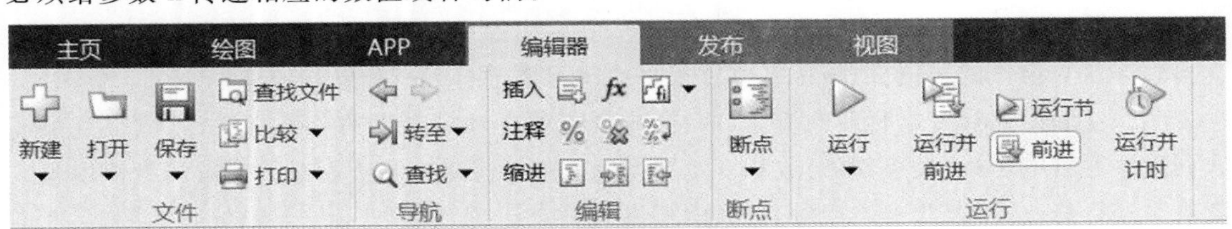

图 1.3　MALAB 编辑器菜单

在一个 MATLAB 项目程序中，只能包含一个脚本，但是可以有多个函数，且在函数中也

可以嵌套函数,但嵌套时每个函数都要用end语句结尾。由于类似于C和FORTRAN语言中的主程序和子程序,所以本书后面将脚本和函数分别视为主程序和子程序。下面介绍编辑器的一些常用技巧。

默认情形下编辑器窗口被隐藏,可以在命令行窗口输入命令edit,或者通过点击"主页"面板上的"新建脚本"按钮来打开编辑器,或者点击"主页"面板上的"新建"按钮,在下拉菜单中选择脚本、函数等。打开后,当前文件的默认文件名为Untitled,继续打开编辑器文件将会被依次命名为Untitled2、Untitled3等。编写脚本或者函数应及时存储以免文件丢失,操作方法为:点击编辑器面板上的"保存"按钮,在弹出的对话框中指定文件名称和存储路径,然后点击"保存"。如果编写的是函数(首行包含function),编辑器会自动将函数名存储为文件名。

编辑器用不同颜色的字体来对编辑器的文本进行区分,以"%"开头的为注释语句,这些语句只用来帮助理解程序,在运行过程中并不运行,默认颜色为绿色;系统关键字,比如循环结构的for和end及选择结构的if和end等,默认颜色为蓝色;字符串需要用单引号' '前后括起来,默认颜色为紫色,其他的赋值语句、输入输出语句等的默认颜色都是黑色。必须注意的是,除了注释语句和字符串中的字体可以采用中文外,其他字体一律使用英文半角字体,否则程序会报错。

由于字体大小和种类会影响编程的舒适性,所以可以根据每个人的喜好自定义字体大小和种类。具体操作是,回到"主页",点击"预设",在弹出的窗口中选中"字体",就可以选择桌面代码字体的种类和大小,这些改变会立即生效,同时改变命令行窗口,历史记录和编辑器中的字体为新设定的样式。当然也可以修改桌面文本字体,这些字体是指工作目录窗口和工作空间窗口中的字体。

1.3.2　MATLAB的启动与退出

MATLAB的启动和退出方法会因为操作系统的差别稍有不同,下面以常用的Windows操作系统为例,介绍MATLAB的启动和退出方式。

1. MATLAB常见的启动方法

(1)安装目录启动:找到MATLAB在本机上的安装目录,如C:\Program Files\Polyspace\R2015a\bin,找到其中的可执行文件matlab.exe并双击就能启动。

(2)开始菜单启动:MATLAB在安装程序时,会将软件图标和路径添加到系统的开始菜单,因此点击"开始",找到MATLAB图标,然后双击打开。为了更便于查找,可以点击图标右键,然后在弹出的选项中选择"锁定到任务栏",这样就能在桌面底部任务栏中找到MATLAB图标,双击启动。"将此程序从任务栏解锁"就可以将图标返回开始菜单。

(3)桌面快捷方式启动:这是最常用的启动方法,在安装MATLAB软件时,会在桌面自动生成快捷方式。如果该图标被误删,则可以在安装命令中找到matlab.exe,然后点击鼠标右键,在弹出的对话框中选"发送到"桌面快捷方式,这样就能重新生成桌面快捷方式。双击桌面上的快捷方式就能打开 MATLAB，由于第一次打开要查找授权文件，加载常用工具包，所以会较为费时。

(4)M 文件启动：如果直接点击需要运行的 MATLAB 脚本或者函数，也能在启动 MATLAB 的同时打开编辑器，但由于打开较慢且程序容易出错，所以并不提倡以这种方式打开 MATLAB。

2. MATLAB 常见的关闭方法

(1)关闭按钮关闭：在 MATLAB 界面右上角，会有关闭按钮，直接点击就能关闭，但如果 MATLAB 被最小化为非当前窗口，关闭它的方法为点击底部图标，然后点击“关闭窗口”。

(2)命令行关闭：在命令行窗口输入命令quit，就能快速关闭 MATLAB 窗口并退出，但该命令不会自动保存工作区数据。命令exit与quit等效，出现在更早的版本。

(3)键盘快捷键关闭：在键盘上输入 Ctrl+Q，即同时按 Ctrl 键和 Q 键，就能退出 MATLAB。

除此以外，如果运算陷入死循环、迭代时间过久时或内存占用过大，需要中断 MATLAB 程序运行。常用的快捷键是 Ctrl+C 或者 Ctrl+Break，但当内存占据过大时，这些操作就会出现失效的情况。这种情况下可以点击关机按钮甚至按快捷键 Ctrl+Alt+Del 组合键，启动 Windows 任务管理器直接结束任务，这样处理将无法保留 MATLAB 已经计算出的中间结果。

1.3.3 MATLAB 程序编写

点击图 1.3 的“新建”按钮或者使用快捷键 Ctrl+N，就可以开始编写程序(包括脚本和函数)。考虑到脚本文件简单易用，便于初学者理解，下面给出脚本文件的创建和编写示例。

例如在图 1.2 的编辑器窗口输入如下 MATLAB 脚本。

【示例程序 1】 编写 MATLAB 脚本文件(Prog1. m)。

```
1-  disp('Hello, Welcome to MATLAB! ');   % 显示 Hello, Welcome to MATLAB!
2-  x =[1,2,3,4];                          % 定义向量 x
3-  disp('x =');
4-  disp(x);                               % 显示 x
5-  disp('Bye!');                          %命令行窗口显示 Bye!
```

上述程序 1 中，命令disp是 MATLAB 的内置函数，功能是在命令行窗口显示相关信息，可以显示字符串或者数值。程序第 1 行、第 3 行和第 5 行在命令行窗口输出了字符串的内容，程序的第 2 行定义了一个向量。有关字符串和矩阵的基本知识将在下一章介绍。其中以%开头的语句表示注释语句，对程序运行结果没有影响，主要用于向程序阅读者解释说明程序语句的功能。良好的程序注释对阅读和理解程序有巨大的帮助。由于中文注释在拷贝到其他文本文件时候容易变为乱码，建议编程时用英文注释。

编写完上述脚本后，点击编辑器面板上的“保存”按钮，在弹出的窗口中将文件命名为

Prog1.m，并选择保存路径。

点击编辑器面板上的“运行”按钮运行程序，如果保存路径不是当前工作目录窗口的路径，则会提示需要改变路径，点击“改变文件夹”选项后在命令行窗口得到

```
>>Prog1
  Hello, Welcome to MATLAB!
  x =
      1    2    3    4
  Bye!
```

在命令行窗口输入 Prog1 并按回车键，会得到相同结果，这是从命令行窗口运行脚本程序的方法。从上述程序的编写和运行过程可以看出：MATLAB 界面功能划分合理，对用户友好，脚本文件程序流程清晰，编写和运行过程便于用户理解和操作。

另一种编写 MATLAB 程序的方式是将需要实现的算法和功能封装成一个函数 M 文件，每个函数文件实现一个函数的功能，在需要复用该功能和算法时，只需调用该函数即可。采用这种方式对实现程序功能的模块化和程序复用十分有利。

下面给出一个函数文件编写的示例：在编辑器面板，点击“新建”处下拉菜单，并选择函数，则会在编辑器出现一个名称为 Untiled2 的框架程序，显示如下：

```
1-  function [outputArg1,outputArg2] = untitled2(inputArg1,inputArg2)
2-  %UNTITLED2 此处显示有关函数的摘要
3-  % 此处显示详细说明
4-  outputArg1 = inputArg1;
5-  outputArg2 = inputArg2;
6-  end
```

上述程序提供了一个函数文件的框架，第一行必须以 function 关键字开头，文件名为 untitled2，这个名称也是函数名，输入变量为 inputArg1，inputArg2，输出变量为 outputArg1，outputArg2。第 4 行和第 5 行是用输入数据经过运算得到输出数据，最后一行 end 表示函数定义结束，可省略。

下面以极坐标转换为直角坐标为例，给出一个函数文件编写的示例。对于极坐标中的 (r,θ)，可以转换为直角坐标系中的点 (x,y)，转换公式为

$$\begin{cases} x = r\cos\theta \\ y = r\sin\theta \end{cases}$$

将 (x,y) 作为输入参数，(r,θ) 作为输出参数，根据上述公式来进行计算，编写名称为 Prog2.m 的函数文件。

【示例程序 2】 编写 MATLAB 函数文件(Prog2.m)。

```
1-  function [x,y] = Prog2(r,theta)
2-  x= r * cos(theta);
3-  y=r * sin(theta);
4-  fprintf('x =%f,y=%f\n',x,y)
5-  end
```

上述函数程序无法直接点击“运行”按钮运行，错误提示是“输入参数的数目不足”。错误原因在于直接运行该程序时，变量 r 和 theta 并没有赋值。调用函数的方法有命令行窗口调用和脚本文件调用两种方式。前一种只需要在命令行窗口输入下面的命令：

```
>> r=1;theta=pi/4;
>> [a,b]=Prog2(r,theta);
   x =0.707107,y=0.707107
```

上述语句实现了对输入参数(极坐标)的赋值，再调用函数 Prog2 就能计算得到输出参数(直角坐标)，函数这个概念和高等数学中二元函数概念非常类似。此处需要注意的是，调用函数语句中输入、输出变量名可以和函数文件中的变量名不同，但变量个数和类型必须相同，另外，可以直接输入数值进行调用，即调用命令可以简化为[a,b]=Prog2(1,pi/4)。执行上述命令，将计算得到的 x,y 的值传递给了输出参数 a,b，查看工作区可以发现，工作区内只保存了 a,b，而没有保存变量 x,y。这是由于函数文件调用时，只保存输入变量和输出变量，而不保存函数文件运行中产生的中间变量，如本例中的 x 和 y。Prog2.m 中第 4 行的屏幕输出功能显示 x =0.707 107，y=0.707 107，由于命令fprintf具有格式输出的功能，所以比示例程序 1 中的命令disp使用更广泛。

如果把命令行中的两行语句复制到编辑器中并按照示例程序 1 的方法生成一个脚本文件，运行这个脚本文件也能调用示例程序 2 的函数文件。从函数文件的编写和运行过程可以看出，使用函数文件的优点是可以通过改变函数的输入得到不同的输出，而不需要修改程序。

前面介绍了两种不同的编写 MATLAB 程序的方式，两种方式各有利弊，在实际中需要结合使用。对于大型的程序，通常会将 MATLAB 程序组织成一个程序包(Project)的形式，程序包一般由一个脚本文件和若干个函数文件组成，另外，包括输入数据文件及输出数据文件及图像文件。仿照 C 语言和 FORTRAN 语言，程序包被理解为一个工程，下面包括一个主程序(脚本文件)和若干子程序(函数文件)。

下面介绍用 MATLAB 程序包来绘制不同正弦曲线 $y = \sin(2k\pi x), k = 1,2,3$ 的例子。新建一个程序包(文件夹)并命名为 Prog3，按照表 1.1 的规划创建三个程序文件，包括三个程序文件的文件名、类型和功能。

表 1.1　Prog3 程序文件组织

程序文件名	类　型	实现功能
Prog3main.m	脚本文件	实现主程序的控制
Prog3sub1.m	函数文件	计算正弦函数 $\sin(kx)$的值
Prog3sub2.m	函数文件	绘制正弦函数曲线

按照规划的功能，编写程序文件如下：

【示例程序 3】 编写 MATLAB 程序包(Prog3 文件夹)。

输入：区间端点 a,b——主程序 Prog3main 第 2 行； 正弦函数的频率 k——主程序 Prog3main 第 3 行
输出：不同频率正弦函数的图像——主程序 Prog3main 第 6 行

主程序代码：Prog3main. m

```
1-  clc; clear;
2-  a = 0; b = 1;
3-  k=3;
4-  for i=1:k
5-      [x,y]=Prog3sub1(a,b,i);
6-      Prog3sub2(x,y);
7-  end
```

子程序代码：Prog3sub1. m

```
1-  function [xi, yi]=Prog3sub1(a0, b0,ij)
2-  h=(b0-a0)/100;
3-  xi=a0:h:b0;
4-  yi=sin(2 * ij * pi * xi);
5-  end
```

子程序代码：Prog3sub2. m

```
1-  function Prog3sub2(xx, yy)
2-  plot(xx,yy);
3-  hold on;
4-  grid on;
5-  end
```

程序 Prog3main. m 是整个程序的主控制程序，它是一个脚本文件，在第 2 行和第 3 行设置了函数的定义域和参数 k 的最大值，第 5 行调用子程序 Prog3sub1. m 生成绘制图像用的数据，第 6 行调用 Prog3sub2. m 绘制出相应的图像。不同的频率 $k = 1,2,3$ 通过一个循环来实现。

子程序 Prog3sub1. m 和子程序 Prog3sub2. m 是函数文件，分别计算了正弦函数值和绘制函数曲线。相应的功能可以用命令 sin 和命令 plot 实现，此处是为了展示多文件 MATLAB 程序的组织形式，把它们分别写到了两个子程序中。

多文件 MATLAB 程序包的运行方式为：首先打开 Prog3main. m，点击“运行”按钮，如果当前目录不是 Prog3，MATLAB 会提示切换到 Prog3 文件夹目录下面，或者将当前目录添加到路径环境变量。这是由于 MATLAB 的子程序查找路径首先是当前目录，然后是系统设定的搜索路径。路径切换或搜索路径设置好后，切换到主程序，点击“运行”按钮就可以直接运行

程序,绘制的图像如图 1.4 所示。

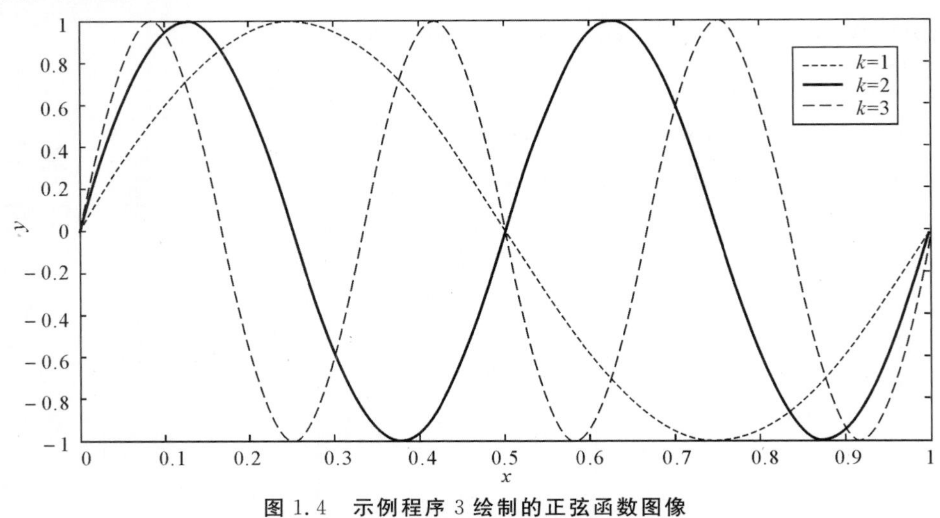

图 1.4　示例程序 3 绘制的正弦函数图像

注意:该图像中曲线并非默认绘制图像,是经过绘图命令编辑过的,具体编辑方法见下一章图像绘制部分。

1.3.4　MATLAB 程序调试

程序代码编写过程中,调试是必不可少的环节。对于较长的程序必须通过设置断点方式进行。断点是指在程序按照语句的顺序依次运行的时候,暂时停止的位置。下面介绍通过设置断点的程序调试方法。

设置断点的方法是在编辑器窗口将光标停留在准备设置断点的行,然后点击图 1.5 编辑器工具栏中的“断点”按钮,在下拉菜单中选择“设置/清除”,则会在该行的最前面出现一个红色的圆点,此即断点。如果要去除已设的断点,方法是将光标放置在要去除断点的行,点击“断点”按钮,再选择“设置/清除”就能删除断点。一个程序中可以设置多个断点,调试结束后可以点击“断点”按钮,在下拉菜单中选择“全部清除”就可以删掉所有断点。

设置好断点后,点击“运行”按钮,程序进入调试状态,编辑器菜单栏会发生变化。具体如图 1.5(b)所示,原来的“运行”按钮部分改变为“继续”按钮,该按钮右侧出现“步进”“步入”“步出”三个按钮,这三个按钮是最常用的程序调试按钮。“步进”表示程序每次向下执行一步,遇到调用函数直接执行完整个函数。“步入”表示从某程序进入下一级子程序,“步出”则表示从子程序返回上一级程序。

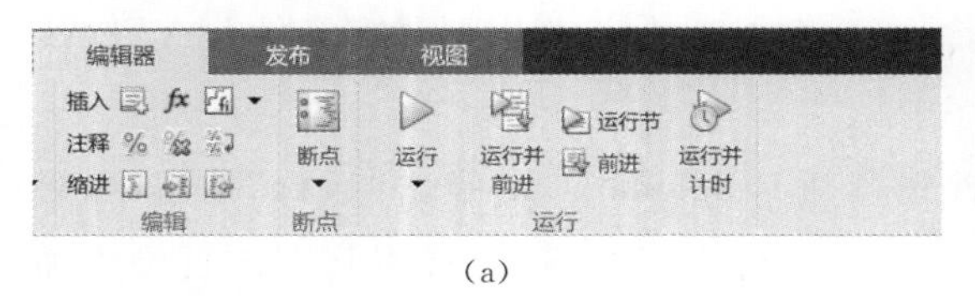

(a)

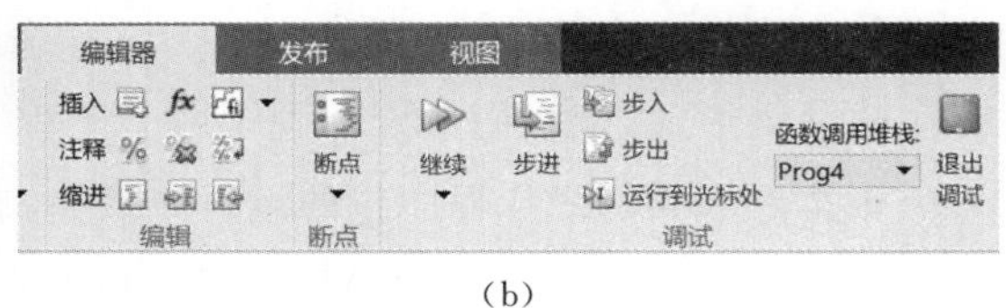

(b)

图 1.5　运行和调试时编辑器面板的变化

下面给出一个调试程序算例,该程序是计算 $[0,\pi]$ 上以步长 $h=\pi/6$ 离散得到点上的 $y=\sin x$

的导数值,并绘制图像。

【示例程序 4】 调试 MATLAB 程序(Prog4.m)。

输入:步长 h——主程序 Prog4main 第 1 行
区间离散点——主程序 Prog4main 第 2 行;

输出:离散点上的导数值和图像

调试前错误的脚本代码:Prog4main.m

```
1-  h=pi/6;
2-  xi=0:h:pi;
3-  yi=sin(xi);
4-  for i=1:7
5-      dyi(i)=(yi(i+1)-yi(i))/h;
6-  end
7-  plot(xi,dyi);
```

调试后正确的脚本代码:Prog4main.m

```
1-  h=pi/6;
2-  xi=0:h:pi;
3-  yi=sin(xi);
4-  for i=1:6
5-      dyi(i)=(yi(i+1)-yi(i))/h;
6-  end
7-  dyi(7)=(yi(7)-yi(6))/h;
8-  plot(xi,dyi);
```

运行程序,显示的第 1 个错误:"索引超出数组元素的数目(7)。出错 Prog4 (第 5 行)"。调试时,将断点设置在第 5 行,然后用"步进"单步调试,发现到第 7 次,程序出错中断。这个程序中是用向前差分公式 dyi(i)=(yi(i+1)-yi(i))/h 来计算导数值,当循环变量 i 到 7 时候,右端为(yi(8)-yi(7))/h,而由于离散点上函数值只有 7 个,所以出现索引错误的问题。修改方法为将循环指标 i 从 1 循环到 6,这样就不会出现索引错误的问题。

删除全部断点,退出调试。点击"运行"按钮再次运行程序,显示的第 2 个错误:"错误使用 plot,向量长度必须相同。出错 Prog4 (第 7 行) plot(xi,dyi)"。调试方法为:将断点放置在第 7 行,然后点击"步近",程序出错中断。由于这个命令只涉及两个输入变量 xi 和 dyi,于是在工作区分别双击数据 xi 和 dyi,查看结果如图 1.6 所示。

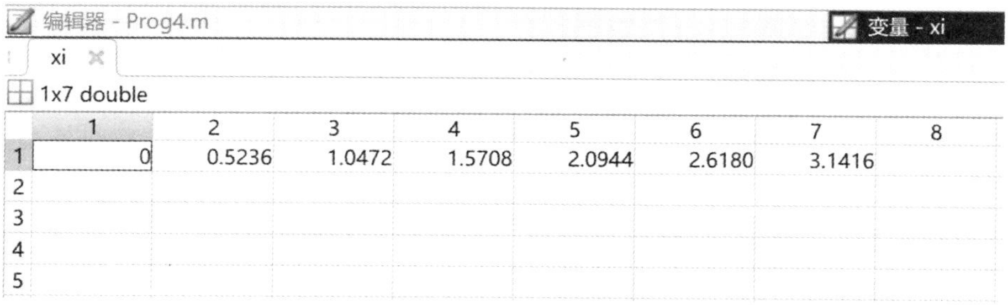

编辑器 - Prog4.m　　变量 - xi

xi

1x7 double

	1	2	3	4	5	6	7	8
1	0	0.5236	1.0472	1.5708	2.0944	2.6180	3.1416	
2								
3								
4								
5								

图 1.6　程序 4 调试中查询到变量 xi 和 dyi

(a)变量 xi;

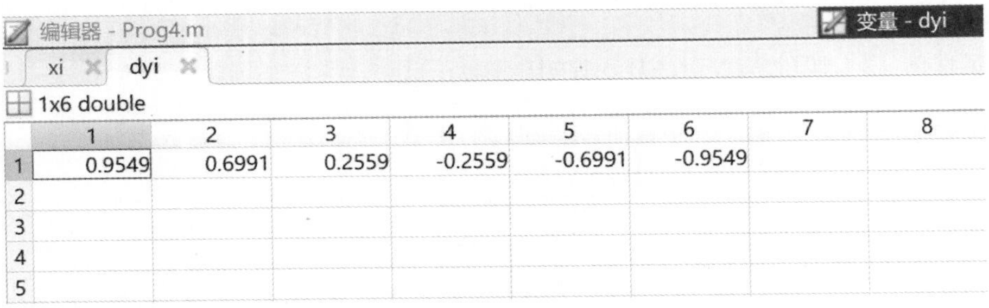

编辑器 - Prog4.m　　变量 - dyi

xi　dyi

1x6 double

	1	2	3	4	5	6	7	8
1	0.9549	0.6991	0.2559	-0.2559	-0.6991	-0.9549		
2								
3								
4								
5								

(b)

续图 1.6　程序 4 调试中查询到变量 xi 和 dyi

(b)变量 dyi

当然也可以在命令行窗口输入 xi 和 dyi 变量名查询这两个数据,更简便的查询方式是将鼠标悬浮在相关变量上即可弹出窗口显示变量的值。可以看到 xi 是 7 个元素组成的行向量,而 dyi 是 6 个元素组成的列向量,两个向量长度不一致就无法用 plot 命令绘点。修改方法是补充 dyi 的第 7 个元素,即在第 7 行前面添加一行命令 dyi(7)=(yi(7)-yi(6))/h。删除全部断点,退出调试。点击“运行”按钮,程序运行成功并绘制出和余弦函数类似的折线段。

如果调试迭代步多于 10 次的循环体,单步调试的效率将会很低。如果循环体没有错误,就可以通过在循环体后面设置断点的方法,或者在循环体后面的行处放置光标,点击“运行到光标处”按钮的方法将调试跳过循环体。

如果提示循环指标 i 在特定数(例如 100)时有错误需要调试,可以通过设置条件断点的方法来解决。具体方法是:在需要调试的代码的行号后的横线“—”处点击右键,在弹出窗口选择“设置修改条件”,在弹出的窗口中输入条件“i==100”,这样就能大幅提高调试效率。

1.3.5　MATLAB 帮助系统

MATLAB 是一种非常优秀的科学计算软件,不仅因为其功能强大,更由于它提供了完备的帮助体系,帮助不同的用户解决他们的各种需求,随着 MATLAB 版本的升级,帮助系统的完备性和友好度均大幅度提升,最新的帮助系统可以提供包括英文、中文等多国语言版本。用户要提高 MATLAB 使用水平,更快捷、更可靠、更有效地解决问题都离不开熟练掌握 MATLAB 帮助系统的使用方法。MATLAB 的帮助系统包括命令窗帮助、帮助浏览器和在线帮助等三种方式。

1. 命令窗帮助

命令窗帮助是指直接在命令行窗口通过 help 指令来获得帮助,help 指令可以将帮助内容以文本的形式显示在命令行窗口,具体的使用方法详见表 1.2。

表 1.2　命令行窗口中 help 指令的调用方法

help	列出所有帮助主题(Topic)
help [TopicName]	列出指定主题中的函数
help [FunctionName]	给出指定函数的使用帮助

例如在命令行窗口中使用 help plot 命令，即显示如图 1.7 所示的 plot 帮助信息。此处需要说明的是，MATLAB 的版本不同，说明文档也不完全相同。

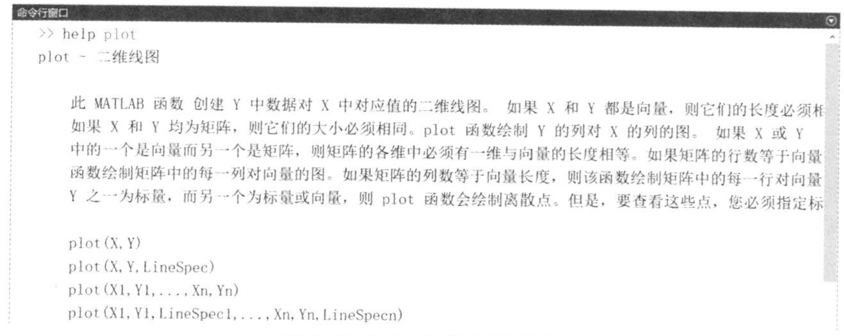

图 1.7　help 命令显示结果

使用 help 指令可以快速地在命令行窗口获得帮助，但是相较于采用帮助浏览器方式和在线帮助等两种方式获得的帮助信息并不易于阅读。

2. 帮助浏览器

帮助浏览器是 MATLAB 内置的基于 HTML 帮助内容的浏览器，如图 1.8 所示，该浏览器提供了具有良好的排版和可读性的 MATLAB 帮助文档，其界面对用户十分友善，并提供了强大的搜索功能，是用户获取帮助的主要来源。

帮助浏览器的打开方式有两种，可以在命令行窗口输入 doc 指令或者是使用快捷键 F1 直接打开。用户如果需要查找帮助内容，可以通过右上方的搜索栏进行检索，或者是按照主题在左侧的内容浏览器中查找。点击图 1.7 中“plot 的文档”也能打开帮助浏览器。

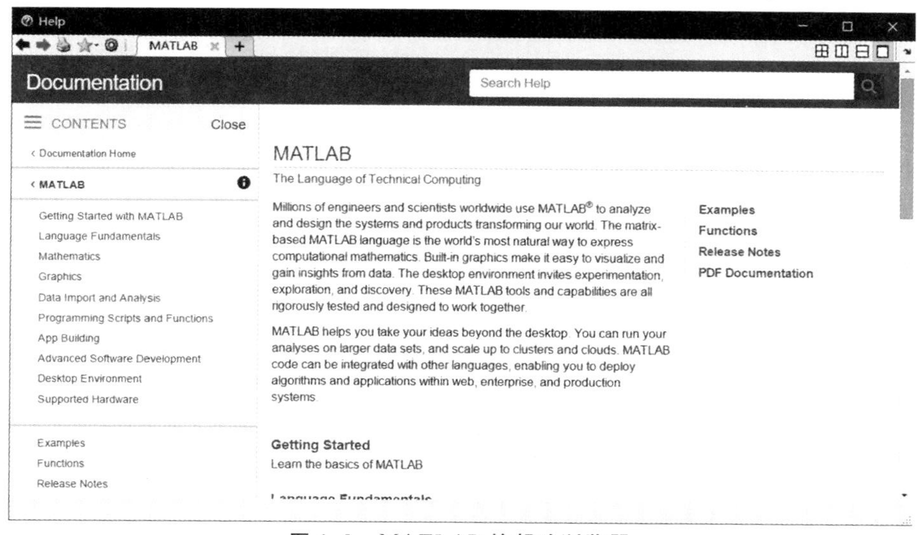

图 1.8　MATLAB 的帮助浏览器

3. 在线帮助

MATLAB 还在其官网上提供了详尽的在线文档，以及用户论坛等，可以通过其官网以及论坛寻求技术支持，帮助用户解决问题。

本章习题

1. 编写一个 MATLAB 脚本文件，使其在命令行窗口显示 100 次字符串“Hello MATLAB!”

2. 编写一个 MATLAB 函数文件，对于指定输入的正整数 n，计算阶乘 $n!$。

3. 编写程序包，其程序功能为绘制区间 $[0,1]$ 上不同频率余弦函数曲线 $y=\cos(2k\pi x)$，$k=2,3,4$，取步长 $h=0.01$。

4. 使用 MATLAB 的断点调试功能调试习题 3 所写的程序，查找 $k=2$ 时，向量 $\boldsymbol{y}$ 的所有分量。

5. 使用 MATLAB 的帮助系统查找 plot 函数的功能，修改习题 3 中绘制的曲线的粗细和样式。

第2章 MATLAB编程基本知识

MATLAB程序是为了解决某个特定问题（尤其是数值计算问题）用MATLAB语言编写的指令序列。程序设计过程包含用特定数据结构和确定算法进行编程，对代码进行调试并输出计算结果和图像等。

想要编写较好的MATLAB程序，首先要在了解MATLAB语言数据结构的基础上选用合理的数据类型，然后设计正确有效的算法，算法设计必须遵循结构化程序设计和模块化程序设计的思想。结构化程序设计由顺序、选择和循环三种控制结构组成，用它们组合的算法可以解决任意复杂的数值问题。为了减轻个人解决复杂问题中巨大的工作量负担，常常采用自顶向下、逐步细化和模块化的程序设计方法，协调多人共同合作完成整个复杂问题的求解。事实上，MATLAB的每一个命令都可以看成一个已经由他人完成的模块，在求解很多问题时，只需要调用相应模块就能快速完成任务。

本章将简要介绍MATLAB的数据结构和相关的基本运算，结构化程序设计的三种基本控制结构以及在大量数据输入输出时需要进行的文件操作和计算结果的可视化处理。

2.1 MATLAB数据结构

数据是计算机程序处理的对象，MATLAB支持的数据包括逻辑型（logical）、字符型（char）、数值型（numeric）、元胞数组（cell）、结构体（structure）、表格（table）和函数句柄（function handle）。逻辑型数据针对逻辑真和逻辑假只有1和0两个值。数值型数据包括整数、单精度浮点数和双精度浮点数。字符型变量指字符串相关的变量，以ASCII字符存储为字符数组，输入时需要加单引号。鉴于在数值方法中主要用到以上三种数据类型，下面重点介绍它们的相关知识。

数据变量名的命名规则为：

(1)MATLAB的变量名必须以字母开头，后面可以跟字母、数字和下画线；

(2)长度不超过63个字符，如果超过了63个字符，多余的字符将被忽略；

(3)变量名区分大小写。

在给变量命名时，最好选择小写且能反映变量属性的单词或者拼音来给变量命名，为了后面调用方便，变量名应该简短，同时避开表2.1中列出的部分预先设定变量。

【编程技巧2.1】 命令isvarname用来判定设定的变量名是否符合MATLAB的命名规

范，其结果是一个逻辑变量，1 代表是，0 代表否。

例如在命名窗口输入：

```
>>isvarname('1a') ↵
ans=0
>>isvarname('a1') ↵
ans=1
```

结果说明 a1 可以作为变量名，而 1a 不能。上面符号>>是 MATLAB 命令行窗口输入提示符，在光标闪动处可以直接输入命令流，要执行命令流只需敲击回车键，本书中用符号"↵"代表回车键，结果 isvarname('1a')是一个逻辑型变量，由于没有指定变量名称，所以输出使用默认变量名 ans。

对于直接赋值的任意类型数据，MATLAB 将自动使用默认变量名 ans。

例如在命令行窗口输入：

```
>>5 ↵
ans = 5
```

表 2.1　MATLAB 预留的部分变量名

变量名	含 义	代表值(双精度格式)或范例
pi	圆周率	3.141592653589793
eps	被近似值的机器精度	eps(1)=2.220446049250313e−16
Inf	无穷大	1/0
NaN	无法定义数或缺失数	0/0
i,j	虚数单位	1+2i
realmax	最大实数	1.797693134862316e+308
realmin	最小实数	2.225073858507201e−308

MATLAB 不需要像 FORTRAN、C 语言一样，事先定义每个变量的类型和维数，而是通过直接赋值创建变量(矩阵)，并根据其维数自动分配存储空间。

在编程过程中，变量还有固定量和变化量之分，通常相应地称它们为常量和变量。由于 MATLAB 基于矩阵来表示任何变量，所以没有严格区分常量和变量。在对已存在变量赋值过程中，将使用新值代替旧值，并以新的变量类型和维数代替旧的变量类型和维数。为了防止不想改变的数据在程序后续执行中被改变类型或者维数，最好使用不同的变量名来定义不同的变量，有些重要的参数可以用命令global来将其声明为全局变量，不容许后面更改。

根据变量当前状态下是否有具体数值或者字符串，将变量分为实参变量和形参(虚参)变量。如果 M 文件同时包含命令文件(script file)和函数文件(function file)，这里命令文件相当于主程序，而函数文件相当于子程序。调用命令文件的方法来执行程序的过程中，主程序中的变量一般是实参变量，即变量都有相应的赋值；而函数文件中的变量都属于形参变量，只有当程序执行到该子程序时，才将主程序相应的数值传递给形参变量，因此在执行程序时不能直接执行函数文件，必须先执行命令文件。

例如：用海伦公式求一个边长分别为 1 cm，1 cm，1.5 cm 的三角形面积，其程序为

输入：三角形三边长 a,b,c——主程序 TAmain.m 第 2～4 行
输出：三角形面积—主程序 TAmain.m 第 5 行

主程序代码：TAmain.m

```
1-  clc; clear;
2-  a=1;
3-  b=1;
4-  c=1.5;
5-  S=TAsub(a,b,c)
```

子程序代码：TAsub.m

```
1-  function Sf=TAsub(af,bf,cf)
2-  p=(af+bf+cf)/2;
3-  Sf=sqrt(p*(p-af)*(p-bf)*(p-cf));
4-  end
```

在编辑窗口打开主程序，点击 debug 菜单项中选 run 按钮，或者在命令行窗口输入主程序名 TAmain ↵，就可以得出结果 S =0.496078370824611。上述例子中，主程序变量 a,b,c 都是实参，子程序变量 af,bf,cf 都是虚参。只有当主程序执行到第 5 行时，才将实参 a,b,c 存储的数字 1,1,1.5 分别传递给虚参 af,bf,cf，子程序利用这些值计算出面积 Sf，然后 Sf 又将值传回主程序的变量 S,S 也成为实参。程序结束，只有主程序中 a,b,c,S 的值被储存，子程序中的所有值并不存储。

编程时，主程序实参变量和子程序的虚参变量不一定使用相同的变量名，但两个程序需要让输入和输出变量的个数和类型一一对应，另外，子程序中变量 p 是临时定义来协助计算面积，其值不需要传入或者传出。

2.1.1　数值变量

数值类型包括有符号和无符号整数、单精度和双精度浮点数。默认情况下，MATLAB 以双精度浮点形式存储所有数值。命令whos用来查询变量的数据类型，命令format改变在窗口或者输出文件中的输出格式，但不会改变数据类型。

1. 整数

MATLAB 整数分为有符号整数(int8,int16, int32,int64)和无符号整数(uint8,uint16, uint32 ,uint64)，int 是整数 integer 的缩写，unit 是 unsigned integer 的缩写。后面的数值表示占用字节数，8,16,32,64 分别表示整数占有 1,2,4,8 个字节。int 类型如果是实数取整，正数四舍五入取整，负数绝对值四舍五入取整后添加负号。uint 类型负实数取为 0，正实数四舍五入后取整。例如：

```
>> [int8(3.4),int8(3.6),int8(-3.4),int8(-3.6)] ↵
ans =      3     4    -3    -4
>> [uint8(3.4),uint8(3.6),uint8(-3.4),uint8(-3.6)] ↵
ans =      3     4     0     0
```

在有些程序中,需要进行特殊的取整操作。这些情况下,可以用下列命令来进行特殊取整。在数轴上,向左为$-\infty$,向右为$+\infty$。命令floor向左取整,命令ceil向右取整,命令round取坐标轴上最接近的整数,命令fix向坐标原点取整。例如:

```
>> [floor(3.4),ceil(3.4),round(3.4),fix(3.4)] ↵
ans =     3    4    3    3
>> [floor(3.6),ceil(3.6),round(3.6),fix(3.6)] ↵
ans =     3    4    4    3
>> [floor(-3.4),ceil(-3.4),round(-3.4),fix(-3.4)] ↵
ans =     -4     -3     -3     -3
>> [floor(-3.6),ceil(-3.6),round(-3.6),fix(-3.6)] ↵
ans =     -4     -3     -4     -3
```

2. 实数

MATLAB 中提供了单精度浮点数和双精度浮点数,它们的存储位数、能表示的数值范围和数值精度均不相同。单精度和双精度数的存储位数分别是 32 位和 64 位,单精度 32 位中存储小数部分、指数部分和正负号的长度分别为 23 位、8 位和 1 位(0 正 1 负)。而双精度 64 位中存储这三项的位置分别为 52 位、11 位和 1 位。单精度浮点数的正数范围是从 realmin('single')=1.17549e−38 到 realmax('single')= 3.40282e+38。双精度浮点数正数的范围是 realmin('double')=2.2251e−308 到 realmax('double')=1.7977e+308。可见双精度数的范围远远大于单精度数的范围。另外,单精度数的有效数字远远少于双精度数值的有效数字。在单精度数范围内,单精度数可用命令double转化成双精度数,但不会增加有效数字,双精度数可用命令 single 转化为单精度数,采取四舍五入将会损失有效数字。例如:

```
>>pi
3.141592653589793
>>format long ↵
>>a=single(pi) ↵
ans =    3.1415927
>>b=double(pi) ↵
b =    3.141592653589793
>>c=double(a) ↵
c =    3.141592 741012573
>>d=single(b) ↵
d =    3.1415927
```

双精度浮点数和其他类型数值运算时向下兼容,例如和单精度浮点数运算时,返回单精度浮点数,和整数运算时,返回整数。需要注意的是整数与单精度数无法直接运算。另外当双精度浮点数与字符型数据或逻辑型数据运算时,返回双精度浮点数。这种兼容规则也适用在矩阵计算中,当由单精度数和双精度数共同组成矩阵时,最终矩阵元素全部转化单精度数。

3. 复数

MATLAB 所有的运算都定义在复数域上，最常用的数值运算属于虚部为零的退化情形。由于复数包括实部和虚部两部分，输入时候需要用命令complex后跟一个数对来实现，例如 complex(1,2) = 1 + 2i。另外可以用专用字符 i 或 j 作为虚部标志进行直接输入，例如 z=1+2i，两种方式输入后，实部和虚部的数值都默认存储为双精度浮点数。

对于复数，有专门的一些运算命令。以复数 z 为例，命令real(z)返回复数 z 的实部，命令imag(z)返回复数 z 的虚部，命令abs(z)返回复数 z 的模，命令angle(z)返回复数 z 的幅角，命令conj(z)返回复数 z 的共轭复数。

在数学运算中，存在一些非法运算，如 0 不能被非零数除，但 MATLAB 添加了无穷量符号Inf，因此 0 可以做分母。另外负数不能开二次方的问题，由于 MATLAB 数学运算定义在整个复数域上，自然不存在问题。但是对于 0/0 或 Inf/Inf 等不定运算，MATLAB 中增加了符号NaN将其结果表示为一个非数值量，需要注意两个 NaN 不相等，相加减的结果依然是 NaN。

MATLAB 是基于矩阵设计的，因此无论是一个整数、实数还是复数都被视为 1 行 1 列的矩阵，真正计算中要大量涉及 m 行 n 列的矩阵，下面叙述高维矩阵的创建、索引和相关运算。

在 MATLAB 中创建一个矩阵需按照下述规则：

(1)矩阵元素必须包含在中括号“[ ]”内；

(2)矩阵的同行元素之间用逗号“,”或空格符隔开；

(3)矩阵的行与行之间用“;”或回车符隔开。

矩阵的元素可以是数值、变量、表达式或函数，所有符号必须是输入法在英文状态下输入。例如在命令行窗口输入：

```
>>A=[1 2 3 4;2 3 4 5;3 4 5 6]↵
A =     1    2    3    4
        2    3    4    5
        3    4    5    6
>>B=[1,2,3,4
     2,3,4,5
     4,5,6,7] ↵
B =     1    2    3    4
        2    3    4    5
        3    4    5    6
```

【易错之处】 输入的矩阵元素行和列不匹配，数值矩阵中各行元素不一致，或字符串矩阵中字符串长度不相同，都会生成矩阵失败。例如输入：

```
>>A=[1, 0;0, 1, 1]↵
>> B=['hotle'; 'thank'; 'nihao'] ↵
```

错误提示:Error using vertcat

Dimensions of matrices being concatenated are not consistent.

当矩阵只有 1 行或者 1 列时,矩阵退化为行向量或者列向量。行向量的输入方法为 **A**=[1 2 3 4]↵或者 **A**=[1,2,3,4]↵,两者运行结果一致,此处间隔用空格或者逗号。

列向量的输入方法为 **A**=[1;2;3;5] ↵或者

```
>>A =[1 ↵
      2 ↵
      3 ↵
      4]↵
```

两者的运行结果一致,此处间隔用分号或者回车键换行,一般建议使用分号。

【编程技巧 2.2】 符号冒号可以用来快速生成符合一定规律的数组,例如等差数列 1:2:99 表示初值为 1,公差为 2,终项为 99 的等差数列。如果将此数列用方括号“[ ]”括起来,即[1:2:99]就能快速生成一个行向量。另外,行向量和列向量可以用单引号进行相互转换,例如 B=A′。

上述在命令行窗口或者主程序及子程序中直接按照规则输入矩阵的方法称为直接法,该方法适合生成规模较小或者元素服从特殊规律的矩阵。如果矩阵的规模较大,且元素分布无规律可循,则需要从文本文件或者 Excel 文件进行读入,具体文件操作内容将在本章 2.4 节介绍。

此外,利用 MATLAB 命令可以快速创建一些基本矩阵,这些命令包括:

(1)命令ones,功能是生成全 1 矩阵,调用格式为 ones(m,n)或 ones(n);

(2)命令zeros,功能是生成全 0 矩阵,调用格式为 zeros(m,n)或 zeros(n);

(3)命令eye,功能是生成单位矩阵,调用格式为 eye(n);

(4)命令rand,功能是产生随机矩阵,随机数在(0,1)区间服从均匀分布,调用格式为 rand(m,n)或 rand(n);

(5)命令randn,功能是产生随机矩阵,随机数服从期望为 0,方差为 1 的标准正态分布,调用格式为 randn(m,n)或 randn(n)。

在生成矩阵后,需要对矩阵的单个或者多个元素进行运算,因此需要获取待运算元素的地址。单个元素的获取是通过下标索引来进行的,具体地,如果矩阵 **A** 是一个 $m \times n$ 阶的矩阵,$\boldsymbol{A}(i,j),1 \leqslant i \leqslant m,1 \leqslant j \leqslant n$ 表示获取矩阵第 i 行第 j 列的元素。如需要获取矩阵的第 i 行或者第 j 列,调用格式分别为 A(i,1:n)或者 A(1:m,j),更简捷的格式为 A(i,:)或者 A(:,j)。如果要从原来的矩阵中获取一个子矩阵,分两种情况:一种是这些行和列在矩阵中连续,比如从第 i 行到第 k 行,从第 j 列到第 l 列,调用格式为 A(i:k,j:l);另外一种是调用一些特殊的行和列,则需要先定义一个行和列向量 $\boldsymbol{a}$ 和 $\boldsymbol{b}$,然后以格式 A(a,b)进行调用。例如:

```
>>A=[1 2 3 4 5;6 7 8 9 10;11 12 13 14 15;16 17 18 19 20;21 22 23 24 25];↵
>>A1=A(1:3,1:3) ↵
A1 = 1      2      3
     6      7      8
     11     12     13
```

```
>>a=[1 3 4]; ↵
>>b=[2,4,5]; ↵
>>A2=A(a,b)↵
A2 = 2     4     5
     12    14    15
     17    19    20
```

上述例子中,A1 是 A 的前 3 阶顺序主子式,A2 是 1,3,4 行 2,4,5 列的交汇元素构成的子矩阵。这里 a 不需要写成列向量,因为 MATLAB 会将行向量和列向量等同处理。

对于未知矩阵或者从其他文件读入的矩阵,用命令size查询矩阵 **A** 的行数和列数,调用格式为 size(A);如果单独查询矩阵 **A** 的行数或者列数,使用格式 size(A,1)或者 size(A,2);对于行向量或者列向量,则有 size(A,1)=1 或者 size(A,2)=1,事实上,行向量或者列向量默认一个维数为 1,因此也可以用命令length来查询非 1 的那个维数,调用格式为 length(A)。

MATLAB 和 Fortran 等其他语言的下标起始有区别,MATLAB 的下标必须从 1 起始,因此很多数值算法中,从 0 到 n 编号在程序中必须平移为从 1 到 $n+1$。MATLAB 按照列的顺序存储一个矩阵,假设矩阵 **A** 是一个 m 行 n 列的矩阵,则利用命令 A1=A(:),可以将该矩阵转化为一个 $m\times n$ 的列向量 A1,矩阵的下标 i,j 和向量的序号 k 之间的关系为 $k=(j-1)\times m+i$。这一点可以用矩阵下标(subscipt)和向量的序号(index)相互转化的命令sub2ind和命令ind2sub来验证。命令sub2ind将矩阵中的下标转化为向量的序号,命令ind2sub则沿着相反的方向转化。调用格式为 sub2ind(size(A),i,j)或者 ind2sub(size(A),k)。例如:

```
>>A=[1 2 3;4 5 6]; ↵
>>sub2ind(size(A),2,1) ↵
ans=2
>>A1 =A(:)'↵
A1 =    1    4    2    5    3    6
```

上面命令流的第 2 行表示查询矩阵 **A** 的第 2 行第 1 列的元素 4 在矩阵转化成向量后的序号,结果 2 表明是向量中的第 2 个元素。

命令reshape可将矩阵重排成另外形状的矩阵,调用格式为 B=reshape(A,m,n),A 是被转换矩阵,m 行 n 列是转换后矩阵 B 的行列数。

如果在上面命令流的后面继续输入:

```
>> C=reshape(A1,2,3)↵
C =      1 .  2    3
         4    5    6
>>[i,j]=ind2sub(size(C),2) ↵
i=2
j=1
```

除了提取矩阵的部分组成一个新的矩阵,在计算中还需要获取一些特殊的部分构成新的矩阵,例如对角线、上三角矩阵、下三角矩阵等,利用控制结构中循环结构和选择结构就能生成上述矩阵,但为了提高效率,MATLAB 已经提供了直接生成这类矩阵的一些命令,列举如下:

(1)命令diag,调用格式 diag(A),如果 **A** 是一个 m 行 n 列的矩阵,则该命令获取对角线元素，生成一个长度是 s=min(m,n)的列向量，如果 **A** 是长度为 m 的行向量或者列向量，则 diag(A)生成一个以该向量为对角线的 m 行 m 列的矩阵。diag(diag(A))是先提取 **A** 的对角元然后生成对角阵。

(2)命令triu，调用格式为 triu(A)或者 triu(A,k)，如果 **A** 是一个 m 行 n 列的矩阵，则 triu(A)获得包含对角线及以上的所有元素的上三角矩阵，对角线以下元素置 0，形成的上三角阵维数和原矩阵维数相同。该命令等价于 triu(A,0)中 $k=0$ 的情形，当 $k=1,2,\cdots$时，对角线向右上方整体偏移 1,2,…行。当 $k=-1,-2,\cdots$时，向左下方进行偏移 1,2,…行。

(3)命令tril，调用格式为 tril(A)或者 tril(A,k)，如果 **A** 是一个 m 行 n 列的矩阵，则 tril(A)获得包含对角线及以下的所有元素的下三角矩阵，并对对角线以上元素置 0，形成的下三角矩阵维数和原矩阵维数相同。该命令等价于 tril(A,0)中 $k=0$ 的情形，当 $k=1,2,\cdots$时，对角线向左下方整体偏移 1,2,…行；当 $k=-1,-2,\cdots$时，向右上方进行偏移 1,2,…行。

对矩阵也可以进行旋转操作，复矩阵的共轭转置符号单引号对于实矩阵只进行转置。命令fliplr(A)和命令flipud(A)实现矩阵 **A** 的左右翻转和上下翻转，在平面内可以用 rot90(A,k)进行旋转，k 如果取正整数 1,2,3，则表示逆时针旋转 90°的 k 倍，取负整数则意味着顺时针旋转 90°的 $|k|$ 倍。

如果想保留矩阵 **A** 依然在工作间但没有任何元素，可以用 A=[]来赋值，这个命令也是设定一个初始未知矩阵常用的命令。而命令 clear A 则会将矩阵 **A** 从工作间删除，clear all 将清空当前工作间所有的数据。配合使用清理命令行窗口的 clc，可以使得编程环境变得很整洁，因此建议在每个主程序前面书写 clc 和 clear all，但在子程序中慎用 clear all，防止误删传入的实参。

2.1.2 字符变量

在 MATLAB 编程中，除了使用数值，还要经常使用文本。这种情形下，需要用字符和字符串变量来存储和操作各种文本数据，字符变量(矩阵)本质上是由字符串构成的矩阵，每个元素是一个字符序列。

创建字符串的方法：左边是变量名，右边是使用单引号将字符序列括起来形成的字符串，中间用赋值号(等号)连接。例如：

```
>>Course='Sientific modelling and computational method'↵
Course= Sientific modelling and computational method
>>whos ↵
Name      Size    Bytes   Class   Attributes
Course    1x44    88      char
```

用命令 whos 查询发现字符变量 Course 是一个长度为 44 的行向量，每个字符(包括空格)占用两个字节。

在 R2017a 以前的版本，字符串只能用单引号创建，在此以后，用双引号创建字符变量也被容许。

创建字符矩阵的方法和创建数值矩阵的方法类似，为了能组成矩阵，要求每个字符串的长度必须相同，每个字符串之间用分号连接。例如：

```
>>couses=['Math';'Phsi';'Chem'] ↵
couses =
Math
Phsi
Chem
```

上述结果是一个 3×4 阶的字符矩阵，引用第一行元素 Math 的方法不是 couses(1,1)而应该是 couses(1,:)。命令char也可以同样创建字符矩阵，该命令的优点是能自动补齐空格，使得所有的字符串长度相等。例如：

```
>>char('I', 'like', 'MATLAB') ↵
ans =
I
like
MATLAB
```

事实上，每个字符串的字符个数必须相等的限制给文本使用带来了很大的麻烦，因为对于上述矩阵，无法将每行字符串当成一个整体进行快速获取。为了克服这一困难，可以创建字符串元胞(cell)矩阵，元胞矩阵直接用大括号{}创建，对每个字符串的长度没有约束。例如：

```
>>A={'I', 'like', 'MATLAB';'You','like','Fortran'}↵
A='I'        'like'     'MATLAB'
  'You       'like'     'Fortran'
```

这样得到的 ***A*** 是一个 2 行 3 列的字符串元胞矩阵，直接用 A(2,1)就能引用字符串 You。字符矩阵和元胞矩阵可以相互转换，具体地，命令 char 将元胞矩阵转化为字符矩阵，而命令 cellstr 将一个字符矩阵转换为元胞矩阵。

字符串是以 ASCII 码的形式进行存储和读取的，日常查询字符的 ASCII 码就用命令 double 或者命令 abs，如输入 double('I')，得到字符 I 的 ASCII 码为 73。相反用命令 char 就可以将 ASCII 码转化为相应字符，char(98)得到对应字符 b。

在成功输入字符串后，需要经常进行一些查找、替换等操作，下面列出 MATLAB 中处理字符串的常用命令，见表 2.2。

表 2.2　MATLAB 字符串处理部分命令

命　令	功　能	调用格式或示范
length	获取字符串的长度	length(strV)或 length('str')
size	获取字符矩阵的行列	size(strM)
strcat	拼接多个字符串成一个字符串	a='you'; b='me'; strcat(a,b) ↵ 结果 youme (右端空格被删)
strvcat	连接多个字符串成一个字符串矩阵	a='you'; b='me'; strvcat(a,b) ↵ 结果you(所有空格保留) me
strfind	在字符串中查找是否包含指定字符串	a='your name is Mike '; b= 'e'; strfind(a,b) ↵结果 8 16
strrep	将原来字符串中指定部分进行替换	strrep(str,str1,str2) 将 str 中 str1 用 str2 替换

续　表

命　令	功　能	调用格式或示范
strcmp	比较两个字符串异同	strcmp(str1,str2) 真为 1,假为 0
sort	字符串按大小排序	a='acbdA'; sort(a) ↵结果 Aabcd
lower	所有大写替换为小写	lower(str)
upper	所有小写替换为大写	upper(str)

【易错之处 2.2】 数值变量与字符串变量的错误运算,会导致产生错误的结果。

例如在命令行窗口输入:

```
>> a='1234'; ↵
>> b=2; ↵
>> a * b ↵
ans =      98      100      102      104
```

上述运算结果不是预期的 2468,其原因是数值和字符串进行运算时候,会将字符串的每个字符的 ASCII 码作为其值进行计算。避免出现上述错误的办法是用命令str2num在运算前将字符串变量转化为其本身所代表的数值,相反的转化数据为字符串的过程可以用命令num2str来实现。在上述命令流后面输入:

```
>>str2num(a) * b ↵
ans =2468
```

如果用字符串输入一个运算表达式,该表达式并不会得到执行,因为 MATLAB 仅仅将其视为一个字符串来对待,如果想要执行字符串表示的内容,可用命令eval来实现。例如:

```
>> 'a=1+2'↵'
ans = a=1+2
>>eval('a=1+2') ↵
a=3
```

除了字符变量,另一类常用的变量是符号变量,通过命令sym或者命令syms来定义单个或者多个符号变量,就可以进行符号运算。

命令sym用于创建符号变量,符号变量的类型是 sym 型,调用格式为 sym(A),这里 A 可以为数值、字符甚至是表达式。符号变量运算的目的是得到解析解,而不是数值解。符号运算不属于 MATLAB 的基本系统,需要符号运算工具箱的支持。例如:

```
>>sym(5.61) ↵
ans = 561/100
>>x=sym ('x') ↵
>>y=sym ('x^3-3 * x^2+1')↵
>>diff(y,x)
ans = 3 * x^2 - 6 * x
```

命令syms可以同时创建多个符号变量,在多元函数计算或者符号较多时具有优势。比如同样函数求二阶导函数可用下面命令流实现:

```
>>syms x y ↵
>> y=x^3-3*x^2+1; ↵
>>diff(y,x,2)
ans = 6*x - 6
```

上述命令中，syms x y 也可以用 syms y(x)代替，表示直接声明符号函数 y(x)，y 是函数，x 是自变量，需要注意命令sym没有这种功能。

2.2　MATLAB 数据运算

2.2.1　算数运算

计算机的基本运算只有加、减、乘、除四种，由于 MATLAB 的基本变量是矩阵，且所有运算都定义在复数域上，这样就避免了实部和虚部分开处理。因此在学习 MATLAB 的基本算数运算时，需要记住所有运算是在复数域上的矩阵意义下展开的，实数之间的算数运算是虚部为零的 1 行 1 列矩阵运算的一种特例。

MATLAB 的基本算数运算包括+(加)、-(减)、*(乘)、/(右除)、\(左除)、^(乘方)、'(共轭转置)。下面对这几种运算分别进行介绍：

1. 矩阵加减运算

对于两个相同维数矩阵 **A** 和 **B**，则可以用表达式 **A**+**B** 和 **A**-**B** 实现矩阵的加减运算。运算规则是：**A** 和 **B** 矩阵的相应元素相加减。如果 **A** 与 **B** 的维数不相同，则 MATLAB 将给出错误信息，提示用户两个矩阵的维数不匹配。

【编程技巧 2.3】　数值 a 可以与任意维数的矩阵 **A** 进行加减运算，运算规则实际上等价于先将数 a 扩展成一个维数和矩阵 **A** 的维数相同的全 a 矩阵，然后再与矩阵 **A** 进行加减。

【易错之处 2.3】　两个加减运算的对象 **A** 和 **B**，如果都不是数值，则维数必须相同，否则没办法运算。虽然数值与矩阵可以运算，但是运算结果不一定是编程者想要的，因此运算前一定要保证 **A** 和 **B** 维数相同。

例如，在命名窗口输入：

```
>> 2+[1 2;3 4]↵
ans=     3     4
         5     6
>>[2 2;2 2]+[1 2;3 4]↵
ans=     3     4
         5     6
   >>[4,2;3,1]-[2,3, 4;5,6,7]
```

错误提示：Matrix dimensions must agree.

2. 矩阵乘法运算

对于两个矩阵 **A** 和 **B**，如果第一个矩阵的列数等于第二个矩阵的行数，则按照线性代数的矩阵乘法法则就可以计算这两个矩阵的乘积 **A** * **B**，即 $\boldsymbol{A}_{m\times n}\times\boldsymbol{B}_{n\times s}=\boldsymbol{C}_{m\times s}$。当 **A** 或者 **B** 为数值时，这个运算退化为一个数乘以一个矩阵，结果等于矩阵每个元素乘以这个数。多个方阵的乘积可以采用矩阵的乘方运算 A^p，p 为整数或实数。

例如，在命名窗口输入：

```
>> 2*[1 2;3 4] ↵
ans=    2    4
        6    8
>> [1 2;3 4]*[2 3 4;5 6 7] ↵
ans=    12    15    18
        26    33    40
  >>[1 2 3]*[2 3 4;5 6 7] ↵
```

错误提示：Matrix dimensions must agree.

3. 矩阵除法运算

矩阵除法包括了两种运算，一种是左除\另外一种是右除/，对于两个数 a 和 b，左除 a\b 表示 b 除以 a，右除 a/b 表示 a 除以 b。a\b 不等于 a/b，但是 a\b=b/a；对于两个数值矩阵 **A** 和 **B**，令 x=A\B 就是 A * x=B 的解；x=B/A 就是 x * A=B 的解。如果 **A** 矩阵是非奇异方阵，则 A\B 等价于 inv(A) * B；而 B/A 等价于 B * inv(A)。如果 **A** 不是方阵，A * x=B 或者 x * A=B 就成了欠定或者超定方程组，一般用最小二乘法求解。由于矩阵乘法不服从交换律，所以左除和右除结果不相等，即 A\B≠B/A，但满足 B/A=(A′\B′)′。

例如，在命令行窗口输入：

```
>> 5/2 ↵
ans =   2.5000
>> 5\2 ↵
ans =   0.4000
>> [1 1;2 4]\[49 50 ;100 100] ↵
ans =     48      50
           1       0
>> [1 1;2 4]/[49 50 ;100 100] ↵
ans =     0           0.0100
          2.0000     -0.9600
>> [1 1 2]/[49 50 58;100 100 108] ↵
ans =     0.1951    -0.0865
```

4. 矩阵的共轭转置

对复数矩阵 **A**，命令 **A**′直接求得其共轭转置矩阵。特殊地，如果 **A** 是实矩阵，**A**′的共轭转置矩阵就是其转置矩阵。

5. MATLAB 中数组运算

该运算属于一种 MATLAB 特有运算，运算符是在有关算术运算符前面加点，因此叫数组运算(点运算)。点运算主要包括点乘(.*)、点左除(.\)、点右除(./)、点阶乘(.^)和点共轭(.')。点运算要求两个变量维数相同或者兼容，然后针对向量、矩阵和多维数组的对应元素执行逐元素运算。具体的点运算命令见表 2.3。

表 2.3　MATLAB 的数组运算

运算符	功 能	说 明
.*	按元素乘法	A.*B 表示 A 和 B 的逐元素乘积
.^	按元素求幂	A.^B 表示包含元素 A(i,j)的 B(i,j)次幂的矩阵
./	数组右除	A./B 表示包含元素 A(i,j)/B(i,j)的矩阵
.\	数组左除	A.\B 表示包含元素 B(i,j)/A(i,j)的矩阵
.'	数组转置	A.'表示 A 的数组转置，复矩阵不涉及共轭

例如，在命名窗口输入：

```
>> [1 2;3 4].*[1 -1;2 -2] ↵
ans =     1     -2
          6     -8
>>1./[1 2 3 4] ↵
ans =     1.0000     0.5000     0.3333     0.2500.
```

除了四则运算和点乘，MATLAB 还包含了一些专门针对向量和矩阵的特殊运算的命令，用来求解向量和矩阵范数、行列式、特征值等。部分命令如下：

(1)向量范数：命令norm用来求向量 **V** 的各种范数，调用格式为 norm(V)或者 norm(V,k)，norm(V)默认求解欧氏范数(2 范数)，等价于 norm(V,2)。norm(V,1)和 norm(V,Inf)分别求 1 范数和无穷范数。

(2)矩阵范数：命令norm用来求矩阵 **A** 的各种范数，调用格式为 norm(A)或者 norm(A,k)，norm(A)默认求解矩阵 2 范数，等价于 norm(V,2)。norm(A,1)和 norm(A,Inf)分别求 1 范数(列范数)和无穷范数(行范数)。

(3)矩阵条件数：命令cond用来求矩阵 **A** 的各种条件数，调用格式为 cond(A)或者 cond(A,k)，cond(A)默认求解矩阵 2 条件数，等价于 cond(V,2)。cond(A,1)和 cond(A,Inf)分别求 1 范数(列范数)和无穷范数(行范数)。

(4)方阵行列式：命令det用来求解方阵行列式，调用格式为 det(A)。

(5)矩阵的秩：命令rank用来求解矩阵的秩，即矩阵行秩和列秩中较小者。

(6)方阵的迹：命令trace用来求方阵的迹，即对角线元素之和或特征值之和。

(7)方阵特征值和特征向量：命令eig用来求解矩阵的特征值，eig(A)输出特征值构成的列向量，[V1,V2]=eig(A)，V1 输出特征向量，V2 输出特征值对角阵。

(8)矩阵的逆：命令inv用来求矩阵的逆，如果 **A** 是可逆的方阵，则 inv(A)求出其逆矩阵；如果矩阵奇异或者接近奇异，会提示矩阵可能奇异且逆矩阵元素的大小异常(过大或者过小)。对于非方阵，pinv(A)求广义逆矩阵。

2.2.2 关系运算

关系运算主要用来对两个变量进行比较，并返回二者的大小关系，通常返回一个相同大小的逻辑矩阵。如果关系成立则矩阵元素设置为逻辑 1，如果不成立则矩阵元素设置为 0。

关系运算可以在两个数、数与矩阵、两个维数相同的矩阵之间进行。当两个比较量是数值时，直接进行比较；当比较量是两个维数相同的矩阵时，对两矩阵相同位置的元素按两数关系逐个进行比较，最终结果是一个维数与原矩阵维数相同的矩阵，其元素由 0 或 1 组成；当比较的是数与矩阵时，则把数与矩阵的每一个元素按两数比较规则逐个比较，最终的结果是一个维数与原矩阵相同的矩阵，它的元素由 0 或 1 组成。例如，在命名窗口输入：

```
>>2>3 ↵
ans=0
>> [1 2;3 4]<5 ↵
ans =       1     1
            1     1
>> [1 3;2 4]~=[1 2;3 4] ↵
ans =       0     1
            1     0
```

关系运算的优先级次于算数运算，而高于逻辑运算。MATLAB 提供了 6 种关系运算符，这六种关系运算符属于同一优先级。具体符号或者命令见表 2.4。

表 2.4 MATLAB 的关系运算符

关系运算符	含 义	等价命令
>	大于	gt(a, b)
<	小于	lt(a,b)
>=	大于或等于	ge(a, b)
<=	小于或等于	le(a,b)
==	等于	eq(a, b)
~=	不等于	ne(a,b)

另外，命令isequal可以用来比较两个数值矩阵或者结构体是否相同，如果数值矩阵对应元素大小相同，isequal 函数认为两个变量相等。如果两个结构体包含相同的子项，并且相同的子项具有相同的值，即使顺序不同，isequal 函数也认为两个结构体相等。

例如，在命令行窗口输入：

```
>>A=[1,2,3,4,5,6,7]; ↵
>>B=[1,4,7,2,5,3,6]; ↵
>>isequal(A,B) ↵
ans=0
A.f1 = 25; A.f2 = 50; ↵
B.f2 = 50; B.f1 = 25;↵
>>isequal(A,B) ↵
ans=1
```

2.2.3　逻辑运算

MATLAB 提供了 3 种逻辑运算符：逻辑与、或、非，符号分别为 &、|、～。逻辑运算的法则如下：

(1)对于单个数值 a，可用命令logical来判断，当 a 非零，logical(a)＝1，如果 a 为零，logical(a)＝0。当 a 非零，～a＝0，当 a 为零，～a＝1。

(2)参与运算的有两个数值 a 和 b，且 a 和 b 都非零，得到 a&b＝1，否则为 0；a，b 中只要有一个非零就得到 a|b＝1。

(3)若参与逻辑运算的是数与矩阵，将该数与矩阵每个元素按规则(2)逐个进行运算。最终得到一个与矩阵同维，其元素由 1 或 0 组成的矩阵。

(4)若参与逻辑运算的是两个同维矩阵，对矩阵相同位置上的元素按规则(2)逐个进行。最终得到一个与原矩阵同维且元素由 0 或 1 组成的矩阵。

例如，在命名窗口输入：

```
>> 2&3 ↵
ans=1
>> [1 2;3 0]|5 ↵
ans  =        1     1
              1     1
>> [1 3;2 4]&[0 2;0 4] ↵
ans  =        0     1
              0     1
```

逻辑运算的整体优先级最低，在三种逻辑运算中，运算优先级顺序是非>与>或，或者形象记忆为 Not and or。具体符号或者命令见表 2.5。

表 2.5　MATLAB 的逻辑运算符

命　令	含　义	逻辑运算符
not(a)	逻辑非	～
and(a, b)	逻辑与	&
or(a,b)	逻辑或	|
xor(a,b)	异或(a,b 相异为真)	
all(a)或 all(*)	所有元素非零为真	
any(a)或 any(*)	任意元素非零为真	
find(a)或 find(*)	元素非零的索引	

表 2.5 中，a 和 b 可以表示数和数，或者数和矩阵或者相同维数的两个矩阵。* 表示关系表达式。命令 all 和命令 any 的结果最终只能是 1 或者 0，故非常适合进行大规模数据的属性判断，再加上 find 的定位功能，可快速进行特殊值的提取。下面以一个班的考试成绩为例进行说明，在命令行窗口输入：

```
>>chengji=[64,34,67,89,88,90,97,67,73,100,77,58,91];
>>any(chengji==100) ↵
ans=1
>>find(chengji==100) ↵
ans=10
>>all(chengji>=60) ↵
ans=0
>> find(chengji<60) ↵
ans =     2    12
```

这里 any(chengji==100)判断有没有考满分的同学，all(chengji>=60)判断有没有不及格的同学，两个 find 命令分别用来定位考满分的同学和不及格的同学。

另外也可以使用运算符“&&”和“||”，即 & 和|的短路(short circuit)形式。以 a&b 和 a&&b 为例说明两种运算符区别：a&b 首先判断 a 和 b 的逻辑值，然后进行逻辑与运算。a&&b 则首先判断 a 的逻辑值，如果 a 的值为假，就直接判断整个表达式的值为假，不再需要判断 b 的值。两种运算符的结果是一样的，使用短路形式效率更高，另外可以在条件 b 无效情况下依然做出判断。MATLAB 中的选择结构中 if 和 while 语句都默认使用短路形式。

2.3 MATLAB 控制结构

MATLAB 早期底层代码是用 FORTRAN 语言编写的，1984 年创始人成立公司进行商业化推广时，内核使用 C 语言编写。因此 MATLAB 常用的控制结构和这两种编程语言十分类似，包括顺序结构、选择结构(包括 if-else-end 结构、switch-case 结构、try-catch 结构)、循环结构(for 循环结构和 while 循环结构)。下面对它们一一进行简述。

2.3.1 顺序结构

在编辑窗口先将相关 MATLAB 命令编成命令流存储在一个命令文件中(后缀为.M 文件)，然后在命令行窗口中运行该文件，根据 MATLAB 的程序控制功能，将从上到下依次执行文件中的命令，直到全部命令执行完毕，依次执行结构就是程序的顺序结构。

顺序结构就是按顺序执行命令，一般包括赋值语句、表控输入/输出语句和格式输入/输出语句。

1. 赋值语句

赋值语句具有赋值和计算的双重功能，一般格式是“变量=表达式”，此处等号是赋值符号，意思是将右端的数据赋给左端的变量。根据右端赋值表达式的类型分为算术赋值语句、逻辑赋值语句和字符赋值语句。

例如，在命名窗口输入：

```
>> M=1; ↵
>> M=M+1 ↵
M =          2
```

这里 M=M+1 是一个递增命令，显然不能理解为相等，该表达式意味着把新的值 2 存储到 M 这个变量中。编程时应尽量保持两端的数据类型一致，如果不一致，则按右端类型进行兼容。例如：

```
>> T=gt(5,3)&lt(5,10) ↵
T =          1
>>T=T+1 ↵
T =          2
```

这里第一个赋值语句赋给变量 T 的是逻辑变量，执行第二个语句 T=T+1 后，T 的类型已经变成数值型。

2. 表控输入和输出

程序中除了直接进行赋值以外，有时候需要对用户进行提醒，让用户从键盘输入数据，或者将相关提示信息和数据显示在屏幕。如果对输入数据具体格式不做要求，只需要用户按合法形式依次输入，或输出时候按系统默认的格式进行输出都属于表控输入与输出。

命令input可以用来进行键盘输入，调用格式为：变量= input('提示语句')，根据提示语句输入相应的变量就可以实现表控输入。MATLAB 允许在命令文件或者命令行上直接输入变量名不加任何符号即可输出，这种方法应用起来较为简单方便，适合测试时使用。另外命令disp可以用来进行表控输出，调用格式为 disp(A)，A 为需要输出的变量，可以为数值型、逻辑型或者字符串型的矩阵。在用 disp 显示多个对象时，必须要保证是同一类型的数据，否则会报错。

例如，用韦达定理求方程 $ax^2+bx+c=0$ 的两个根，其程序如下：

输入：一元二次方程的系数——WDmain.m 第 2～4 行
输出：一元二次方程的根——WDmain.m 第 8 行
主程序代码：WDmain.m

```
1-   clc; clear;
2-   a=input('input the coefficients of x^2: a=?');
3-   b=input('input the coefficients of x: b=?');
4-   c=input('input the coefficients of 1: c=?');
5-   deta=b^2-4*a*c;
6-   r1=(-b+sqrt(deta))/(2*a);
7-   r2=(-b-sqrt(deta))/(2*a);
8-   disp(['root1= ',num2str(r1),' root2= ',num2str(r2)]);
```

运行程序 WDmain.m，输入 3 个系数 1,2,3 得到

```
input the Coefficients of x^2: a=? 1 ↵
input the Coefficients of x: b=? 2 ↵
input the Coefficients of 1: c=? 3 ↵
root1= -1+1.4142i root2= -1-1.4142i
```

【易错之处 2.4】 disp 语句后面的输出变量必须是一个同类型矩阵，因此不能将字符串变量和数值变量混合在一起输出，解决的办法是可以多行分别输出或者利用转换命令num2str将数值转化成字符串，用矩阵符号[]让所有输出变量组成一个矩阵输出（见程序 WD-main.m 的第 8 行）。

3. 格式输入和输出

直接用变量名输出的方法虽然简单方便，但是系统默认输出的数据不一定符合要求，因此如果要调整，可以在程序前通过命令 format 来修改输出格式，各种常用的变量格式见表 2.6。

表 2.6 MATLAB 常用的数值格式

命 令	含 义	算 例(pi)
format short	固定短格式，小数点后 4 位（默认）	3.1416
format long	固定长格式，双精度小数点 15 位，单精度小数点后 7 位数	3.141592653589793
formatshortE	短科学计数格式，小数点后 4 位	3.1416e+00
format longE	长科学计数格式，双精度小数点后 15 位，单精度小数点后 7 位数	3.14159265358979e+000
format bank	货币格式，包含小数点后两位	3.14

另外，在命令行窗口显示结果时，为了便于阅读，默认用命令format loose格式在变量名和数值之间添加空行，如果想删除空行，可以用命令format compact修改默认格式。

更精准的输入/输出格式需要用命令fscanf和命令fprintf来控制，fscanf 根据指定的格式从文件读入数据，其调用格式为 variables=fscanf(fid,format)；fprintf 则是按指定的格式将变量的值输出到屏幕或者指定的文件中，调用格式为 fprintf(fid,format,variables)。这里 variables 为输入或者输出数据，fid 为文件句柄，如缺省意味着直接输出到屏幕上，format 语句用来指定输入/输出数据的格式，包含普通字符串、格式字符串和转义字符。这部分内容将在第 2.4 节详细叙述。

4. 其他特殊命令

命令 break，continue，pause，return，stop 可以在顺序执行过程中设定中断、暂停或者结束等一些特殊功能。命令break和命令continue常常用在一个循环结构中，控制结束整个循环或者继续循环；命令pause可以出现在任何地方，其作用和断点类似，在输入回车键后程序继续执行；命令return用在主程序循环体或者子程序中，执行到 return 后结束主程序或者从子程序返回主程序；命令stop是强行终止程序，如果程序陷入死循环，也可以用快捷键 Ctrl+C 键来终止。

2.3.2 选择结构

选择结构是指根据逻辑判断的结果来选择不同的程序执行流程，是结构化程序设计中的三种基本结构之一，MATLAB 语言提供的选择结构主要有 if 语句结构、switch 语句结构和 while 语句结构等。

1. if 语句结构

if 语句结构中最简单的是单分支结构，具体如下：

```
if  (exp)
    (block)
end
```

其中 exp 表示逻辑表达式，block 表示执行语句块。当 exp 为真时，执行 block 语句块。

if 双分支结构比上述结构多一个执行语句块，用 else 连接，具体如下：

```
if  (exp)
    (block1)
else
    (block2)
end
```

在选择结构中，else 只能出现一次，但是 elseif 可以出现多次，因此对于有多个层次选择需求的问题，可以采用 if 多分支结构，该结构为

```
if  (exp 1)
    (block 1)
elseif (exp 2)
    (block 2)
……
elseif(exp n)
    (block n)
else
    (block n+1)
end
```

上述三种 if 结构的流程图如图 2.1 所示。

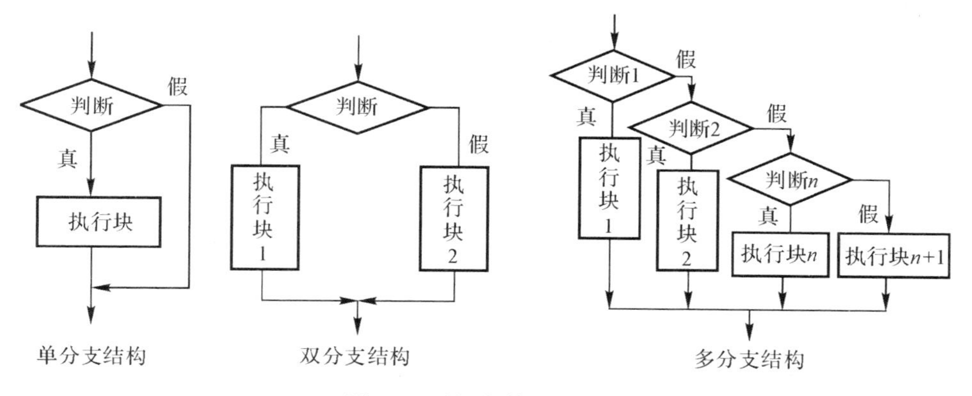

图 2.1　if 语句的三种结构

例如，编写命令文件 BJmain. m 选出两个数中更大的（坐标轴上更靠右）一个。其程序如下：

输入：从屏幕输入两个数——BJmain. m 第 2～3 行
输出：值更大的一个数——BJmain. m 第 10～12 行

主程序代码：BJmain. m

```
1-   clc; clear;
2-   a=input('input a number: a=?');
3-   b=input('input another: b=?');
4-   dis=abs(a-b);
5-   if dis<eps
6-     fprintf('they are almost same');
7-     return
8-   end
9-   if (a>b)
10-    fprintf('the bigger one is %f\n',a);
11-  else
12-    fprintf('the bigger one is%f\n' ,b);
13-  end
```

执行命令文件 BJmain. m，则

```
input a number: a=? 1 ↵
input another: b=? 1.000000000000000000001 ↵
they are almost same
```

这个是采用单分支结构判断两个数的距离是否小于机器精度 eps，如果逻辑是就结束程序，如果逻辑否就继续运行后面的程序。再次运行程序并输入新的 a 和 b 的值，得到

```
input a number: a=? 1 ↵
input another: b=? 1.01 ↵
the bigger one is 1.010000
```

这个是前一个选择结构结束后进入双分支结构得出的结果。

下面给出一个需要采用多分支结构的例子，输入一个成绩，判定这个成绩所属等级。编写的命令文件 DJmain. m 如下：

输入：从屏幕输入成绩——DJmain. m 第 2 行
输出：成绩所属的类别——DJmain. m 第 4,6,8,10 行

主程序代码：DJmain. m

```
1-   clc;clear;
2-   score=input('input a score: score=?');
3-   if score>=90
4-     fprintf('excellent score\n ');
5-   elseif score>=80
6-     fprintf('good score\n');
7-   elseif score>=60
8-     fprintf('pass the exam\n');
9-   else
10-  fprintf('sorry,you are failed in the exam\n');
11-  end
```

执行命令文件 DJmain.m，则

```
input a score: score=? 91 ↵
excellent score
```

重新运行命令文件，得

```
input a score: score=? 59 ↵
sorry,you are failed in the exam
```

2. switch 语句结构

前面的 if 语句结构中多分支结构本质上是一种选择的嵌套，elseif 是将上一级的 else 和下一级的 if 连写在一起。还有一种多分支选择结构，用一个整型控制变量 value 来决定执行哪个分支的执行语句块，其结构为

```
switch (value)
case (value1)
     (block 1)
case (value2)
     (block 2)
……
case (value n)
     (block n)
otherwise
     (block n+1)
end
```

具体执行时，按顺序向下进行判断，当 value 值等于 value k 的值或者属于单元数组value k，则执行 block k 中执行语句块。执行完后，直接跳出整个选择结构，不会再去判断后面的 case，如果所有的 value 值不匹配，执行 otherwise 后面的执行块。

将前面判断成绩等级的程序改写为 switch 结构的程序 DJ1main.m，得到结果如下：

输入：从屏幕输入成绩——DJ1main.m 第 2 行
输出：成绩所属的类别——DJ1main.m 第 5,7,9,11 行
主程序代码：DJ1main.m

```
1-   clc;clear;
2-   score=input('input a score: score=?');
3-   switch score
4-   case num2cell(90:100)
5-        fprintf('excellent score \n ');
6-   case num2cell(80:89)
7-        fprintf('good score \n');
8-   case num2cell(60:79)
9-        fprintf('pass the exam \n');
10-  otherwise
11-       fprintf('sorry,you are failed in the exam \n');
12-  end
```

执行结果和 DJmain. m 相同，此处不再赘述。

【易错之处 2.5】 switch 结构中，各个 case 后面的数值如果是集合，则必须写成单元数组形式，数量比较少的时候用大括号，如 case {3,4,5}，如果数量很多且服从规律，需要用命令 num2cell 转化，另外如果将所有的不满足前面各个 case 的情形放到一类，要用 otherwise 而不是 else(见程序 DJ1main. m 的第 10 行)。

3. try /catch 语句结构

这种选择结构用的比较少，主要用在程序调试中，其目的是当程序出现错误时，不是直接关闭程序，而是在发现的异常里进行处理，保证程序能够继续执行。其结构为

```
try
    (block1)
catch
    (block2)
end
```

下面的例子给出一个定义变量不完整导致的错误，可以转到 catch 语句。程序代码为

```
a = 1;
try
    a=a + b;
catch
    disp('not all variables are defined')
end
```

上述程序如果不用该结构会直接报错，报错信息为 Undefined function or variable 'b'。使用该结构，运行程序显示“not all variables are defined”，然后继续执行后面的程序语句。

2.3.3 循环结构

在程序设计中，经常需要重复执行相同的操作，这种情形下需要用循环结构来完成。循环结构允许重复执行一系列语句，需要被重复执行的语句称为循环体，循环结构的执行方式是首先判断是否达到循环终止条件，判断结果为是，则跳出循环执行后面的命令，否则继续执行循环体。

1. for 循环结构

当循环次数已知时，用 for 循环比较方便，for 循环的一般形式为

```
for  (index=exp)
     (loopbody)
end
```

其中：index 表示循环变量；exp 是循环控制表达式；loopbody 是由执行语句构成的循环体；end 为循环结束标志。

循环变量 index 可以为整数或者实数，但是为了精确控制次数最好是整数。控制表达式的 exp 通常表示一个向量 n1:h:n2，n1 和 n2 代表起始点和终点，h 是推进步长，index 每次从该向量取一个值，然后执行循环体，直到取到向量最后一个元素，总循环次数的计算方法为 $\left[\frac{n2-n1}{h}\right]+1$。向量可以递增也可以递减，递增时要求 $n1<n2, h>0$，递减时要求 $n1>n2, h<0$。如果循环变量是一个矩阵，则按列取完矩阵的每个元素，总共循环次数为该矩阵的列的

次数。

在执行循环体程序时，容许从循环体内转移到循环体外，但是不容许从循环体外转入循环体内，换言之，不经过 for 语句直接进入循环体是非法的。循环体中可以调用循环变量 index，但不建议给循环变量进行赋值。

累加和连乘（阶乘）是最经典的两个利用循环计算的例子，下面给出这两种算法的例子：

首先求 1 到 100 的累加，其程序为

```
S = 0;
for i=1:100
    S =S+ i;
end
```

执行结果为

```
>>S ↵
S =5050
```

然后求 1 到 20 的阶乘，其程序为

```
F = 1;
for i=10:-1:1
    F = F * i;
end
```

执行结果为

```
>>F ↵
F =3628800
```

【易错之处 2.6】 累加和求阶乘时，必须给存储累加和阶乘的变量 S 和 F 赋正确的初值，累加的初值必须为 0，连乘的初值必须为 1。如果没有正确的赋初值语句或者语句的位置不对都可能得到错误的结果。

2. while 循环结构

对于无法明确具体的循环次数的循环控制问题，可以采用逻辑表达式来控制整个循环的进行。常用的 while 循环的格式为

```
while  (exp)
    (loopbody)
end
```

其执行过程为：首先求解逻辑表达式 exp 的值，当逻辑表达式的值为真时，执行循环体 loopbody，如果逻辑表达式的值为假，则退出循环。

例如，用该结构循环来寻找 eps(1)，该数表示加 1 后以有限精度大于 1 的最小数。程序如下：

```
Eps =1;
K=0;
while (Eps+1)>1
        Eps=Eps/2;
        K=K+1;
end
Eps=2 * Eps
```

运行结果为

```
Eps=2.2204e-16
```

用计算机内存储的固定值 eps = 2.2204e-16 来比较计算值 Eps，发现两者是相同的。

另外，设置了一个计数器 K 来统计总共循环了多少次，在命令行窗口输入 K 得到 53 次，实际上在(Eps +1)>1 为真时，多进行了一次二分，因此实际二分次数为 52 次，最后的 Eps 也要乘以 2 倍。

3. 嵌套循环结构

在一个循环结构的循环体中包含另外的循环结构就是循环体的嵌套。对于相邻两层循环而言，循环体中包含的那层循环被称为内循环，而包含内循环的循环结构被称为外循环。内外循环要用不同的循环变量来控制，另外内循环控制表达式中也可以包含外循环的控制变量来实现联动，但一定要仔细设计，防止整个程序陷入死循环。常见的两层嵌套循环结构有 for-for 形式、while-while 形式、for-while 形式和 while-for 形式四种。另外在循环体内也可以嵌套 if 选择结构或 switch 选择结构。

两层循环的执行过程是：在外循环的每个周期中，内循环要完整地执行一遍，只有当 for 结构的外循环中控制变量遍历到最后，或者 while 结构的外循环中逻辑表达式为假时，整个嵌套循环结束，更多层的循环的执行过程可以依此类推。

例如，用嵌套结构循环来计算九九乘法表，考虑到乘法的对称性，只需要输出一个下三角形矩阵元素即可。外层循环变量 i 代表行数，内层循环变量 j 只需要从 1 循环到 i，具体程序为

输入：无
输出：九九乘法表——JJmain. m 第 4,6,9 行
主程序代码：JJmain. m

```
1-   clc; clear;
2-   for i=1:9
3-   for j=1:i
4-      fprintf('%dx%d=%2d',j,i,i*j);
5-      if(j~=i)
6-      fprintf('\t')
7-      end
8-   end
9-   fprintf('\n');
10-  end
```

运行程序 JJmain. m，得到

```
1×1=1
1×2=2  2×2= 4
1×3=3  2×3= 6  3×3= 9
1×4=4  2×4= 8  3×4=12  4×4=16
1×5=5  2×5=10  3×5=15  4×5=20  5×5=25
1×6=6  2×6=12  3×6=18  4×6=24  5×6=30  6×6=36
1×7=7  2×7=14  3×7=21  4×7=28  5×7=35  6×7=42  7×7=49
1×8=8  2×8=16  3×8=24  4×8=32  5×8=40  6×8=48  7×8=56  8×8=64
1×9=9  2×9=18  3×9=27  4×9=36  5×9=45  6×9=54  7×9=63  8×9=72  9×9=81
```

【编程技巧 2.4】 上述循环中包含的 if 选择结构(JJmain. m 的 5～7 行)的主要作用是在

行的元素间留出空格，fprintf('\t')的功能是水平移动制表符。如果不用该选择结构，仍然实现相同功能的办法是修改第 4 行 fprintf 的格式控制部分，留出两个空格，即'%dx%d=%2d'部分替换为'%dx%d=% 2d　　'。

【编程技巧 2.5】 在 MATLAB 编程时，提倡采用向量化编程来替代循环，从而节省运行时间，向量化编程的好处是可以进行并行计算，而不是循环或者嵌套循环中的串行算法，例如各种数组运算（点运算）就是向量化编程的代表。

2.4 MATLAB 文件操作

在使用 MATLAB 编程时，常常需要输入较大规模矩阵或者要将很多计算结果保存下来，因此必然需要进行数据的读写操作。下面简要介绍 MATLAB 的一些基本文件读写操作。

MATLAB 的数据文件分为二进制文件和 ASCII 编码文件两类，二进制文件是将数据转化成二进制进行保存，例如 1234 的二进制编码 10011010010，而 ASCII 码表示为 00110001 00110010 00110011 00110100，前者需要两个字节存储，而后者需要 4 个字节。二进制的方式存储变量，优点是文件比较小，载入速度快，但是无法用普通的文本软件看到内容。ASCII 文件比较大，但显示成字符后容易直接读懂内容。考虑到二进制编码的高效性，MATLAB 通过独有的 mat 文件和相应的命令来实现对工作窗口的数据快速存取。

2.4.1 mat 文件读写

MATLAB 存储数据的默认格式是 mat 文件，该文件中除了保存变量的值外，还要保存变量的名称和类型。

如果要保存工作间的所有数据，点击“主页”菜单中的“保存工作区”，设置保存路径和名称后点击“保存”按钮就可以完成。读入这些数据的方法是点击“主页”菜单中的“导入数据”，在需要导入的数据前面打钩，然后点击“打开”按钮就可以导入选中数据。如果只想存储工作区中的特定数据，移动鼠标到该数据，然后点击右键，在下拉菜单中选择“另存为”，设置路径和文件名即可。

在命令行窗口使用命令save和命令load也完成 mat 文件的生成和导入。调用格式为 save filename variables，filename 为指定文件名，如果不指定默认为 MATLAB. mat，如果 filename 前包含路径，则命令文件应保存在相应目录下，如果不指定变量名列表 variables，则保存整个工作区所有数据。

如果在调用格式后面加上-ascii，filename 改成非 mat 后缀，就可以将数据存储为 ASCII 文件，一般后缀可以选用. txt 或者. dat。

用 load 导入前述 filename. txt 或者 filename. dat，会导致原有的变量名称消失，而整个数据会以 filename 为变量名称。对于复数，文件只储存实部，不保存虚部。因此如果要保存成 ASCII 文件，最好只存储一个变量。

例如，在命令行窗口输入：

```
>> A=[1 2;3 4];↵
>> b=[5,6];↵
>>save data1.mat ↵
>>clear all ↵
>>load('data1.mat') ↵
```

执行上述代码先生成一个 data1. mat 文件，然后清除所有工作间数据，再导入文件 data1. mat，最后工作间数据和原来一致。

如接着输入下面的命令：

```
>> save data2.txt -ascii ↵
>>load data2.txt ↵
```

在工作目录下面可以找到一个可以打开的文件 data2. txt，双击打开内容为

```
1.0000000e+00    2.0000000e+00
3.0000000e+00    4.0000000e+00
5.0000000e+00    6.0000000e+00
```

而且在工作间多了一个新的变量 data2，该变量的元素为 A 和 b 的所有元素。

2.4.2 低层文件操作

除了使用 MATLAB 自带的 mat 类型文件的读写，还可以用低层文件操作来灵活实现 ASCII 格式/二进制文件的读写。其基本过程为：fopen 打开→fscanf/fread 读取→fprintf/fwrite 写入→fclose 关闭。下面对这些命令进行介绍：

1. 文件的打开与关闭

对一个文进行件操作，首先需要打开这个文件。命令fopen用于打开一个文件，其调用格式为 fid=fopen(filename,permission)，这里 fid 代表文件标识符，是一个整数变量，打开失败返回－1，否则返回一个其他整数；filename 是打开文件的文件名，字符串变量 permission 表示对文件容许的使用方式，各种具体的文件使用方式见表 2.7。

表 2.7　fopen 文件的使用方式

permission	含 义	备 注
'r'	只读方式打开文件(默认格式)	文件事先存在
'w'	打开后写入数据	文件已存在则更新，不存在则创建
'a'	在打开的文件末端添加数据	不存在则创建
'r+'	读写方式打开文件	文件事先存在
'w+'	读写方式打开文件	文件已存在则更新，不存在则创建
'a+'	读写方式打开文件，末端添加	不存在则创建
'A'	在打开的文件末端添加数据	已存在数据不刷新
'W'	打开后写入数据	已存在数据不刷新
'rt'	以文本方式打开文件	
'b'	以二进制格式打开文件	

如果出现读取失败的情形，即 fid＝－1，可以修改输出端 fid 为[fid ，message] ＝ fopen(filename，…)，则 message 会返回具体的出错信息。如果有多个文件需要打开，不需要一个个打开，直接用命令 fid ＝ fopen('all')，此处 fid 是一个向量，代表所有打开文件的标识。

命令fclose用来进行与打开文件相对应的关闭文件操作，调用格式为

status＝fclose(fid)

此处的 fid 与 fopen 中的标识符相同，即把在 fopen 中打开的文件标识符为 fid 的文件关闭。status 用来表示关闭是否成功，如果失败，则 status＝－1，其他数字表示关闭成功。fclose('all')可以将工作区域所有打开的数据文件关闭。由于打开和关闭文件较为耗时，所以不要在循环体内反复进行文件打开和关闭操作。

2. 文本文件的读写

命令fopen和命令fclose只是对文件的打开和关闭操作，要进行具体的读取和写入操作还需要使用命令fscanf和命令fprintf。fscanf 用于读取文本文件的内容，而 fprintf 用于将数据写入文本文件。

fscanf 调用格式为[variable，count]＝fscanf(fid，format，size)，其中 fid 为文件标识符，指向需要读取的文件；format 为指定的数据格式，指定的格式必须和文件中存储的数据格式相容，否则会出现错误；size 为需要读取的数据元素个数，如果省略，则读到文件结尾。size 可以为整数值 n，也可以为一个矩阵维数[m，n]，前者表示读 n 个数据存放到变量 variable 中，后者表示将数据放到矩阵中，按列的顺序取值填充，数据不足用 0 补全。

命令fprintf的调用格式为 count＝fprint(fid，format，variables)，fid 为文件标识符，如果省略则向屏幕输出，等效于命令printf。variables 为数值或者字符串数据，format 为写入格式，count 为成功写入数据的个数，一般可以省略。

MATLAB 的格式化命令沿用了 C 语言的格式化内容，由％加上格式控制符组成，常见的数值和字符格式控制符见表 2.8。

表 2.8　MATLAB 输入输出格式控制符

数据类型	控制符	控制对象
正负整数	％d 或者％i	带正负号的十进制整数
正整数	％u	不带正负号的十进制整数
	％o	不带正负号的八进制整数
	％x	不带正负号的十六进制整数，字母小写
	％X	不带正负号的十六进制整数，字母大写
浮点数	％f	定点计数法表示的实数
	％e	科学计数法表示的实数，用 e 表示 10
	％g	比％f，％e 更紧凑的格式
	％E	科学计数法表示的实数，用 E 表示 10
	％G	比％f，％E 更紧凑的格式，系统自选
字符	％c	单个字符
	％s	字符串

在%后面加上数字就可以控制输出的长度，例如%3d 表示预留 3 个位置来输出整数，%6s 表示预留 6 个位置来输出字符串。如果实际数值或者字符串的长度超过预留位置，则直接输出实际数值或者实际字符串；如果预留位置个数多于实际数值或者字符串长度，则整个输出右对齐，多余位置用空格补齐。在数字前面加一个负号可以改变默认的右对齐方式为左对齐方式，其余规则不变。

对于浮点数输出格式可以用两个数字来控制其长度，例如%10.4f 表示小数点后保留 4 位，输出总长度为 10。如果这个数本身小数点后位数不足 4 位，则用 0 补齐。

在混合输出数值和字符串时，按照标准格式需要格式在前，数值和字符串在后，例如 fprintf('%d %s\n',12345,'abcde')。为了简便，经常将字符串直接放到格式说明部分，省略%s 说明符，前述例子可改成 fprintf('%d abcde\n',12345)，输出结果是一致的。需要注意的是%d 和字符串 abcde 之间用空格隔开，不能加逗号，否则逗号会被当成字符串的字符直接输出。

MATLAB 经常需要将计算得到的矩阵输出到屏幕或者文件中，需要考虑如何按照一定格式要求输出矩阵。对于规模较小的矩阵，可以采用转置输出的办法。例如 **A**=[1 2 3;4 5 6;7 8 9]，如果直接用命令

```
>>fprintf('%5.2f %5.2f %5.2f \n',A) ↵
```

则得到结果为

```
1.00    4.00    7.00
2.00    5.00    8.00
3.00    6.00    9.00
```

上述矩阵并非矩阵 **A**，而是 $\mathbf{A}^{T}$。出现上述错误的原因是矩阵元素在内存中是按列存储的。因此将命令改为 fprintf('%5.2f %5.2f %5.2f \n',A')，就可以输出和矩阵 **A** 相同矩阵。

另外通过采用 for 循环进行矩阵行和列的控制，也可以按特定格式原样输出矩阵。例如对前面的矩阵 **A**，采用下述循环：

```
for i=1:size(A,1)
fprintf('%5.2f %5.2f %5.2f \n',A(i,:))
end
```

可以得到正确的结果。这里并不需要进行两层循环，列的循环由 A(i,:)中的冒号自动实现。命令 size(A,1)和 size(A,2)用来得到矩阵的行数和列数。按照命令 fprintf 的规则，矩阵每行有 n 个数，就需要在 format 部分有 n 个格式控制符，当矩阵规模较大时，手动输入太多格式控制符不太现实，而且也会导致这个命令过长，解决这个问题的办法是：利用命令repmat来复制多个格式控制符，调用格式为 repmat(A,m)或者 repmat(A,[m,n])，表示将数据 A 复制 m 次，或者复制 m 行 n 列。

例如采用格式%10.6f 输出一个 n 阶的 Hilbert 矩阵到文件 hilbertmatrix.txt。考虑到 Hilbert 矩阵的元素 $H(i,j)=\dfrac{1}{i+j-1}\ (i,j=1,2,\cdots,n)$，编写下面程序：

输入：Hilbert矩阵的维数n——HMmain.m第2行
输出：格式输出Hilbert矩阵——HMmain.m第14行

主程序代码：HMmain.m

```
1-   clc,clear;
2-   n=input('The dimension of Hibert matrix,n=?')
3-   H=zeros(n);
4-   for i =1:n
5-       for j =i:n
6-           H(i,j)=1/(i+j-1);
7-           if j~=i
8-           H(j,i)=H(i,j);
9-           end
10-      end
11-  end
12-  fid=fopen('hilbertmatrix.txt','w');
13-  for i =1:n
14-      fprintf(fid,repmat('%10.6f ',[1,n]),H(i,:));
15-      fprintf(fid,'\n');
16-  end
```

程序中利用Hilbert矩阵的对称性，只计算了上三角部分，下三角通过赋值得到。当$n=5$时，文件hilbertmatrix.txt的输出结果为

```
1.000000   0.500000   0.333333   0.250000   0.200000
0.500000   0.333333   0.250000   0.200000   0.166667
0.333333   0.250000   0.200000   0.166667   0.142857
0.250000   0.200000   0.166667   0.142857   0.125000
0.200000   0.166667   0.142857   0.125000   0.111111
```

为了保持输出格式的美观，程序第15行用换行符\n来进行每次输出一行元素后的换行，其他的还有水平制表符\t，垂直制表符\v，换页符\f，退格符\b。在格式输出时，需要经常使用这些辅助排版命令。

对二进制文件的读写来说，从读写的效率因素考虑，应该优先选择命令fread和命令fwrite进行读写操作。

fread的调用格式为

variable=fread(fid,size,precision)

这里size为可选参数，表示读入变量variable的维数。fwrite的格式为

count=fwrite(fid,variable,precision)

其中：count返回写入成功的数据个数；fid是文件标识符；variable是写入对象；precision是数据类型和形式。这种读写操作也需要配合fopen和fclose来使用，在读写数据量超大的文件时优势突出。由于读写数据无法直接识别，所以初学者使用较少，更多使用细节可以参考C语言中这两个命令的使用说明。

2.4.3 常见文件操作

在进行数据分析时，通常需要将一些已有的数据导入 MATLAB 工作间，这些文件不一定是 mat 类型文件，存储的数据也不一定是规则的数值，因此需要考虑如何从常用的数据文件(如 Excel 文件、记事本文件)有选择地读写数据。

用命令xlsread读入 Excel 数据，调用格式为

[num,txt,nat]=xlsread(filename,sheet,range)

右端控制部分 filename，sheet，range 都要用单引号括起来，其中 filename 表示待读文件的文件名，该 Excel 文件最好存放在当前命令文件所在的文件夹中，否则需要在文件名前面添加详细文件路径；sheet 表示 Excel 文件中的工作表编号，如果缺省则读取 sheet1；range 表示工作表中的指定范围，如果缺省则读取全部数据，如果指定则只是读取指定的部分数据。

左端默认输出的是数值 num，输出部分如果包含 txt，则会在元胞数组 txt 中输出 Excel 的文本字段。如果包含 nat，则在元胞数组 nat 中输出数值和文本。元胞数组是 MATLAB 中一种基本的数据类型，类似于 python 中的 list，每个元素的类型可以不同。

例如图 2.2 的 TQ0208.xlsx 中记录了 2020 年 2 月 8 日陕西省主要城市的天气情况，在命令行窗口输入：

```
>>[A,B,C]=xlsread('TQ0208.xlsx') ↵
```

得到

```
A=  -1    11
    -2    10
    -7    7
    -10   5
    -1    10
    0     11
    1     12
    3     11
    1     11
    -1    8
    -2    10
B ='地名'     '天气情况'     '最低温度'     '最高温度'
   '西安'     '阴'           ''             ''
   '咸阳'     '阴'           ''             ''
   '延安'     '晴间多云'     ''             ''
   '榆林'     '晴'           ''             ''
   '渭南'     '晴间多云'     ''             ''
   '商洛'     '晴间多云'     ''             ''
   '安康'     '晴'           ''             ''
```

```
      '汉中'      '晴间多云'    ''          ''
      '宝鸡'      '阴'          ''          ''
      '铜川'      '阴'          ''          ''
      '杨凌'      '阴'          ''          ''
C=    '地名'      '天气情况'    '最低温度'  '最高温度'
      '西安'      '阴'          [-1]        [11]
      '咸阳'      '阴'          [-2]        [10]
      '延安'      '晴间多云'    [-7]        [7]
      '榆林'      '晴'          [-10]       [5]
      '渭南'      '晴间多云'    [-1]        [10]
      '商洛'      '晴间多云'    [0]         [11]
      '安康'      '晴'          [1]         [12]
      '汉中'      '晴间多云'    [3]         [11]
      '宝鸡'      '阴'          [1]         [11]
      '铜川'      '阴'          [-1]        [8]
      '杨凌'      '阴'          [-2]        [10]
```

输入

```
>>whos
  Name       Size      Bytes Class    Attributes
  A          11x2      176            double
  B          12x4      5494           cell
  C          12x4      5670           cell
```

查询到 A 是普通数值矩阵，B 和 C 都是元胞数组。

	A	B	C	D
1	地名	天气情况	最低温度	最高温度
2	西安	阴	-1	11
3	咸阳	阴	-2	10
4	延安	晴间多云	-7	7
5	榆林	晴	-10	5
6	渭南	晴间多云	-1	10
7	商洛	晴间多云	0	11
8	安康	晴	1	12
9	汉中	晴间多云	3	11
10	宝鸡	阴	1	11
11	铜川	阴	-1	8
12	杨凌	阴	-2	10

图 2.2　TQ0208. xlsx 记录的数值和文字

MATLAB 从 Excel 文件中读取中文字符功能较强，即使改变汉字的字体，采用命令 xlsread 都能够准确识别。对于与 TQ0208. xlsx 有相同的内容的 txt 文件 TQ0208. txt，可以用命令textread来读入数据，调用格式为

[A,B,C,...] = textread(filename,format)

实验发现该命令很容易出错，出错的原因在于辨识中文字体失败。尝试用命令importdata读入 TQ0208. txt，调用格式为 variable=importdata(filename)，最终结果显示，数值能够顺利读入

并存放在 variable. data 中,但是存放在 variable. textdata 中的字符串显示乱码。为了保证能够顺利读写,建议 txt 文件存储英文字符串。

事实上,也可以采用前一节的低层文件操作方法来读入 Excel 或者 txt 文件中的数据。以 TQ0208. txt 为例说明格式读入方法:

首先以只读方式打开文件,即

```
>>fid=fopen('TQ0208.txt', 'r') ↵
```

得到 fid 数不等于−1 表示读入成功。

其次,读入标题行,由于文档中有 4 个标题字符串,故用命令

```
>>Title=fscanf(fid, '%s',4) ↵
```

再次,用循环结构读取 11 个城市天气数据,考虑到每一行既有字符串,又有数值,所以用单元数组存储读入的数据。定义单元数组 Tqsj,并初始化为空:

```
>>Tqsj=[]↵
>>for i=1:11 ↵
      Tqsj{i,1}=fscanf(fid, '%s',1);↵
      Tqsj{i,2}=fscanf(fid, '%s',1);↵
      Tqsj{i,3}=fscanf(fid, '%f',1);↵
      Tqsj{i,4}=fscanf(fid, '%f',1);↵
      end
>>fclose(fid)
```

将计算中生成的数据输出到 txt 型文件或者 Excel 文档中的方法,结合 fopen 语句和 fprint 语句个数输出就可以实现,这部分内容在上一节已经详细介绍,此处不再赘述。

2.5 MATLAB 图形绘制

图形和图像是呈现数据的一种直观方式,对数值结果进行可视化有助于发现数据所反映的客观规律。MATLAB 具有强大的绘图功能,提供了一系列的绘图函数,另外也提供了许多对图形元素(如坐标轴、曲线、图例等)进行操作的函数,利用这些函数就能较方便地生成各种图形并对图形进行进一步编辑和修饰。特别值得一提的是从 MATLAB 2015 版本以后,为了方便用户直接进行可视化交互图形编辑,在主菜单中添加了能直接绘图的 PLOTS 工具栏。下面介绍这种新的绘图方法。

2.5.1 使用 PLOTS 绘制图形

在 2015 版以后的 MATLAB 软件名称下面,主要有三个菜单栏:主页(HOME)、绘图(PLOTS)和 APP,点击不同的菜单栏就会进入不同的功能模块,同时模块中的操作命令和按钮也会发生改变。点击 PLOTS 菜单栏进入 MATLAB 绘图功能模块,发现该模块的功能区十分简洁,只包含一组视图按钮和一组互斥按钮。

最右侧的一组互斥按钮为重用图窗(Reuse Figure)和新建图窗(New Figure),分别表示

在当前绘图窗口继续绘图和打开新的绘图窗口绘图。

视图按钮窗口中显示了最常用的 12 种绘图模式，点击窗口右侧下拉按钮，就会显示 MATLAB 所有的绘图模式。这些模式包括二维绘图、三维绘图、常用统计绘图和工具箱绘图等。视图按钮上的图像和标题已经大概说明了该按钮的功能，如果想进一步了解该功能，只需将鼠标停留在按钮上，就会弹出关于该按钮的功能说明和对应的命令及调用格式，点击弹出窗口右上角 more help 超链接就能查询该按钮绘图功能的详细介绍。

1. 图像的绘制

如果当前工作区没有数据或者没有选定数据，则这些按钮都是灰色的，无法点击进行绘图操作。当用鼠标选定工作区一组以上数据时，则会自动激活所有基于选定数据能够绘图的按钮，这些按钮颜色由灰色变成彩色。点击某个绘图按钮，就会在绘图窗口绘制出相应的图像。

MATLAB 绘图方式和 Excel 绘图方式一致，都是通过描点方式完成的。如果要绘制 $y=f(x)$ 在区间 $[a,b]$ 上的图像，首先要把区间离散成一系列的点 $x_i=a+ih,(i=0,1,2,\cdots,n)$，再计算这些点上的函数值 $y_i=f(x_i)$，然后在坐标系中打印出坐标为 $\{x_i,y_i\}_{i=0}^{n}$ 的点。显然当步长 $h\to 0$ 时，打印出的散点集的极限就是 $y=f(x)$ 的图像。从描点方式看出，自变量值和函数值必须一一对应，即绘图用的两个向量长度必须相等。

下面给出一个具体的例子：绘制一个周期 $[-\pi,\pi]$ 上的正弦函数与余弦函数。在命令行窗口输入：

```
>> xx=-pi:0.01:pi;↵
>>y1=sin(xx);↵
```

工作间出现两个维数为 1×629 的数组 xx 和 y1，用鼠标先选择 xx，再按住 Shift 键选择 y1，此时视图按钮左边显示自变量 xx 和因变量 y1，且 xx 在 y1 上面。如果选择顺序相反，则 y1 在上，xx 在下。点击第一个视图按钮 plot，命令行窗口自动出现等效命令：

```
>>plot(xx,y1)
```

同时如图 2.3 所示，图像窗口 Figure1 绘制出 $y=\sin x$ 的图像。

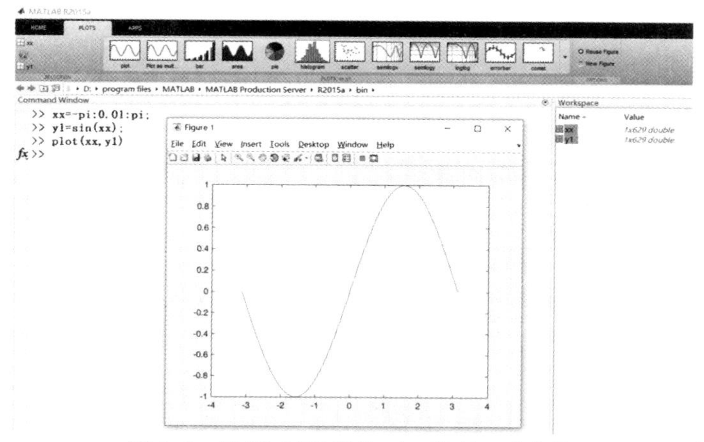

图 2.3　用 PLOTS 模块 plot 绘制正弦曲线

在命令行窗口输入：

```
>>y2=cos(xx);↵
```

依次选择 xx,y1 和 y2,点击按钮“绘制多个序列的图”,Figure1 窗口同时绘制出不同颜色的 $y = \sin x$ 和 $y = \cos x$ 的函数图像。同时命令行窗口自动出现:

```
>> plot(xx,y1,'DisplayName','y1');hold on;plot(xx,y2,'DisplayName','y2');hold off;
```

2.图像的设置

使用 PLOTS 模块中按钮绘制出的图像都是采用默认设置,包括线条的颜色、宽度,坐标轴上坐标刻度和标示,整个图像的长宽比例等。默认情况下,图像并不会添加变量标注、图例和图像标题等信息,需要绘图者自行添加。

MATLAB 中将每个图像元素(如坐标轴、曲线、文字等)视为一个独立的对象,给每个对象分配一个句柄,可以通过句柄对该图形元素进行单独设置。图像元素设置涉及众多复杂的 MATLAB 命令,这些命令及其用法将在下一节介绍。这里介绍基于图像自带的菜单栏来设置图像元素的方法。

(1)图像标题设置。点击 Figure1 中的“Insert”,选择“Title”,输入标题字符串,并在图像下方的属性编辑窗口(Property Editor)左侧修改标题边框的线形、粗细、填充颜色,右侧修改翻译器、对齐方式、字体格式及大小和样式。为了满足科技论文作图需要,这里的翻译器可以将 LaTeX 代码编译成相应符号。

(2)函数曲线和标记点设置。点击 Figure1 中的“Tools”,选择“Edit Plot”,点击要修改的曲线,图像下方出现属性编辑窗口,右下“Line”后面三个下拉菜单分别是曲线的线型、粗细和颜色,点选相应图例或者数字后图像发生相应变化;“Marker”后面四个下拉菜单分别为描点的形状、大小、填充颜色和边界颜色。

(3)坐标轴设置。点击 Figure1 中的“Tools”,选择“Edit Plot”,点击要修改的坐标轴,图像下方出现属性编辑窗口,右侧从上到下依次是添加标签(* Label)、坐标范围(* Limits)、刻度方式(* Scale),这里 * 号与坐标轴选择相关,随着选择 x 或 y 或 z 坐标轴而相应显示为 X 或 Y 或 Z。点击刻度按钮(ticks)可以进一步对刻度步长、标签位置等进行调整。刻度数字和标签字符的大小及类型可以通过“Font”修改。另外添加标签也可以点击 Figure1 中的“Insert”,再选择 * Label 来实现。

(4)图例和颜色条。对于一个图像中绘制两条以上曲线,通常会用不同的线型来区分每条曲线,此时很有必要添加图例来说明每个线型所代表的曲线含义。图例添加方法为:点击 Figure1 中的“Insert”,选择“Legend”,图像上就会出现图例。双击可以输入每个条目的含义,同时属性编辑窗口的左侧调整图例在整个图像中的位置,右侧调整图例的取向、边框颜色和填充颜色、字体格式、大小和样式。

对于等值线图(例如主应力图),常用不同的颜色表示不同的数值大小。为了便于看出图中颜色表示的数值,需要在图像中添加颜色条。颜色条添加的方法为:点击 Figure1 中的“Insert”,选择“Colorbar”,图像上就会出现颜色条。双击颜色条,在属性编辑窗口调整颜色条在整个图像中的位置。

在属性编辑窗口点击“More Properties”进入 Inspector 可以进行其他更多的设置,这里包含了整个图像所有的元素及属性,改变它们的选项或者数字就能得到自己想要的设置效果。

2.5.2 使用命令绘制图形

强大的绘图功能是 MATLAB 的特点之一，MATLAB 提供了一系列的绘图命令(函数)，用户不需要过多地考虑绘图的细节，只需要给出一些基本参数就能得到所需图形，这类函数称为高层绘图函数。下面介绍如何通过这些命令来进行常用二维图像的绘制。

MATLAB 提供了 plot、semilogx、semilogy、loglog、polar 和 plotyy 等二维绘图命令，其中半对数绘图 similogx、semilogy 和全对数绘图 loglog 和 plot 功能相同，只是分别将自变量、函数和两者先取对数再绘制图像。由于取对数之后不会改变数据的性质和相关关系，但可以改变变量的尺度，因此在误差图、经济数据图中常使用这类图像。用菜单栏来绘制对数类图像的方法是在设置坐标轴刻度时，将一个或者多个坐标轴刻度方式(* Scale)从默认等距方式改为对数方式。Polar 是绘制极坐标图，而 plotyy 是绘制双 y 轴曲线。所有命令中 plot 是最基本也是最重要的命令，下面重点介绍命令plot的用法。

命令plot的功能是将自变量和函数值转化为连线图形，其调用格式为

```
>> plot(xi, yi,'LMC','linewidth',num1,'MarkerEdgeColor','color1','Marker-FaceColor','color2','MarkerSize',num2);
```

其中：LMC 表示线型、标记点类型和线条颜色；其他分别为线宽(linewidth)、标记点边界颜色(MarkerEdgeColor)、标记点填充颜色(MarkerFaceColor)、标记点大小(MarkerSize)，num1 和 num2 表示 0.5 的整数倍数字，LMC 中的 C，color1，color2 都是色彩字符，L 表示线型字符，M 代表标记点类型。它们的具体取值参见表 2.9。

表 2.9 线型 L、标记点类型 M 和颜色 Color 索引表

线型	含义	色彩	含义	标记点	含义	标记点	含义
-	实线	r	红色	.	点	h	六角形
--	虚线	g	绿色	o	圆形	<	左三角
:	点线	b	蓝色	x	叉号	>	右三角
-.	点横线	c	蓝绿色	+	加号	∧	上三角
none	无	m	洋红色	*	星号	∨	下三角
		y	黄色	s	方形		
		k	黑色	d	菱形		
		w	白色	p	五角星		

上述语句实现了一条曲线的绘制以及曲线和标记点的所有控制。事实上，如此烦琐的命令使用起来相当不方便，其实只需要在使用时输入前面数据和少量格式设置命令，其他的设置通过图像中的菜单来实现。下面给出一些例子：

例如绘制 $y = \sin x$ 在一个周期 $[-\pi, \pi]$ 上的图像，在命令行窗口输入数据：

```
>> xx=-pi:0.01:pi;↵
>>y1=sin(xx);↵
```

如果输入

```
>>plot(y1) ↵
```

结果是不会提示出错，仍然可以绘制图像，但是图像的自变量变成了下标 1:629。

```
>>yt=y1'; ↵
>>plot(xx,yt,'r') ↵
```

结果显示是一个周期上红色的正弦曲线，自变量和函数虽然一个是行向量，一个是列向量，但只要是长度相同，不会影响曲线绘制。当 xx 是向量，yt 是行或者列与 xx 相同的矩阵时，则绘制出多条不同颜色的曲线，曲线个数是矩阵 yt 的另一个维数；当 xx 和 yt 是维数相同的矩阵时，则将它们对应的列元素分别作为横坐标和纵坐标绘制多条曲线，曲线条数等于矩阵的列数。

```
>>y2=100*cos(xx); ↵
>> plot(xx,y1, '-r',xx,y2, ':b')↵
```

结果显示出一条实红色正弦曲线和虚蓝色的余弦曲线，但是由于余弦曲线的振幅被放大了 100 倍，图中的正弦线被压缩成一条直线。为了避免这种情况，这里最好用命令 plotyy 绘制双 y 轴曲线，这样左边纵坐标轴范围是 −1 到 1，而右边纵坐标轴的范围是 −100 到 100，两个曲线横坐标数据相同。

缺省了控制符的语句 plot(x1,y1, x2,y2,…,xn,yn)可以把 n 条曲线绘制在同一个图像中。这里不要求所有的向量维数相同，只需要 xi 和对应的 yi 维数相同。这个语句并不等价于

```
>>plot(x1,y1); ↵
>>plot(x2,y2); ↵
...; ↵
>>plot(xn,yn); ↵
```

执行上述多条语句，最终只能得到最后一条曲线。因为默认的绘图状态是 hold off，在执行新的 plot 语句时，原来的曲线图像被清空。采用命令hold on就可以实现新旧图像的共存，方便在一幅图中比较多条曲线。

将上面命令流修改为

```
>>plot(x1,y1); hold on; ↵
>>plot(x2,y2); hold on; ↵
...; ↵
>>plot(xn,yn); hold off; ↵
```

就能将所有曲线绘制到同一幅图像中，该图像的横纵坐标是所有横纵坐标的并集。

如果不想将多条曲线绘制在同一个图像中，同时也不想丢失前面的图像，可以用命令figure和命令subplot来实现。

命令 figure 默认的调用方式为 figure，功能是创建一个图像窗口。如果创建多个图像窗口，调用格式为 figure(i)，这里 i 是正整数，也可以在创建图像窗口的同时对窗口名称、位置、尺寸及颜色等进行设置。例如

```
figure('Name','char','Position',[dx,dy,wx,hy],'Color','color1')
```

这里 Name、Position 和 Color 分别代表图窗的名称位置和颜色，char 是自己定义的名称字符串，dx 和 dy 表示图窗距离 MATLAB 左边界和下边界的距离，wx，hy 表示图窗的宽和高，这些数值可以是像素值，例如[200,200,600,400]。color1 是表 2.6 中颜色字符。保留两幅图像的命令流为

```
>>figure(1); ↵
>>plot(x1,y1); ↵
>>figure(2); ↵
>>plot(x2,y2); ↵
```

命令 subplot 不但可以保留多个图像窗口，而且将多个图像窗口作为子图整齐地排列在一个总的图像窗口中。该命令的调用格式为 subplot(m,n,i)，其中 m 和 n 代表显示 m 行 n 列个图像，i 从 1 到 $m\times n$ 是每个子图的编号。例如将两幅图横排的命令流为

```
>>subplot(1,2,1); ↵
>>plot(x1,y1); ↵
>> subplot(1,2,2); ↵
>>plot(x2,y2); ↵
```

由于 MATLAB 能够进行符号运算，所以通过微积分计算能直接得到函数的表达式。对于这些符号函数，可以使用命令ezplot和命令fplot来直接绘图。

命令ezplot用来绘制符号函数的图像，尤其是无法分离自变量和函数值的隐函数，默认的绘图区间是 $[-2\pi,2\pi]$。调用格式为

ezplot(fun,[xmin,xmax,ymin,ymax])

这里 fun 表示数学函数的符号表达式，如果是显函数，可以只包含一个符号变量。例如

```
>>syms x y;
>>ezplot('x^2+x',[-1,1,-0.5,2]); ↵
>> ezplot('sin(x^2+y^2)-3*x*y+5=0') ; ↵
```

命令 fplot 也用来绘制符号函数，其调用格式为

fplot(fun,[xmin,xmax,ymin,ymax],eps)

这里 fun 可以是符号函数，也可以是自定义函数的文件名，自变量区间上下限不能缺省；eps 是步长相对误差限，缺省时为 0.2%。下面给出两个例子：

```
>>fplot(@(x)[sin(x),cos(x)],[-2*pi,2*pi]); ↵
```

或者基于内联函数

```
myfun1=inline('x^2+sin(x)', 'x') ↵
fplot(myfun1,[-1,1]) ↵
```

或者基于自定义函数

```
function y=myfun2(x)
y=x^2+sin(x);
end
```

在命令行窗口输入

```
>>fplot('myfun2',[0,1]) ↵
```

或者先定义句柄函数再输入

```
>>mf2=@myfun2; ↵
>>fplot(mf2,[0,1]) ↵
```

【易错之处 2.7】 在上述的自定义函数调用过程中,如果用句柄来调用定义的函数,可以直接调用,即不需要加单引号,如@(x)[sin(x),cos(x)]、myfun1 和 mf2 都是这样的调用方式。如果不是以句柄调用,需要加单引号,先将它变成一个字符串函数,如 myfun2 的调用过程。

绘制出图像后,可以用不同命令来设置和修饰图像,下面介绍一些常用命令:

(1)添加标题命令 title。命令title用来添加图像标题,需要注意:图像标题和图像窗口标题不一样,在输出或者打印图像时,图像标题会一并输出或者打印,而图像窗口标题不会被输出或者打印。该命令调用格式为

title('char','FontName','char1','FontWeight','char2', 'Color','color1','FontSize',num1)

其中,char 是图像名称字符串,关键字 FontName、FontWeight、Color 和 Fontsize 分别表示字体格式、样式、颜色和大小,与之相关的 char1 可以选用 Time New Roman、Arial、Simsun(宋体)等,char2 可以选择 normal(默认)、Bold(粗体),色彩符 color1 和大小 num1 已经在前面介绍过。这些设置关键字和选择值没有优先级,可以随意排列,不影响输出效果。为了避免记忆或者查找太多的关键字,一种高效的设置方法应该是,首先用命令 title('char')输入标题,然后在菜单中点击"Tools",下拉菜单选"Edit Plot",双击标题然后进行编辑。这种利用命令和菜单进行设置的方法在本书中称为混合法,结合使用命令和菜单将会大大提高图像绘制及修饰的效率。

(2)坐标控制命令 axis。命令axis用来设置坐标系的范围和整个图像的比例,调用格式为

axis([xmin xmax ymin ymax zmin zmax])

其中:数值 * min 表示某个坐标轴的下界, * max 表示上界,绘制二维图像只需要给出前四个数值。除此以外,命令 axis 后面跟一些关键词可以快速实现一些设置功能,如 axis on:显示坐标轴(默认);axis off:隐藏坐标轴;axis auto:使用默认设置显示坐标轴,坐标系为矩形;axis square:使用正方形坐标系;axis equal:坐标轴采用相同刻度;axis tight:按紧凑方式显示坐标轴范围,即坐标轴范围为绘图数据的范围。

调整完坐标系后,用命令grid on按照当前刻度绘制网格线,隐藏网格线的命令为 grid off。用命令 xlabel、ylabel 和 zlabel 在各个坐标轴上添加标签,调用格式为 xlabel('char','FontName','char1','FontSize',num1),常用 xlabel('char')添加标签后再在菜单中设置字体格式和大小。

(3)图例命令 legend。在 MATLAB 绘制多种图像(如曲线图、柱状图、饼图等)时,都需要添加图例来区分不同曲线或者不同区域的含义。命令legend可以将曲线或者区域块自动显示出来,用户需要添加相应的标签,并将图例放置到合适的位置(防止挡住原来曲线或者区域)。该命令的调用格式为

legend('char1','char2',..., 'charn','location','LOC')

前面的 char1 到 charn 为 n 个曲线或者区域的标签,LOC 表示放置位置,可选的有 East, Eastoutside,...,Best,Bestoutside 共 18 个位置。Best 表示放置在图框内无遮挡的最佳位置,Bestoutside 表示放置在图框外占位置最少的最佳位置,其他位置和英文单词意思一致。建议使用 legend('char1','char2',..., 'charn'),然后双击图例进入图例编辑菜单来调整其位

置和字体。

【编程技巧 2.6】 如果曲线较少，除了添加图例外，也可以在曲线旁边添加文本或者公式来标注曲线。利用命令 text 添加文本时，其调用格式为 text(x,y,'char')，这里 x,y 为添加文本位置，字符串 char 为待添加文本，char 除了使用标准 ASCII 字符外，还可以采用 Latex 控制字符以方便添加希腊字母和数学公式。如果位置确定比较困难，可用命令 gtext 在鼠标指定位置添加文本。

例如用下述命令流给两条曲线添加标注，结果如图 2.4 所示。

```
>>xx=-1:0.01:1; ↵
>>plot(xx,sin(pi*xx), '-r'); ↵
>>hold on; ↵
>>plot(xx,cos(pi*xx), '-.b'); ↵
>>text(0,0,' \leftarrow y=sin(\pi \times x)','Color','r','Fontsize',15); ↵
>>gtext(' y=cos(\pi \times x) \rightarrow ','Color','b','Fontsize',15); ↵
>>hold off;↵
```

MATLAB 还提供了直接对图形句柄进行操作的低层绘图命令。这类命令将图形的每个图形元素（如坐标轴、曲线、文字等）看作一个独立的对象，系统给每个对象分配一个句柄，可以通过句柄对该图形元素进行操作，而不影响其他部分。获取当前对象的句柄主要有 gcf、gca 和 gco，它们的含义分别为 get current figure（返回当前图像）、get current axes（返回当前坐标系）、get current object（返回当前鼠标选定对象）。MATLAB 的图形句柄体系是从计算机平面代表的根对象（Root）到图形窗口对象（Figure），再到坐标轴对象（Axes），而坐标轴对象又包括曲线对象（Line）和文本对象（Text）等。

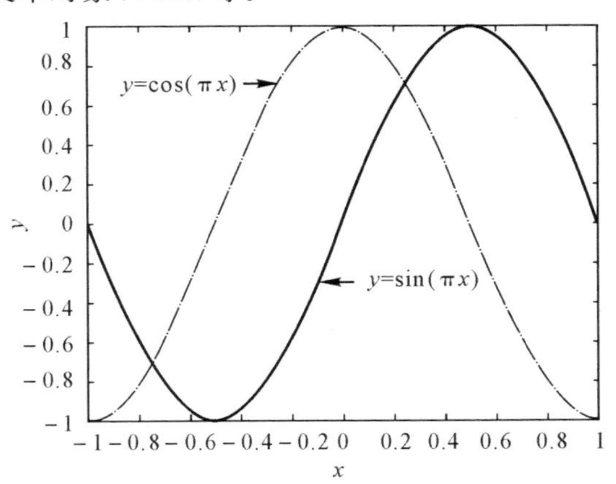

图 2.4　用命令 text 和 gtext 添加曲线标注

每个对象有自己的属性，比如 Figure 对象的名称、背景颜色等，Axes 对象的范围、刻度、标注等，Line 对象的线型、粗细、颜色及标记点形状颜色等。Text 对象的文本、字体格式、字体大小等。设置这些属性需要用命令 set，其调用格式为 set(object, property, propertyvalue)，object 为各级对象，property 为对象属性，而 propertyvalue 为属性字符或者数值。在科研论文写作中，常对图像有特殊要求，因此可以采用命令 set 制作一个满足要求的模板，在绘图时调用该模板就能生成统一的图像。例如子程序 figmodel.m 如下：

输入:需要绘图的数据 xx,yy
输出:打印输出高分辨率的图像 figure1.txt
子程序代码:

```
1-  function figmodel(xx,yy)
2-  clc;clf;
3-  plot(xx,yy);
4-  W = 10; H = 6; %设定图像尺寸大小
5-  set(gcf,'PaperUnits','centimeters','PaperPosition',[0 0 W H]);
6-  disx=(max(xx)-min(xx))/20;
7-  set(gca,'XLim',[min(xx)-disx, max(xx)+disx]);
8-  disx=(max(yy)-min(yy))/10;
9-  set(gca,'YLim',[min(yy)-disx, max(yy)+disx]);
10- title('y=sin x')   %输入图像标题
11- xlabel('x');       %输入横坐标标签
12- ylabel('y');       %输入纵坐标标签
13- %设定标题,坐标标签的字体大小
14- set(get(gca,'title'),'FontSize',15,'FontWeight','bold');
15- set(get(gca,'xlabel'),'FontSize',10,'Vertical','cap');
16- set(get(gca,'ylabel'),'FontSize',10,'Vertical','baseline');
17- print(gcf,['figure1.tif'],'-r600','-dtiff'); %打印输出 600dp 的 tif 图像
```

在命令行窗口输入

```
>>x1=1:0.01:3; ↵
>>y1=sin(x1); ↵
>>figmodel(x1,y1) ↵
```

得到图像如图 2.5 所示。

在句柄操作中,最常用的两个命令是 get 和 set,get 表示获得某个句柄,set 表示设置句柄相关属性,上述子程序中 14～16 行在获得下一级的句柄时使用了 get 命令先获取再设置。另外的一种调用方法是把句柄 gca 进行命名,然后用点号获取下级对象句柄。如 fig=gca; set(fig.title,'FontSize',15,'FontWeight','bold')。

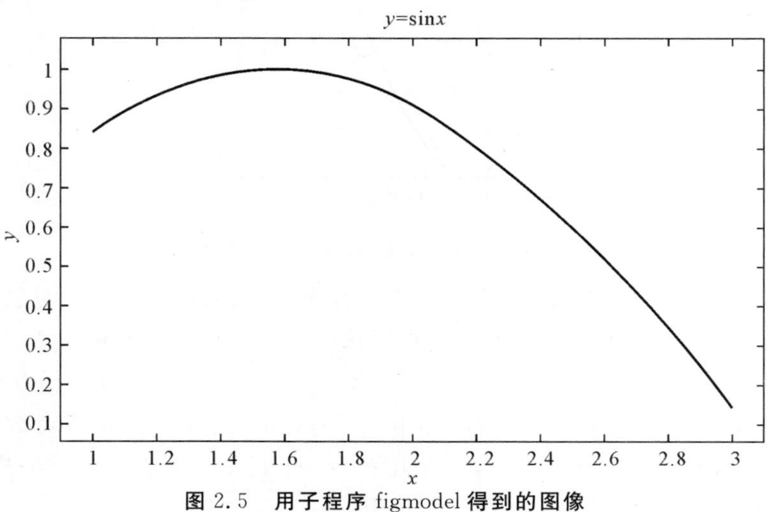

图 2.5　用子程序 figmodel 得到的图像

由于数值方法只涉及二维图像，本章详细介绍了一元函数的绘制命令及图形各级对象的设置和修改。关于三维图像绘制及统计图像绘制，由于篇幅有限，本章不再介绍，请读者在需要绘制时参阅 MATLAB 说明文档或者相关文献。

本章习题

1. 计算数项级数 $S_n = \sum_{i=1}^{n} (-1)^{n-1} \frac{1}{n}$，分别取 $n = 10,100,200,400$，从计算结果判断该级数是否收敛。

2. 古书记载“百钱买百鸡”问题，其内容为：鸡翁 1，钱值 5；鸡母 1，钱值 3；鸡雏 3，钱值 1；何以百钱买百鸡？用 MATLAB 编程搜索满足条件的所有鸡的组合。

3. 用命令 round(rand(45,1))生成 45 个学生的成绩，然后计算全班的平均成绩和不及格率及优秀率，判断用 rand 生成的数据是否符合正态分布？用命令 round(normrnd(70,12,45,1))重新生成随机成绩，并重新计算平均成绩和不及格率，判断哪种方法生成的数据更接近真实情况。

4. 字符串 IjkZoC7JB78 是被加密后的密文，加密规则是原文的 ASCII 码减去 10 后得到的数再转化成字符，编程将这段密文翻译为原文。

5. 篮筐离地面的高度为 3.05 m，篮环中心离篮板距离是 27.5 cm，假设小明身高 1.78 m，原地投球时篮球中心距离地面的高度为 1.93 m，如果小明在篮环中心点正前方 3 m 处投篮，怎样的出手速度和角度能保证进球，如果移动到正前方 4 m 处和 5 m 处投篮，又需要怎样的速度和角度，用 plot 绘制出 3 条抛物线。

第 3 章　非线性方程的 MATLAB 求解

本章将介绍求解非线性方程 $f(x)=0$ 的实根的几种数值方法，包括二分法、不动点迭代法、牛顿迭代法及它们的变形。

3.1　二　分　法

二分法是求非线性方程实根的近似值的最简单方法。其基本思想是将隔根区间（存在且只存在一个根的区间）逐次分半，通过判别区间边界点和中点处函数值的符号，逐步缩小隔根区间，直到充分逼近方程的根，从而得到满足一定精度要求的根的近似值。

1. 方法简介

设 $f(x)$ 在区间 $[a,b]$ 上连续，$f(a)f(b)<0$，且方程 $f(x)=0$ 在区间 (a,b) 内有唯一实根 x^*。记 $a_1=a$，$b_1=b$，中点 $x_1=(a_1+b_1)/2$ 将区间 $[a_1,b_1]$ 分为两个小区间 $[a_1,x_1]$ 和 $[x_1,b_1]$，计算函数值 $f(x_1)$，根据如下 3 种情况确定新的隔根区间：

(1) 如果 $f(x_1)=0$，则 x_1 是所要求的根；

(2) 如果 $f(a_1)f(x_1)<0$，则取新的隔根区间 $[a_2,b_2]=[a_1,x_1]$；

(3) 如果 $f(x_1)f(b_1)<0$，则取新的隔根区间 $[a_2,b_2]=[x_1,b_1]$。

如图 3.1 所示，新隔根区间 $[a_2,b_2]$ 的长度为原隔根区间 $[a_1,b_1]$ 长度的一半。对隔根区间 $[a_2,b_2]$ 施以同样的过程，即用中点 $x_2=(a_2+b_2)/2$ 将区间 $[a_2,b_2]$ 再分为两半，选取新的隔根区间，并记为 $[a_3,b_3]$，其长度为 $[a_2,b_2]$ 的一半。

重复上述过程，建立嵌套区间序列 $[a,b]=[a_1,b_1]\supset[a_2,b_2]\supset\cdots\supset[a_k,b_k]\supset\cdots$，其中每个区间的长度都是前一个区间长度的一半，因此 $[a_k,b_k]$ 的长度为 $b_k-a_k=\frac{1}{2^{k-1}}(b-a)$，显然当 $k\to 0$，区间长度 $|b_k-a_k|\to 0$。

由 $x^*\in[a_k,b_k]$ 和 $x_k=(a_k+b_k)/2$，得 $|x_k-x^*|\leqslant\frac{1}{2}(b_k-a_k)=\frac{1}{2^k}(b-a)$。当 $k\to\infty$ 时，显然有 $\lim\limits_{k\to\infty}x_k=x^*$，并且

$$|x_k-x^*|\leqslant\frac{1}{2^k}(b-a)\ (k=1,2,\cdots)\tag{3.1}$$

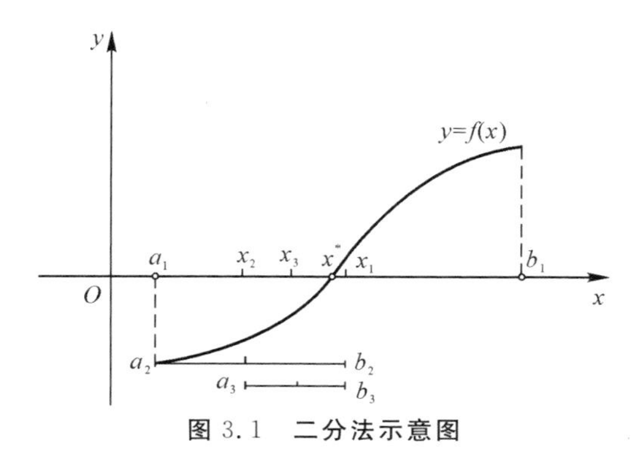

图3.1　二分法示意图

2. 算法设计

由于 $\lim\limits_{k\to\infty}x_k = x^*$，一方面说明二分法只能求得根 x^* 的近似值而非根 x^* 本身；另一方面说明二分的过程可以一直进行下去，如果不加限制，程序将会陷入无限循环中。因此二分法一般需要预先给定根 x^* 的绝对误差限 ε，即要求 $|x_k - x^*| \leqslant \varepsilon$。

根据式(3.1)可知，只要 $\frac{1}{2^k}(b-a)\leqslant\varepsilon$ 成立，就能满足 $|x_k - x^*|\leqslant\varepsilon$。这样可以直接求得对分次数 $k\geqslant(\ln(b-a)-\ln\varepsilon)/\ln2$，取 k 为大于 $[\ln(b-a)-\ln\varepsilon]/\ln2$ 的最小整数。另外，由于 $|x_k - x_{k-1}| = \frac{1}{2}|a_k - b_k| = \frac{1}{2^k}|b-a|$，所以也可以用 $|x_k - x_{k-1}|\leqslant\varepsilon$ 来控制程序中止。这两种误差控制方案分别被称为先验误差估计和后验误差估计。

算法1　二分法(Bisection Method)。

输入数据：端点 a、b，根的绝对误差限 ε，根近似值的函数值允许误差限 ε_0。

输出数据：近似解 x_k 或失败信息。

计算过程：(先验误差控制)

Step 1：用公式 $k\geqslant(\ln(b-a)-\ln\varepsilon)/\ln2$ 计算最大迭代次数 k；

Step 2：对 $n=1,\cdots,k$ 循环执行 Step 3～Step 5；

Step 3：$x_k=(a+b)/2$，计算 $f(x_k)$；

Step 4：若 $|f(x_k)|<\varepsilon_0$，则输出 x_k，结束程序；

Step 5：判断下一个隔根区间：若 $f(x_k)f(b)<0$，则 $a=x_k$，区间为 $[x_k,b]$，否则 $b=x_k$，区间为 $[a,x_k]$。

3. 程序实现

算法1的MATLAB程序：

输入：根的绝对误差限 tol——主程序 BMmain.m 第4行； 根近似值的函数值允许误差限 eps——主程序 BMmain.m 第5行； 区间端点 a 和 b——主程序 BMmain.m 第6行； 方程的表达式 fx——主程序 BMmain.m 第7行
输出：方程满足精度要求的近似解 xk——子程序 BMsub.m 第26行
主程序代码：BMmain.m

```
1-  clc;
2-  clear;
3-  format long
4-  tol = 0.5e-3;
5-  eps = 1e-8;
6-  a = 1;b = 2;
7-  fx = inline('x.^3+4 * x.^2-10','x');
8-  [xk] = Bisection(fx, a, b, tol, eps);
```

子程序代码:BMsub. m

```
1-  function [x1] = Bisection(fun, a0, b0, tol, tol0)
2-  nk = ceil((log(b0-a0)-log(tol))/log(2));
3-  % Preallocate vectors.
4-  x = zeros(nk, 1);
5-  y = zeros(nk, 1);
6-  a = zeros(nk, 1);
7-  b = zeros(nk, 1);
8-  a(1) = a0; b(1) = b0;
9-  % Bisection search
10- for i = 1 : nk
11-     x(i) = (a(i) + b(i))/2;
12-     y(i) = fun(x(i));
13-     if abs (y(i)) < tol0
14-           fprintf('Exact solution has been found\n');
15-           x1=x(i);
16-           break;
17-     elseif y(i) * fun(a(i)) < 0
18-           a(i+1) = a(i);
19-           b(i+1) = x(i);
20-     else
21-           a(i+1) = x(i);
22-           b(i+1) = b(i);
23-     end
24-     iter = i+1;
25- end
26- x1=x(nk);
27- % Output results
28- ii = 1:iter;
29- fprintf('iter     a     b     x     y\n');
30- for i=1:iter
31-     fprintf('%3d %10.6f %10.6f %10.6f %10.6f\n',ii(i),a(i),b(i),x(i),y(i));
32- end
33- end
```

【编程技巧 3.1】 为了扩大程序的通用性,程序中一些参数和非线性方程的定义都放在主程序BMmain.m中，这样在求解其他非线性方程问题时，只需要在主程序中稍作修改即可。程序第7行用内联函数命令inline定义函数 $y=f(x)$，优点是不必生成一个单独的子程序，但在运用中需要注意一些限制：它只能由一个MATLAB表达式组成，不能嵌套调用另一个inline函数，不能返回多个变量等。对于函数调用，现在更多的是采用函数句柄这种数据类型。函数句柄(Function handle)包含了函数的路径、函数名、类型以及可能存在的重载方法；引入函数句柄使“函数调用”像“变量调用”一样方便灵活；提高函数调用速度，特别在反复调用情况下更显效率；提高软件重用性，扩大子函数和私用函数的可调用范围；句柄函数的具体用法就是将第7行替换为fx= @(x) x.^3+4*x.^2-10。

【易错之处3.1】 二分过程中，特殊情况下可能得到的中点 x_k 恰好是非线性方程的根，但考虑到舍入误差和函数截断误差的影响，不可能精确计算出 $f(x_k)$ 的值，故判断条件 $f(x_k)=0$ 几乎永远无法精确满足，取而代之为判断条件 $|f(x_k)|<\varepsilon_0$，其中 ε_0 为根近似值的函数值允许误差限，一般 $\varepsilon_0<\varepsilon$。

4. 数值算例

算例3.1 用二分法求 $f(x)=x^3+4x^2-10=0$ 在 $[1,2]$ 上的根 x^* 的近似值，要求 $|x_k-x^*|<\frac{1}{2}\times10^{-3}$。

解 运行程序BMmain.m，命令行窗口输出结果整理成更为直观的结果，见表3.1。

表3.1　二分法计算结果

迭代次数 k	隔根区间 $[a_k,b_k]$	x_k	$f(x_k)$
1	[1.000 000,2.000 000]	1.500 000	2.375 000
2	[1.000 000,1.500 000]	1.250 000	−1.796 895
3	[1.250 000,1.500 000]	1.375 000	0.162 109
4	[1.250 000,1.375 000]	1.312 500	−0.848 389
5	[1.312 500,1.375 000]	1.343 750	−0.350 983
6	[1.343 725,1.375 000]	1.359 375	−0.096 409
7	[1.359 375,1.375 000]	1.367 188	0.032 356
8	[1.359 375,1.367 188]	1.363 281	−0.032 150
9	[1.363 281,1.367 188]	1.365 234	0.000 072
10	[1.363 281,1.365 234]	1.364 258	−0.016 047
11	[1.364 258,1.365 234]	1.364 746	−0.007 989

在命令行窗口输入：

```
>>xk ↵
xk =
      1.364746093750000
```

上述结果说明二分法得到的满足精度的解为 $x_k=1.364\,746\,093\,75$，从表中可以看出这是第11次二分得到的中点，此时的误差为 4.88×10^{-4}，满足题目精度要求。

对比验证：MATLAB的命令fzero可以用来直接求解非线性方程的根，其调用格式为fzero(fun,num),其中为 fun 函数表达式,num 是一个数,该函数的功能是求方程 fun 在数 num 附近的根。

本算例中,在命令行窗口输入:

```
>>fzero(fx,1) ↵
ans=
      1.365230013414097
```

上述结果是对根的一个精度很高的近似值,将它和二分法的结果相比,发现二分法的结果只包含三位有效数字,说明二分法虽然算法简单,但是收敛速度较慢。

3.2 简单迭代法和 Steffensen 迭代法

3.2.1 简单迭代法

简单迭代法采用逐步逼近的过程建立非线性方程根的近似值。首先给出方程根的初始近似值,然后用所构造出的迭代公式反复校正上一步的近似值,直到满足预先给出的精度要求为止。

1. 方法简介

在给定的隔根区间 $[a,b]$ 上,将方程 $f(x)=0$ 变形为等价方程 $x=\varphi(x)$,在 $[a,b]$ 上选取 x_0 作为初始近似值,用如下迭代公式:

$$x_{k+1}=\varphi(x_k),\quad k=0,1,2,\cdots \tag{3.2}$$

建立序列 $\{x_k\}_{k=0}^{+\infty}$。如果有 $\lim\limits_{k\to\infty}x_k=x^*$,并且迭代函数 $\varphi(x)$ 在 x^* 的邻域内连续,对式(3.2)两边取极限,得 $x^*=\varphi(x^*)$。因而 x^* 是 $x=\varphi(x)$ 的不动点,从而也是 $f(x)=0$ 的根,$\varphi(x)$ 称为迭代函数,序列 $\{x_k\}_{k=0}^{+\infty}$ 称为迭代序列。将这种求方程根近似值的方法称为不动点迭代法,也称简单迭代法。

2. 算法设计

算法 2 简单迭代法(Fixed Point Iteration)。

输入数据:初始值 x_0、容许误差 ε、迭代函数 $\varphi(x)$、最大迭代次数 $N_{\max}$。

输出数据:近似解 x_k 或失败信息。

计算过程:

Step 1:选定初值,对 $k=0,1,\cdots,N_{\max}$ 循环执行 Step 2~Step 3;

Step 2:$x_{k+1}=\varphi(x_k)$;

Step 3:若 $|x_{k+1}-x_k|<\varepsilon$,则输出 x_{k+1},结束;否则转向 Step 2。

3. 程序实现

算法 2 的 MATLAB 程序:

输入：初始值 x_0 ——主程序 FPImain.m 第 3 行； 容许误差 ε (tol)——主程序 FPImain.m 第 4 行； 最大迭代次数 Nmax——主程序 FPImain.m 第 5 行； 迭代函数 phi——主程序 FPImain.m 第 6 行
输出：近似解 x_k 以及迭代次数——主程序 FPImain.m.m 第 7 行

主程序代码：FPImain.m

```
1-  clc;clear;
2-  format long;
3-  x0 = 1.5;
4-  tol = 10^-6;
5-  Nmax = 100;
6-  phi = @(x)(1+x)^(1/3);
7-  [xk, niter] = FPIsub(phi, x0, tol, Nmax);
```

子程序代码：FPIsub.m

```
1-  function [xk, niter] = FPIsub (phi, a0, tol, max)
2-  x = zeros(max, 1);
3-  er = zeros(max, 1);
4-  x(1) = a0; % Set an intial value
5-  % fixed point iteration
6-  for i = 1 : max
7-      x(i+1) = phi(x(i));
8-      er(i+1) = x(i+1)-x(i);
9-      iter = i+1;
10-     if (abs(er(i+1)) < tol)
11-         fprintf('itertion method has converged\n');
12-         xk = x(i+1);
13-         niter = i+1;
14-         break;
15-     end
16- end
17- if (iter > max)
18-     fprintf('can not find desired root by maximum times iterations \n');
19-     iter = iter-1;
20-     xk = x(iter);
21-     niter = iter;
22- end
23- % Output results
24- fprintf('iter        x         error\n');
25- for i = 1: niter
26-    fprintf('%3d %14.9f %14.9f \n',i,x(i),er(i));
27- end
28- end
```

【编程技巧 3.2】 简单迭代法因较难估计收敛次数，故一般采用后验误差控制来中止迭代，但不同算例收敛速度往往差别很大，因此在程序中可以设定一个最大迭代次数 N_{max}（主程序 FPImain.m 第 5 行）。当迭代次数超过 N_{max} 仍然没有达到要求精度时，则需要改变迭代格式或者增大最大迭代次数。

【易错之处 3.2】 迭代求解特定问题过程中，如果收敛速度较快，则程序就会在少数几步迭代后达到收敛条件，这时，需要用命令跳出循环，可以采用命令break(子程序 FPIsub.m 第 14 行)跳出。注意此处不能用命令return，否则程序将直接从子程序返回主程序而不执行后面的其他命令。

4. 数值算例

算例 3.2 试用方程 $f(x)=x^3-x-1=0$ 的不同等价公式建立迭代格式，计算观察各种迭代方法的敛散性，最终选用一种收敛算法求该方程在 1.5 附近根的近似值，要求小数点后面有 6 位有效数字。

解 利用方程的等价变形建立如下 4 种迭代格式：

(1) $x_{k+1}=\sqrt[3]{1+x_k}$；

(2) $x_{k+1}=x_k^3-1$；

(3) $x_{k+1}=\sqrt{1+\dfrac{1}{x_k}}$；

(4) $x_{k+1}=\dfrac{x_k^3+x_k-1}{2}$。

分别基于以上四种格式的简单迭代格式(改变 FPImain.m 第 6 行 $\varphi(x)$)，然后运行程序 FPImain.m，得到计算结果见表 3.2。

表 3.2 简单迭代法计算结果

k	格式(1)	格式(2)	格式(3)	格式(4)
0	1.500 00	1.500 00	1.500 00	1.500 00
1	1.357 20	2.375 00	1.290 99	1.937 50
2	1.330 86	12.396 5	1.332 14	4.105 35
3	1.325 88	1 904.01	1.323 13	36.148 2
4	1.324 93	$6.902\,44\times10^{9}$	1.325 06	236 34.7
5	1.324 76	$3.288\,57\times10^{29}$	1.324 64	$6.601\,24\times10^{12}$
6	1.324 72	$3.556\,51\times10^{88}$	1.324 73	$1.438\,29\times10^{38}$
7	1.324 71	$4.498\,56\times10^{265}$	1.324 71	$1.487\,7\times10^{114}$
8	1.324 71	inf	1.324 71	Inf

可以发现格式(1)和格式(3)是收敛的，而格式(2)和格式(4)是发散的。以格式(1)进行迭代，要求保留 6 位有效数字意味着容许误差 $\varepsilon=0.5\times10^{-6}$，将最大迭代次数设置为 100 次，运行程序 FPImain.m，并在窗口输入：

```
>>xk ↵
xk =
   1.324718011988197
>>niter
niter =
     10 ↵
```

对比验证：本算例中，在命令行窗口输入：

```
>> fzero('x-(1+x)^(1/3)',1) ↵
ans =
1.324717957244746
```

该结果可以视为双精度下的精确值，将其和格式(1)计算得到的结果对比发现，$x_9 = 1.324\ 717\ 957\ 244\ 746$ 小数点后面有 6 位有效数字，说明如要满足精度要求简单迭代法需要迭代 9 次。

程序运行时，命令行窗口输出的迭代过程如下：

```
itertion method has converged
iter        x             error
  1    1.500000000    0.000000000
  2    1.357208808   -0.142791192
  3    1.330860959   -0.026347849
  4    1.325883774   -0.004977185
  5    1.324939363   -0.000944411
  6    1.324760011   -0.000179352
  7    1.324725945   -0.000034066
  8    1.324719475   -0.000006471
  9    1.324718245   -0.000001229
 10    1.324718012   -0.000000233
```

如果想达到和命令fzero的结果一样的精度，即 $\varepsilon = 0.5\times 10^{-15}$，则需要进行 23 次迭代。

3.2.2　Steffensen 迭代法

1. 方法简介

设 $\{x_k\}_{k=0}^{+\infty}$ 是一个线性收敛的序列，极限为 x^*，即有小于 1 的正数 c 使得

$$\lim_{k\to\infty}\frac{|x_{k+1}-x^*|}{|x_k-x^*|}=c \tag{3.3}$$

对充分大的 k，有

$$\frac{x_{k+1}-x^*}{x_k-x^*}\approx c \tag{3.4}$$

$$\frac{x_{k+2}-x^*}{x_{k+1}-x^*}\approx c \tag{3.5}$$

由式(3.4)、式(3.5)得

$$\frac{x_{k+1}-x^*}{x_k-x^*}\approx\frac{x_{k+2}-x^*}{x_{k+1}-x^*} \tag{3.6}$$

解得

$$x^*\approx\frac{x_k x_{k+2}-x_{k+1}^2}{x_{k+2}-2x_{k+1}+x_k}=x_k-\frac{(x_{k+1}-x_k)^2}{x_{k+2}-2x_{k+1}+x_k} \tag{3.7}$$

利用式(3.7)右端的值可定义另一序列 $\{y_k\}_{k=0}^{+\infty}$，即得 Aitken 加速公式：

$$y_k = x_k - \frac{(x_{k+1} - x_k)^2}{x_{k+2} - 2x_{k+1} + x_k} \tag{3.8}$$

将 Aitken 加速公式应用于简单迭代法所产生的迭代序列，便得到了 Steffensen 迭代法，具体迭代公式如下：

$$\left.\begin{aligned} s &= \varphi(x_k) \\ t &= \varphi(s) \\ x_{k+1} &= x_k - \frac{(s - x_k)^2}{t - 2s + x_k} \end{aligned}\right\} \tag{3.9}$$

或者直接写成

$$x_{k+1} = x_k - \frac{[\varphi(x_k) - x_k]^2}{\varphi[\varphi(x_k)] - 2\varphi(x_k) + x_k}, \quad k = 0,1,\cdots \tag{3.10}$$

2. 算法设计

算法 3　Steffensen 迭代法。

输入数据：初始值 x_0、容许误差 ε、迭代函数 $\varphi(x)$、最大迭代次数 n。

输出数据：近似解 x_k 或失败信息。

计算过程：

Step 1：对 $k = 0,1,\cdots,n$ 循环执行 Step 2～Step 3；

Step 2：$x_{k+1} = x_k - \dfrac{[\varphi(x_k) - x_k]^2}{\varphi[\varphi(x_k)] - 2\varphi(x_k) + x_k}$；

Step 3：若 $|x_{k+1} - x_k| < \varepsilon$，则输出 x_{k+1}，结束；否则转向 Step 2。

3. 程序设计

算法 3 的 MATLAB 程序：

输入：初始值 x_0 ——主程序 SImain. m 第 3 行；
容许误差 ε ——主程序 SImain. m 第 4 行；
最大迭代次数 N max——主程序 SImain. m 第 5 行；
迭代函数 phi——主程序 SImain. m 第 6 行

输出：近似解 x_k 以及迭代次数——主程序 SImain. m 第 7 行

主程序代码：SImain. m

```
1-  clc;clear;
2-  format long;
3-  x0 = 1.5;
4-  tol = 10^-6;
5-  Nmax = 100;
6-  phi = @(x)(1+x)^(1/3);
7-  [xk, niter] = SIsub(phi, x0, tol, Nmax);
```

子程序代码：SIsub. m

```
1-  function [xk, niter] = SIsub(phi, a0, tol, max)
2-  x = zeros(max, 1);
3-  er = zeros(max, 1);
4-  x(1) = a0;
5-  % Steffensen itertion
6-  for i = 1 : max
7-      s = phi(x(i));
8-      t = phi(s);
9-      x(i+1)=x(i)-(s-x(i))^2/(t-2*s+x(i));
10-     er(i+1)=x(i+1)-x(i);
11-     iter = i+1;
12-     if (abs(x(i+1) - x(i)) < tol)
13-         fprintf('itertion method has converged\n');
14-         xk=x(i+1);
15-         niter=i;
16-         break;
17-     end
18-
19- end
20- if (iter > max)
21-     fprintf('The method failed after max iterations \n');
22-     iter = iter-1;
23-     xk = x(iter);
24-     niter = iter;
25- end
26- fprintf('iter            x            error\n');
27- for i = 1:iter
28-   fprintf('%3d %14.9f %14.9f \n',i,x(i),er(i));
29- end
```

【编程技巧 3.3】 Steffesen 迭代法和简单迭代法的程序结构是相同的，唯一的差别在于迭代公式的不同。为了节省工作量，一种方案是将程序 FPIsub. m 的第 7 行的语句用 SIsub. m 中第 7 行到第 9 行替换；另外一种方案是将各种不同的迭代格式用 switch-case 结构集成到一个程序中去。

4. 数值算例

算例 3.3　基于算例 2 中各种格式构造方程 $f(x) = x^3 - x - 1 = 0$ 的不同 Steffensen 迭代公式，并选用格式(1)的 Steffensen 格式计算在 1.5 附近根的近似值，要求小数点后面有 6 位有效数字。

解　利用方程的等价变形建立如下 4 种迭代格式：

(1) $x_{k+1} = \sqrt[3]{1 + x_k}$;

(2) $x_{k+1} = x_k^3 - 1$;

(3) $x_{k+1} = \sqrt{1 + \frac{1}{x_k}}$;

(4) $x_{k+1} = \frac{x_k^3 + x_k - 1}{2}$。

分别基于以上四种格式的 Steffensen 迭代格式(改变 SImain. m 第 6 行 $\varphi(x)$),然后运行程序 SImain. m,得到计算结果见表 3. 3。

表 3. 3 Steffensen 迭代法计算结果

k	格式(1)	格式(2)	格式(3)	格式(4)
0	1. 5	1. 5	1. 5	1. 5
1	1. 324 899 18	1. 416 292 97	1. 325 372 18	1. 389 382 72
2	1. 3247 179 6	1. 355 650 44	1. 324 717 97	1. 335 411 22
3	1. 324 717 96	1. 328 948 78	1. 324 717 96	1. 325 044 13
4		1. 324 804 49	1. 324 718 27	1. 324 717 96
5		1. 324 717 99		
6		1. 324 717 96		

从表 3. 3 可以看出,简单迭代法发散的格式(2)和(4)在用 Steffensen 迭代后都变为收敛,而简单迭代法收敛的格式(1)和(3) 在用 Steffensen 迭代后收敛速度变快。用格式(1)计算,如要精确到小数点后面第 6 位,Steffensen 迭代只需要迭代 3 次就可以得到 $x_3 =$ 1. 324 717 957 244 746,该结果已和命令fzero的精度一致。

3. 3 牛顿迭代法

3. 3. 1 牛顿迭代法

牛顿迭代法是求解非线性方程根的近似值的一种重要数值方法。其基本思想是将非线性函数 $f(x)$ 逐步线性化,从而将非线性方程 $f(x) = 0$ 近似地转化为一系列线性方程来求解。

1. 方法简介

设 x_k 是方程 $f(x) = 0$ 的某根 x^* 的一个近似值,将函数 $f(x)$ 在点 x_k 处作泰勒展开,有

$$f(x) = f(x_k) + f'(x_k)(x - x_k) + \frac{f''(\xi)}{2!}(x - x_k)^2$$

取前两项近似 $f(x)$,即用线性方程

$$f(x_k) + f'(x_k)(x - x_k) = 0$$

近似非线性方程 $f(x) = 0$。设 $f'(x_k) \neq 0$,则用线性方程的根作为非线性方程根的新近似值,即定义

$$x_{k+1} = x_k - \frac{f(x_k)}{f'(x_k)} \tag{3.11}$$

式(3.11)即为牛顿迭代公式。牛顿迭代法可视为一种简单迭代法，迭代函数为

$$\varphi(x) = x - \frac{f(x)}{f'(x)}$$

牛顿迭代法具有明显的几何意义：如图 3.2 所示，方程 $f(x)=0$ 的根 x^* 即为曲线 $y=f(x)$ 与 x 轴的交点的横坐标。设 x_k 是 x^* 的某个近似值，过曲线 $y=f(x)$ 上相应的点 $(x_k, f(x_k))$ 作切线，其方程为 $y=f(x_k)+f'(x_k)(x-x_k)$，它与 x 轴的交点横坐标就是 x_{k+1}。只要初值 x_0 取得充分靠近根 x^*，序列 $\{x_k\}_{k=0}^{\infty}$ 就会很快收敛到 x^*，因此牛顿迭代法也被称为切线法。

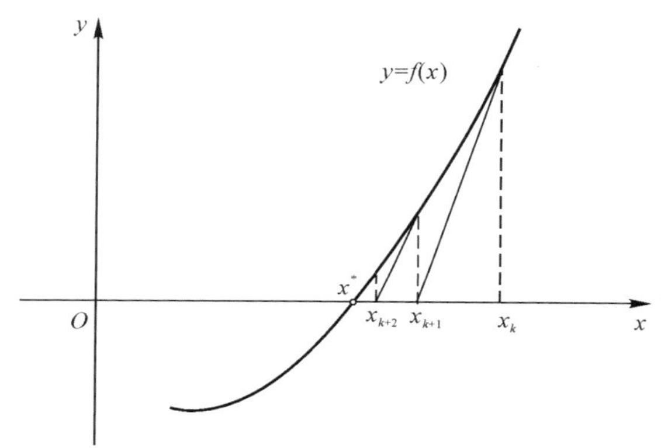

图 3.2　牛顿迭代法的几何意义

2. 算法设计

算法 4　牛顿迭代法。

输入数据：初始值 x_0、容许误差 ε、待求根的函数 $f(x)$、最大迭代次数 $N_{\max}$。

输出数据：近似解 x_k 或失败信息。

计算过程：

Step 1：选定初值 x_0，对 $k=0,1,\cdots,N_{\max}$ 循环执行 Step 2～Step 3；

Step 2：$x_{k+1} = x_k - \dfrac{f(x_k)}{f'(x_k)}$；

Step 3：若 $|x_{k+1}-x_k|<\varepsilon$，则输出 x_{k+1}，结束；否则转向 Step 2。

3. 程序设计

算法 4 的 MATLAB 程序：

输入：初始值 x0——主程序 NImain.m 第 3 行； 待求根的函数 fx——主程序 NImain.m 第 4，5 行； 容许误差 tol——主程序 NImain.m 第 7 行； 根近似值的函数值允许误差限 eps——主程序 NImain.m 第 8 行； 最大迭代次数 Nmax——主程序 NImain.m 第 9 行
输出：近似解以及迭代误差

主程序代码:NImain. m

```
1-  clc;clear
2-  format long;
3-  x0 =1;
4-  syms x fx dfx;
5-  fx=x^2-3;
6-  dfx=diff(fx,x);
7-  tol =0.5 * 10^(-8);
8-  eps = 10^(-14);
9-  Nmax = 20;
10- [xk, Nm] = NIsub(fx,dfx, x0, tol,eps, Nmax);
```

子程序代码:NIsub. m

```
1-  function [xk, Niter] = NIsub(fun, dfun, x1, tol,eps, Nmax)
2-  % Preallocate vectors.
3-  x = zeros(Nmax, 1);
4-  y = zeros(Nmax, 1);
5-  x(1) = x1;
6-  iter=0;
7-  % Newton iteration
8-  for i = 2 : Nmax
9-       iter =iter+1;
10-          y(i-1) = subs(fun, x(i-1));
11-          dy = subs(dfun, x(i-1));
12-          x(i) = x(i-1) - y(i-1)/dy;
13-          yt=subs(fun, x(i));
14-          if abs (yt) < eps
15-                xk=x(i);
16-                Niter=iter;
17-                fprintf('Exact solution has been found\n');
18-                break;
19-       end
20-       if (abs (x(i) - x(i-1)) < tol)
21-              fprintf('Newton method has converged\n');
22-              xk=x(i);
23-              Niter=iter;
24-              break;
25-       end
26-  end
27-  if (iter > Nmax)
28-     fprintf('The method failed after max iterations \n');
29-  end
30-  % Output results
31-  fprintf('%5s %10s %10s\n','iter','x ','y');
32-  fprintf('%4d %14.10f %14.10f\n',1, x(1),x(1)-x(1));
33-  for i=2:iter+1
34-            fprintf('%4d %14.10f %14.10f\n',i, x(i),x(i)-x(i-1));
35-  end
36-  end
```

【编程技巧 3.4】 牛顿迭代公式涉及函数及导函数求值，因此在编程中可以采用符号变量 syms 来定义 x，$f(x)$，$f'(x)$，见主程序 NImain.m 第 4～6 行；当将符号变量传递到子程序并用在子程序中要进行求值时，需要用命令subs，调用格式为 subs(function，value)。另外也可以用函数句柄将函数和导函数传递到子程序，函数或导函数求值直接用句柄函数名调用或者用命令feval，调用格式分别 function(value)或 feval(function，value)。

【易错之处 3.3】 教材中迭代初值一般表示为 x_0，但考虑到 MATLAB 中数组下标从 1 开始的，因此 NIsub.m 第 9 行的计数器 iter 在控制输出整个迭代数列时上界应该是 iter＋1 而不是 iter，否则输出数列少最后一个元素。另外注意子程序输出的参数 Nm 表示迭代次数，而不是数列元素个数。

4. 数值算例

算例 3.4　利用非线性方程 $x^2-3=0$ 的牛顿迭代公式计算 $\sqrt{3}$ 的近似值，使得 $|x_{k+1}-x_k|\leqslant\frac{1}{2}\times10^{-8}$。

解　运行 NImain.m 得到的结果见表 3.4。

表 3.4　牛顿迭代法计算结果

k	x_k	$\|x_{k+1}-x_k\|$
0	1.0	—
1	2.000 000 000 0	1.000 000 000 0
2	1.750 000 000 0	−0.250 000 000 0
3	1.732 142 857 1	−0.017 857 142 9
4	1.732 050 810 0	−0.000 092 047 1
5	1.732 050 807 6	−0.000 000 002 4

对比验证：在命令行窗口输入：

```
>>sqrt(3)↲
ans =
    1.732050807568877
```

该结果可以视为对 $\sqrt{3}$ 的精确近似，即该近似数每一位都是有效数字，通过和程序近似解 xk 对比发现两者是相同的，说明牛顿迭代法程序的正确性。

考虑到该例子是一个多项式，也可以用命令polyval进行函数求值，用命令polyder进行多项式求导，因此子程序中的牛顿迭代部分可以简化为

```
p=[1,0,3];
q=polyder(p);
x1=x0-polyval(p,x0)/polyval(q,x0);
```

循环后和程序 NImain.m 的结果是相同的，虽然上述程序简单，但只能应用在求根函数是多项式函数的特殊情形。

3.3.2 割线法(Secant Method)

1. 方法简介

牛顿迭代法每步需要计算导数值 $f'(x_k)$，当函数 $f(x)$ 比较复杂时，导数的计算量比较大，这给使用牛顿迭代法造成了不便。

为了避免计算导数，可以用平均变化率 $\dfrac{f(x_k)-f(x_{k-1})}{x_k-x_{k-1}}$ 替换牛顿迭代公式中的导数 $f'(x_k)$，即使用如下公式：

$$x_{k+1}=x_k-\frac{f(x_k)}{f(x_k)-f(x_{k-1})}(x_k-x_{k-1}) \tag{3.12}$$

式(3.12)即割线法的迭代公式。

割线法也具有明显的几何意义，如图 3.3 所示，经过点 $(x_k,f(x_k))$ 和 $(x_{k-1},f(x_{k-1}))$ 割线方程为

$$y=f(x_k)+\frac{f(x_k)-f(x_{k-1})}{x_k-x_{k-1}}(x-x_k)$$

割线与 x 轴的交点横坐标为 $x_k-\dfrac{f(x_k)}{f(x_k)-f(x_{k-1})}(x_k-x_{k-1})$，将其记为 x_{k+1}，这就是迭代公式(3.12)，割线法就是用割线的零点逐步近似曲线方程 $y=f(x)$ 的零点。

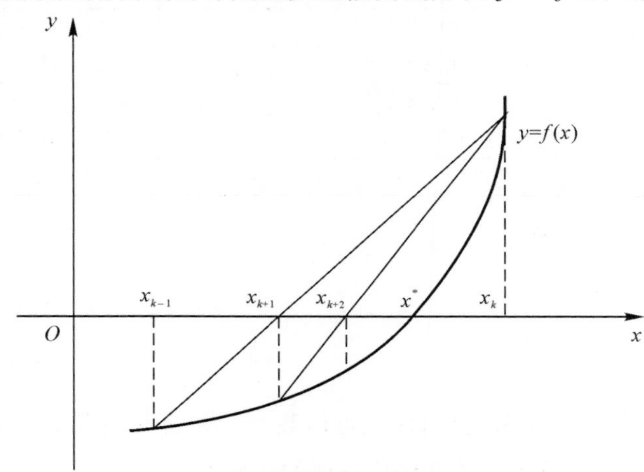

图 3.3　割线法的几何意义

2. 算法设计

算法 5　割线法。

输入数据：初始值 x_0,x_1，容许误差 ε，函数 $f(x)$，最大迭代次数 $N_{\max}$。

输出数据：近似解 x_k 或失败信息。

计算过程：

Step 1：设置初值 x_0,x_1，对 $k=1,2,\cdots,N_{\max}$ 循环执行 Step 2～Step 3；

Step 2：$x_{k+1}=x_k-\dfrac{f(x_k)}{f(x_k)-f(x_{k-1})}(x_k-x_{k-1})$；

Step 3：若 $|x_{k+1}-x_k|<\varepsilon$，则输出 x_{k+1}，程序结束；否则转向 Step 2。

3. 程序设计

算法 5 的 MATLAB 程序：

输入：初始值 x0、x1——主程序 SMmain. m 第 3 行；
待求根的函数 fx——主程序 SMmain. m 第 4 行；
容许误差 tol——主程序 SMmain. m 第 5 行；
根近似值的函数值允许误差限 eps——主程序 SMmain. m 第 6 行；
最大迭代次数 Nmax——主程序 SMmain. m 第 7 行

输出：近似解 xk 以及迭代次数

主程序代码：SMmain. m

```
1-  clc; clear;
2-  format long;
3-  x0 = 1; x1 = 2;
4-  fx = @(x)x^2-3;
5-  tol = 0.5e-8;
6-  eps = 1.0e-14;
7-  Nmax = 100;
8-  [xk,niter] = SMsub(fx,x0,x1,tol,eps,Nmax);
```

子程序代码：SMsub. m

```
1-  function [xk, niter] = SMsub(fun, a0, b0, tol,eps, Nm)
2-  x = zeros(Nm, 1);
3-  y = zeros(Nm, 1);
4-  x(1) = a0; x(2) = b0;
5-  y(1) = fun(x(1)); y(2) = fun(x(2));
6-  % Secant iteration
7-  ni=0;
8-  for i = 2 : Nm+1
9-          ni=ni+1;
10-         x(i+1) = x(i) - y(i) * (x(i) - x(i-1))/(y(i) - y(i-1));
11-         y(i+1) = fun(x(i+1));
12-         if abs(y(i+1))<eps
13-           fprintf('Exact solution found\n');
14-           xk = x(i+1);
15-           niter = ni;
16-           break;
17-         end
18-         if (abs (x(i+1) - x(i)) < tol)
19-                 fprintf('Secant method has converged\n');
20-                 xk = x(i+1);
21-                 niter = ni;
22-                 break;
23-         end
24- end
```

```
25-  if (ni > Nm)
26-       fprintf('The method failed after max iterations \n');
27-  end
28-  % Output results
29-  fprintf('%4s %8s %14s\n','iter','x','y');
30-  fprintf('%3d %14.10f \n',1,x(1));
31-  for k = 2:niter+2
32-       fprintf('%3d %14.10f %14.10f \n',k,x(k),x(k)-x(k-1));
33-  end
34-  end
```

【编程技巧 3.5】 程序 SMsub.m 在 34 行 end 表示整个子程序结束，如果不加这个 end 命令，运行程序 SMmain 也不会出错。关于子程序到底要不要用 end 结尾的问题，取决于这个子程序里面有没有包含下一级的子程序与原来的子程序构成子程序嵌套(函数嵌套)，如果包含下一级子程序则主子程序和每一级子程序都必须用 end 结束。

4. 数值算例

算例 3.5 用割线法计算方程 $x^2-3=0$ 的根 $\sqrt{3}$ 的近似值，使得 $|x_{k+1}-x_k|\leqslant\frac{1}{2}\times10^{-8}$。

解 运行 SMmain.m 得到的结果见表 3.5。

表 3.5 割线法计算结果

k	x_k	$\|x_{k+1}-x_k\|$
0	1.0	—
1	2.0	1.0
2	1.666 666 666 7	1.666 666 666 7
3	1.727 272 727 3	0.060 606 060 6
4	1.732 142 857 1	0.004 870 129 9
5	1.732 050 680 4	−0.000 092 176 7
6	1.732 050 807 6	0.000 000 127 1
7	1.732 050 807 6	0.000 000 000 0

对比表 3.4 和表 3.5 的结果可以发现，对于根 $\sqrt{3}$ 的近似问题，用牛顿迭代法只需要迭代到 x_5 就能精确到小数点后 8 位，而割线法需要迭代到 x_7。事实上，对于很多问题，割线法比牛顿法收敛速度要稍慢，但远远快于二分法。

3.3.3 逆线性插值法

1. 方法简介

无论是牛顿迭代法还是割线法对初值都有较高的要求，只有当迭代初值离根比较接近且满足一定条件时，迭代得到的数列才能快速收敛到方程的根。从表 3.4 和表 3.5 中迭代的结果可以发现，这两种方法得到的前后两个数 x_{k-1},x_k 构成的区间 $[x_{k-1},x_k](x_{k-1}<x_k)$ 或者 $[x_k,x_{k-1}](x_{k-1}>x_k)$ 都无法保证是隔根区间。如果在割线法的基础上要求每一个区间 (x_{k-1},x_k) 都是隔根区间，即要求 $f(x_{k-1})f(x_k)<0$，这样就能放松对初值离根很近的要求，保证整个迭代过程收敛，这种方法被称为逆线性插值法或试位法(regula falsi)。

由于割线法求得的 x_{k+1} 实际上是过点 $(x_k, f(x_k))$ 和 $(x_{k-1}, f(x_{k-1}))$ 的直线和 x 轴的交点，因此要求 $f(x_k)f(x_{k+1}) < 0$ 就能始终保证根在区间 (x_{k+1}, x_k) 或者 (x_k, x_{k+1}) 中，由此达到了隔根区间不断缩小的目的，保证了迭代过程收敛性。这种方法和二分法的思想十分接近，一般情况下收敛速度比二分法更快。

2. 算法设计

算法 6　逆线性插值法。

输入数据：初始值 $a = x_0, b = x_1$，根近似值的函数值允许误差限 eps、容许误差 tol、待求根的函数 $f(x)$，最大迭代次数 N_{max}。

输出数据：近似解 x_k 或失败信息。

计算过程：

Step 1：对 $k = 1, 2, \cdots, N_{max}$ 循环执行 Step 2～Step 3；

Step 2：$x_{k+1} = b - \dfrac{b-a}{f(b)-f(a)} f(b)$；

Step 3：若 $f(x_{k+1}) <$ eps 或 $|x_{k+1} - x_k| <$ tol，则输出 x_{k+1}，结束；否则，若 $f(x_{k+1})f(a) < 0$，则 $b = x_{k+1}$；若 $f(x_{k+1})f(a) > 0$，则 $a = x_{k+1}$，转向 Step 2。

3. 程序设计

算法 6 的 MATLAB 程序：

输入：初始值 x0、x1——主程序 ILImain.m 第 3 行；
待求根的函数 fun——主程序 ILImain.m 第 4 行；
容许误差 tol——主程序 ILImain.m 第 5 行；
根近似值的函数值允许误差限 eps——主程序 ILImain.m 第 6 行；
最大迭代次数 Nmax——主程序 ILImain.m 第 7 行

输出：近似解以及近似解处的函数值

主程序代码：ILImain.m.m

```
1-  clc; clear all;
2-  format long;
3-  x0=1;x1=2;
4-  fx = @(x)x^2-3;
5-  tol=0.5e-8;
6-  eps=1.0e-14;
7-  Nmax=100;
8-  [xk,niter]=ILIsub(fx,x0,x1,tol,eps,Nmax)
```

子程序代码：ILIsub.m

```
1-  function [xk, nm] =ILIsub(fun,a0,b0,tol,eps,max)
2-  ab=[];
3-  x=[];
4-  % Set an intial interval.
5-  ab0 =[a0,b0];
6-  ab=[ab;ab0];
7-  ya=fun(a0); yb=fun(b0);
```

```
8-   iter=0;
9-   error=1.0;
10-  % Inverse interpolation iteration
11-  while error>tol
12-        iter = iter+1;
13-        x1 = b0-yb(1) * (b0-a0)/(yb-ya);
14-        x=[x;x1];
15-        y1 = fun(x1);
16-              if abs(y1) < eps
17-              xk=x1;
18-              nm=iter;
19-              fprintf('Exact solution has been found\n');
20-        break;
21-        elseif y1 * ya < 0
22-              b0=x1;
23-        else
24-              a0=x1;
25-        end
26-        nab=[a0,b0]; ab=[ab;nab];
27-        ya = fun(a0); yb = fun(b0);
28-        x2=b0-yb(1) * (b0-a0)/(yb-ya);
29-        error=abs(x2-x1);
30-        if (iter > max)
31-        fprintf('The method failed after max iterations \n');
32-        end
33-  end
34-  xk=x2;
35-  nm=iter;
36-  % Output results
37-  fprintf('%4s %8s %16s %12s %12s \n','iter','ai','bi','xi','yi');
38-       for k = 1:iter;
39-           fprintf('%3d %14.10f %14.10f %14.10f \n',k,ab(k,1),ab(k,2),x(k));
40-       end
41-  end
```

【编程技巧 3.6】 与前面各种迭代方法中定义数组方法不同，程序 ILIsub.m 在第 2、3 行定义了可变数组，这种数组和提前定义一个固定大小维数的方法不同，数组的一个以上维数是可变的，第 6、14 和 26 行都是不停地在可变数组添加新的列。这种定义数组的方法比在程序开头就直接定义一个维度较大的数组具有节省存储空间的优势，但是由于要不断开辟存储地址并存入数据，所以可变数组读写数据要比固定数组读写数据更耗时间。建议对于已知维数大小的数据尽可能采用固定数组格式存储，最好在程序开头声明数组的维数并给定初值，否则 MATLAB 将会视为可变数组对待。

【易错之处 3.4】 在逆插值法中，控制迭代停止的条件是 $|x_{k+1}-x_k|<\text{tol}$，而不是隔根区间的长度满足 $|a_k-b_k|<\text{tol}$，如果用后者来控制迭代次数且不附加 $f(x_k)<\varepsilon$，则本例整个迭代会陷入无尽循环状态。

4. 数值算例

算例 3.6　利用逆线性插值法计算方程 $x^2-3=0$ 的根 $\sqrt{3}$ 的近似值，使得 $|x_{k+1}-x_k|\leqslant \frac{1}{2}\times 10^{-8}$。

解　运行 ILImain.m 得到的结果见表 3.6。

表 3.6　逆线性插值法计算结果

k	a	b	x_k	x_k-x_{k-1}
1	1.0	2.0	1.666 666 666 7	—
2	1.666 666 666 7	2.0	1.727 272 727 3	0.060 606 060 6
3	1.727 272 727 3	2.0	1.731 707 317 1	0.004 434 589 8
4	1.731 707 317 1	2.0	1.732 026 143 8	0.000 318 826 7
5	1.732 026 143 8	2.0	1.732 049 036 8	0.000 022 893 0
6	1.732 049 036 8	2.0	1.732 050 680 4	0.000 001 643 6
7	1.732 050 680 4	2.0	1.732 050 798 4	0.000 000 118 0
8	1.732 050 798 4	2.0	1.732 050 806 9	0.000 000 008 5
9	1.732 050 806 9	2.0	1.732 050 807 5	0.000 000 000 6

对比算例 3.4 的迭代过程发现，达到同样的精度 $|x_{k+1}-x_k|\leqslant \frac{1}{2}\times 10^{-8}$，牛顿迭代法需要迭代 5 次，比逆插值法的 9 次迭代次数要少。

本章习题

1. 在隔根区间 $[0,1]$ 上，分别用二分法、逆插值方法求解 $x-\cos x=0$ 的根的近似值，比较两种方法的迭代速度快慢。

2. 在区间 $[0,3]$ 上，尝试基于不同的迭代初值，用牛顿迭代法求解非线性方程 $x^3-5x^2+7x-3=0$ 的两个实数根 $x_1=1, x_2=2$，比较两个根的迭代速度，对于收敛较慢的根采用新的迭代格式 $x_{k+1}=x_k-2\frac{f(x_k)}{f'(x_k)}$，观察是否能够加速。

3. 用简单迭代法求解方程 $x=e^{-x}$ 在初值 $x_0=0.5$ 附近的一个根，使得 $|x_{k+1}-x_k|\leqslant 0.5\times 10^{-5}$，采用 Aitken 加速方法对收敛序列进行加速，比较加速前和加速后迭代次数的变化。

4. 为了放松对初值的 x_0 选择，工程中常用牛顿下山法求解非线性方程，其将牛顿迭代修改为 $x_{k+1}=x_k-\lambda_j\frac{f(x_k)}{f'(x_k)}$，这里 $\lambda_j=2^{1-j}(j=1,2,\cdots)$，每一步迭代不断选择 λ_j 使得 $|f(x_{k+1})|<|f(x_k)|$。编写牛顿下山法程序，并计算 $x^3-x-1=0$ 在 1.5 附近的根，初值取为 0.6。

5. 牛顿迭代法可以推广到求解非线性方程组

$$\begin{cases} f_1(x_1,x_2,\cdots,x_n)=0 \\ f_1(x_1,x_2,\cdots,x_n)=0 \\ \cdots\cdots \\ f_n(x_1,x_2,\cdots,x_n)=0 \end{cases}$$

具体迭代格式为 $\boldsymbol{J}\Delta\boldsymbol{x}=-\boldsymbol{F}$，这里 $\boldsymbol{J}$ 表示雅可比矩阵在迭代点处 $\boldsymbol{x}^{(k)}$ 的取值，$\boldsymbol{F}$ 表示在函数向量迭代点 $\boldsymbol{x}^{(k)}$ 处的取值，具体地，

$$\boldsymbol{F}=\begin{cases} f_1(x_1^{(k)},x_2^{(k)},\cdots,x_n^{(k)}) \\ f_2(x_1^{(k)},x_2^{(k)},\cdots,x_n^{(k)}) \\ \cdots\cdots \\ f_n(x_1^{(k)},x_2^{(k)},\cdots,x_n^{(k)}) \end{cases},\quad \boldsymbol{J}=\begin{bmatrix} f_{11}' & f_{12}' & \cdots & f_{1n}' \\ f_{21}' & f_{22}' & \cdots & f_{2n}' \\ \vdots & \vdots & & \vdots \\ f_{n1}' & f_{n2}' & \cdots & f_{n3}' \end{bmatrix}_{x^{(k)}}$$

$\boldsymbol{x}^{(k+1)}=\boldsymbol{x}^{(k)}+\Delta\boldsymbol{x}$，迭代进行到 $\Delta\boldsymbol{x}$ 的分量绝对值小于精度要求 ε 停止。

MATLAB 编程求解下面的非线性方程组：

$$\begin{cases} x+y-2z-7=0 \\ x^2+y^2-z+2xy-9=0 \\ x^2+2xz-4yz+4=0 \end{cases}$$

第 4 章　线性方程组的 MATLAB 求解

本章针对有唯一解的非齐次线性代数方程组求解问题，主要介绍两类求解算法：直接法和迭代法。直接法包括高斯顺序消去法、主元素消去法和三角分解法；迭代法包括雅可比迭代法、高斯-赛德尔迭代法和逐次超松弛迭代法。

4.1　线性方程组

大量的科学与工程实际问题常常可以归结为求解含有 n 个未知量 $x_1, x_2, \cdots, x_n$ 的线性代数方程组

$$\left.\begin{aligned} a_{11}x_1 + a_{12}x_2 + \cdots + a_{1n}x_n &= b_1 \\ a_{21}x_1 + a_{22}x_2 + \cdots + a_{2n}x_n &= b_2 \\ &\cdots\cdots \\ a_{n1}x_1 + a_{n2}x_2 + \cdots + a_{nn}x_n &= b_n \end{aligned}\right\} \tag{4.1}$$

其对应的矩阵形式为 $\boldsymbol{Ax} = \boldsymbol{b}$，其中 n 阶非奇异矩阵 $\boldsymbol{A}$ 以及 n 维列向量 $\boldsymbol{x}$ 和 $\boldsymbol{b}$ 分别定义如下：

$$\left.\begin{aligned} \boldsymbol{A} &= \begin{bmatrix} a_{11} & a_{12} & \cdots & a_{1n} \\ a_{21} & a_{22} & \cdots & a_{2n} \\ \vdots & \vdots & & \vdots \\ a_{n1} & a_{n2} & \cdots & a_{nn} \end{bmatrix} \\ \boldsymbol{x} &= \begin{bmatrix} x_1 \\ x_2 \\ \vdots \\ x_n \end{bmatrix} \\ \boldsymbol{b} &= \begin{bmatrix} b_1 \\ b_2 \\ \vdots \\ b_n \end{bmatrix} \end{aligned}\right\} \tag{4.2}$$

线性代数方程组数值解法可以分为直接法和迭代法两类，下面就对这些方法的编程实现进行介绍。

4.2 直 接 法

所谓直接法,是指在没有舍入误差的假设下,经过有限步运算就能得到方程组精确解的一类方法。

4.2.1 高斯顺序消去法

1. 方法简介

高斯消去法的基本思想是通过逐列消元将线性方程组式(4.1) 化为系数矩阵为上(下)三角形矩阵的同解方程组,然后通过向前(后)回代得到此三角形方程组的解,也就是原方程组的解。高斯顺序消去法是指在化为三角形的消元过程中不进行行交换的高斯消去法,消去能进行下去的必要条件是每次用来进行消元的主元 $a_{ii}^{(i)}\neq 0(i=1,2,\cdots,n)$。

2. 算法设计

设线性方程组式(4.1)的系数矩阵 $\boldsymbol{A}=(a_{ij})_{n\times n}$ 非奇异,为描述方便,记该线性方程组的增广矩阵为

$$\widetilde{\boldsymbol{A}}:=[\boldsymbol{A}\,|\,\boldsymbol{b}]=\left[\begin{array}{cccc|c} a_{11}^{(1)} & a_{12}^{(1)} & \cdots & a_{1n}^{(1)} & a_{1,n+1}^{(1)} \\ a_{21}^{(1)} & a_{22}^{(1)} & \cdots & a_{2n}^{(1)} & a_{2,n+1}^{(1)} \\ \vdots & \vdots & & \vdots & \vdots \\ a_{n1}^{(1)} & a_{n2}^{(1)} & \cdots & a_{nn}^{(1)} & a_{n,n+1}^{(1)} \end{array}\right] \tag{4.3}$$

其中

$$\left.\begin{array}{ll} a_{ij}^{(1)}=a_{ij}, & i,j=1,2,\cdots,n \\ a_{i,n+1}^{(1)}=b_i, & i=1,2,\cdots,n \end{array}\right\} \tag{4.4}$$

高斯消去法目的是将原来方程组等价变形成容易求解的系数矩阵为三角形或者对角线的矩阵,然后通过回代求解。常见的高斯消去法是将系数矩阵用初等行变换化为上三角矩阵,然后回代求解,因此算法分为消元和回代两个过程。

算法 1 高斯顺序消去法。

输入数据:$\widetilde{\boldsymbol{A}}=[\boldsymbol{A}\,|\,\boldsymbol{b}]$。

输出数据:$\widetilde{\boldsymbol{U}}=[\boldsymbol{U}\,|\,\boldsymbol{g}]=\left[\begin{array}{cccc|c} a_{11}^{(1)} & a_{12}^{(1)} & \cdots & a_{1n}^{(1)} & a_{1,n+1}^{(1)} \\ & a_{22}^{(2)} & \cdots & a_{2n}^{(2)} & a_{2,n+1}^{(2)} \\ & & & \vdots & \vdots \\ & & & a_{nn}^{(n)} & a_{n,n+1}^{(n)} \end{array}\right]$,方程组的解 $\boldsymbol{x}$ 的近似值。

计算过程(消元过程):

Step 1:用 $-\dfrac{a_{i1}^{(1)}}{a_{11}^{(1)}}$ 乘以矩阵式(4.3)第 1 行后加到第 i 行($i=2,3,\cdots,n$),第 i 行的第 j 列元

素($j=2,3,\cdots,n+1$)化为

$$a_{ij}^{(2)}=a_{ij}^{(1)}-\frac{a_{i1}^{(1)}}{a_{11}^{(1)}}\times a_{1j}^{(1)},\quad j=2,3,\cdots,n+1 \tag{4.5}$$

此时式(4.3)变化为

$$\left[\begin{array}{cccc|c} a_{11}^{(1)} & a_{12}^{(1)} & \cdots & a_{1n}^{(1)} & a_{1,n+1}^{(1)} \\ & a_{22}^{(2)} & \cdots & a_{2n}^{(2)} & a_{2,n+1}^{(2)} \\ & \vdots & & \vdots & \vdots \\ & a_{n2}^{(2)} & \cdots & a_{nn}^{(2)} & a_{n,n+1}^{(2)} \end{array}\right] \tag{4.6}$$

Step 2:用$-\dfrac{a_{i2}^{(2)}}{a_{22}^{(2)}}$乘以矩阵式(4.6)第 2 行后加到第 i 行($i=3,4,\cdots,n$),第 i 行的第 j 列($j=2,3,\cdots,n+1$)元素变化为

$$a_{ij}^{(3)}=a_{ij}^{(2)}-\frac{a_{i2}^{(2)}}{a_{22}^{(1)}}\times a_{2j}^{(2)},\quad j=3,4,\cdots,n+1 \tag{4.7}$$

此时式(4.6)变化为

$$\left[\begin{array}{ccccc|c} a_{11}^{(1)} & a_{12}^{(1)} & a_{13}^{(1)} & \cdots & a_{1n}^{(1)} & a_{1,n+1}^{(1)} \\ & a_{22}^{(2)} & a_{23}^{(2)} & \cdots & a_{2n}^{(2)} & a_{2,n+1}^{(2)} \\ & & a_{33}^{(3)} & \cdots & a_{3n}^{(3)} & a_{3,n+1}^{(3)} \\ & & \vdots & & \vdots & \vdots \\ & & a_{n3}^{(3)} & \cdots & a_{nn}^{(3)} & a_{n,n+1}^{(3)} \end{array}\right] \tag{4.8}$$

Step 3～Step ($n-1$):类似完成第 3 到 $n-1$ 次消元,矩阵式(4.8)最终变化为

$$\left[\begin{array}{ccccc|c} a_{11}^{(1)} & a_{12}^{(1)} & a_{13}^{(1)} & \cdots & a_{1n}^{(1)} & a_{1,n+1}^{(1)} \\ & a_{22}^{(2)} & a_{23}^{(2)} & \cdots & a_{2n}^{(2)} & a_{2,n+1}^{(2)} \\ & & a_{33}^{(3)} & \cdots & a_{3n}^{(3)} & a_{3,n+1}^{(3)} \\ & & & & \vdots & \vdots \\ & & & & a_{nn}^{(n)} & a_{n,n+1}^{(n)} \end{array}\right] \tag{4.9}$$

计算过程(回代过程):

回代就是求解式(4.1)的同解方程组 $\boldsymbol{Ux}=\boldsymbol{g}$,这里上三角矩阵 $\boldsymbol{U}$ 和右端项 $\boldsymbol{g}$ 刚好是增广矩阵式(4.9)中的矩阵和最后一列,为了简洁,此处不再书写元素的上标。由式(4.9)确定的线性方程组如下:

$$\left.\begin{array}{c} a_{11}x_1+a_{12}x_2+\cdots+a_{1n}x_n=a_{1,n+1} \\ a_{22}x_2+\cdots+a_{2n}x_n=a_{2,n+1} \\ \cdots\cdots \\ a_{nn}x_n=a_{n,n+1} \end{array}\right\} \tag{4.10}$$

Step 1:计算 x_n,即 $x_n=a_{n,n+1}/a_{nn}$。

Step 2:计算 x_{n-1},$x_{n-1}=(a_{n-1,n+1}-a_{n-1,n}x_n)/a_{n-1,n-1}$。

Shep 3～Step n:以此类推计算 x_k,计算公式为

$$x_k=(a_{k,n+1}-a_{k,k+1}x_{k+1}-\cdots-a_{kn}x_n)/a_{kk}$$

其中,$k=n-2,n-3,\cdots,1$。

Step ($n+1$):输出 $\boldsymbol{x}=[x_1,x_2,...,x_n]^{\mathrm{T}}$。

如果高斯消去法得到的是上三角矩阵 $\boldsymbol{L}$ 和右端项 $\tilde{\boldsymbol{g}}$，则只需要将前述由底向上的回代算法改变为由上到下的计算过程，计算公式为

$$\left.\begin{aligned} &x_1 = a_{1,n+1}/a_{11} \\ &x_k = (a_{k,n+1} - a_{k1}x_1 - a_{k2}x_2 - \cdots - a_{k,k-1}x_{k-1})/a_{kk}, \quad k=2,3,\cdots,n \end{aligned}\right\} \tag{4.11}$$

3. 程序实现

算法 1 的 MATLAB 程序(Guass Elimination)：

输入：线性方程组系数矩阵 $\boldsymbol{A}$ 和右端项 $\boldsymbol{b}$——主程序 GEmain.m 第 2,3 行

输出：消元得到的增广矩阵 $\tilde{\boldsymbol{U}}=[\boldsymbol{U}|\boldsymbol{g}]$和方程组的解 $\boldsymbol{x}$——主程序 GEmain.m 第 5 行

主程序代码：GEmain.m

```
1-  clc; clear;
2-  A=[2 1 1;6 2 1;-2 2 1];
3-  b=[1;-1;7];
4-  Ac=[A,b];
5-  [Uc,x]=GEsub(Ac);
```

子程序代码：GEsub.m

```
1-  function [A1,x1]=GEsub(A)
2-  n=size(A,1);
3-  A1=A;
4-  for i=1:n-1
5-      for j=i+1:n
6-              lij=-A1(j,i)/A1(i,i);
7-              for k=i:n+1
8-              A1(j,k)=A1(j,k)+lij * A1(i,k);
9-              end
10-     end
11- end
12- x1=zeros(n,1);
13- x1(n)=A1(n,n+1)/A1(n,n);
14-         for i=n-1:-1:1
15-         s=0;
16-         for j=i+1:n
17-                 s=s+A1(i,j) * x1(j);
18-         end
19-         x1(i)=(A1(i,n+1)-s)/A1(i,i);
20- end
```

【编程技巧 4.1】 在循环计算中，内层循环可以用向量运算来替代，这样就可以简化程序，同时充分利用 MATLAB 在计算向量和矩阵元素时的并行优势，例如 GEsub.m 中的内层循环第 7 行到第 9 行可以简化为

```
A1(j,i:n+1)=A1(j, i:n+1)+lij * A1(i, i:n+1);
```

另外，例如 GEsub.m 中的循环第 16 行到第 18 行也可用向量内积简化为

```
s=A1(i,i+1:n) * x1(i+1:n);
```

4. 数值算例

算例 4.1　用高斯顺序消去法求解以下线性方程组：

$$\begin{bmatrix} 2 & 1 & 1 \\ 6 & 2 & 1 \\ -2 & 2 & 1 \end{bmatrix}\begin{bmatrix} x_1 \\ x_2 \\ x_3 \end{bmatrix}=\begin{bmatrix} 1 \\ -1 \\ 7 \end{bmatrix} \tag{4.12}$$

解　手算消元过程

$$\begin{bmatrix} 2 & 1 & 1 & 1 \\ 6 & 2 & 1 & -1 \\ -2 & 2 & 1 & 7 \end{bmatrix} \overset{\substack{r_1\times(-3)+r_2 \\ r_1\times 1+r_3}}{=} \begin{bmatrix} 2 & 1 & 1 & 1 \\ 0 & -1 & -2 & -4 \\ 0 & 3 & 2 & 8 \end{bmatrix}$$

$$\begin{bmatrix} 2 & 1 & 1 & 1 \\ 0 & -1 & -2 & -4 \\ 0 & 3 & 2 & 8 \end{bmatrix} \overset{r_2\times 3+r_3}{=} \begin{bmatrix} 2 & 1 & 1 & 1 \\ 0 & -1 & -2 & -4 \\ 0 & 0 & -4 & -4 \end{bmatrix}$$

得到的同解方程组为

$$\begin{cases} 2x_1+x_2+x_3=1 \\ -x_2-2x_3=-4 \\ -4x_3=-4 \end{cases}$$

通过自下而上的回代得到

$$\begin{cases} x_3=-4/-4=1 \\ x_2=4-2x_3=2 \\ x_1=(1-x_2-x_3)/2=-1 \end{cases}$$

对比验证：运行 GEmain.m，窗口输入

```
>> Uc ↵
Uc =
     2     1     1     1
     0    -1    -2    -4
     0     0    -4    -4
>> x'↵
ans =
    -1     2     1
```

以上结果说明程序 GEmain.m 及子程序 GEsub.m 在求解方程组式(4.12)时的正确性，对于更大规模方程组，无法用手算的方法来验证，此时，可以采用 MATLAB 自带的除法运算符“\”（注意不是“/”）来进行验证。X=A\B 表示求方程 AX=B 的解，而 X=B/A 表示 XA=B 的解。

将 GEmain.m 中的第 2,3 行替换为

```
A=rand(10);
b=rand(10,1);
```

随机产生一个 10 阶系数矩阵和 10 阶右端项后重新运行程序，在窗口输入：

```
>> x-A\b ↵
```

可得到数量级在 1.0e－13 的误差向量，每次运行时，由于随机数不同，所以具体小数不同，但是量级不会超过 1.0e－13，该检验说明对随机产生方程组，消去和回代程序都是正确的。另外，验证时，也可以用矩阵求逆命令 inv 计算得到 inv(A) * b 替代 A\b 进行验证，但这种方法的精度和效率都较低，故不推荐采用。

4.2.2 高斯列选主元消去法

对于算例 4.1，将系数矩阵中元素 a_{11}，b_1 分别修改为 0 和 3，即如下的方程组：

$$\begin{bmatrix} 0 & 1 & 1 \\ 6 & 2 & 1 \\ -2 & 2 & 1 \end{bmatrix} \begin{bmatrix} x_1 \\ x_2 \\ x_3 \end{bmatrix} = \begin{bmatrix} 3 \\ -1 \\ 7 \end{bmatrix} \tag{4.13}$$

方程组的解仍为 $\boldsymbol{x}^{\mathrm{T}}=[-1,2,1]$。如果用高斯顺序消去法解该问题，先运行 GEmain.m，然后命令行窗口输入：

```
>>Uc ↵
Uc =
0      1      1      3
NaN    -Inf   -Inf   -Inf
NaN    NaN    NaN    NaN
>> x' ↵
NaN    NaN    NaN
```

显然上述结果是错误的。错误的原因在于消元过程中第一步用 $-a_{i1}^{(1)}/a_{11}^{(1)}$ 乘以方程组第 1 行后加到第 2，3 行，由于 $a_{11}^{(1)}=0$ 导致 $-a_{i1}^{(1)}/a_{11}^{(1)}=\infty$，进一步导致后面的计算没有办法进行。MATLAB 已经做了优化，故分母为零时，程序依然能向下运行，但结果是错误的。

为了避免高斯顺序消去法在消元过程中由于主元 $a_{ii}^{(i)}=0$ 或者绝对值很小导致无法计算或者计算误差很大的问题，可以通过行交换，将第 i 列中绝对值最大的元素移动到 a_{ii} 的位置，然后用该元素做分母进行消元，就能极大地增强算法的稳定性。这种方法被称为高斯列选主元消去法。

1. 方法简介

高斯列选主元消去法的基本思想是每次消元前，通过行交换将绝对值最大的元素移动到主元的位置，然后用它进行该次消元，这样就能避免主元为零或者过小的问题。以第 1 次为例，由于主元位置是 a_{11}，而通过比较绝对值大小并交换到主元位置的可能元素是 $a_{21}, a_{31}, \cdots, a_{n1}$，即选主元是在第一列元素中进行的，这就是被称为高斯列选主元消去法的由来。

2. 算法设计

高斯列选主元消去法总体算法和高斯消去法一致，也是将系数矩阵用初等行变换变化为上三角矩阵，然后回代求解。区别在于在每次消元过程中，需要选择绝对值最大的元素作为主元。

高斯列选主元消去法的执行过程如下：

第 1 步：在增广矩阵式(4.3)的第 1 列元素中选择绝对值最大的元素 $a_{i_1 1}^{(1)}$，称之为第 1 列的主元，即有

$$|a_{i_1 1}^{(1)}| = \max\{|a_{11}^{(1)}|,|a_{21}^{(1)}|,|a_{31}^{(1)}|,\cdots,|a_{n1}^{(1)}|\} \tag{4.14}$$

如果 $i_1=1$，说明 $a_{11}^{(1)}$ 就是主元，不需要交换行；否则交换增广矩阵式(4.3)中第 1 行和第 i_1 行的元素，换元后的增广矩阵记法不变，但此时 $a_{11}^{(1)}$ 已是第 1 列的主元。用主元 $a_{11}^{(1)}$ 将其下边的 $n-1$ 个元素 $a_{i1}^{(1)}(i=2,3,\cdots,n)$ 消元为零的过程与高斯顺序消去过程的第 1 步完全相同，从而得增广矩阵式(4.6)。

第 2 步：在式(4.6)的第 2 列中除 $a_{12}^{(1)}$ 外的其余 $n-1$ 个元素中选主元 $a_{i_2 2}^{(2)}$，即

$$|a_{i_2 2}^{(2)}| = \max\{a_{22}^{(2)},|a_{32}^{(2)}|,|a_{42}^{(2)}|,\cdots,|a_{n2}^{(2)}|\} \tag{4.15}$$

如果 $i_2=2$，勿需交换，否则交换式(4.6)中第 2 行和第 i_2 行的元素，此时新的 $a_{22}^{(2)}$ 已是第 2 列中除 $a_{12}^{(1)}$ 外 $n-1$ 个元素的主元。用主元 $a_{22}^{(2)}$ 将其下边的 $n-2$ 个元素 $a_{i2}^{(2)}(i=3,4,\cdots,n)$ 消元为零的过程与高斯顺序消去过程的第 2 步完全相同，从而得增广矩阵式(4.8)。

第 3 步到第$(n-1)$步的列选主元然后消元过程可以类似进行。

在完成第 $1\sim(n-1)$ 步的列选主元及相应高斯消去过程后，则得增广矩阵式(4.9)，最后利用回代求得原方程组式(4.1)的解。

高斯列选主元消去法除了每步需要按列选主元并作相应的行交换外，其消去过程与高斯顺序消去法的消去过程相同，归纳起来有如下算法。

算法 2　高斯列选主元消去法。

输入数据：$\tilde{\boldsymbol{A}}=[\boldsymbol{A}|\boldsymbol{b}]$。

输出数据：消元得到的增广矩阵 $\tilde{\boldsymbol{U}}=[\boldsymbol{U}|\boldsymbol{g}]$ 和方程组的近似解 $\boldsymbol{x}$。

计算过程(消元过程)：

Step 1：在增广矩阵 $\tilde{\boldsymbol{A}}$ 的第 1 列中选主元 $a_{i_1 1}^{(1)}$，即 $|a_{i_1 1}^{(1)}| = \max\limits_{1\leqslant i\leqslant n}\{|a_{i1}^{(1)}|\}$，若 $i_1\neq 1$，则交换第 1 行和第 i_1 行；用 $-a_{i1}^{(1)}/a_{11}^{(1)}$ 乘以第 1 行后加到第 i 行$(i=2,3,\cdots,n)$，得

$$\left[\begin{array}{cccc|c} a_{11}^{(1)} & a_{12}^{(1)} & \cdots & a_{1n}^{(1)} & a_{1,n+1}^{(1)} \\ & a_{22}^{(2)} & \cdots & a_{2n}^{(2)} & a_{2,n+1}^{(2)} \\ & \vdots & & \vdots & \vdots \\ & a_{n2}^{(2)} & \cdots & a_{nn}^{(2)} & a_{n,n+1}^{(2)} \end{array}\right]$$

Step 2：在上述矩阵第 2 列的对角线及以下元素中选主元 $a_{i_2 2}^{(2)}$，即 $|a_{i_2 2}^{(2)}| = \max\limits_{2\leqslant i\leqslant n}\{|a_{i2}^{(2)}|\}$，若 $i_2\neq 2$，则交换第 2 行和第 i_2 行；用 $-a_{i2}^{(2)}/a_{22}^{(2)}$ 乘以第 2 行后加到第 i 行$(i=3,4,\cdots,n)$，得

$$
\left[\begin{array}{cccccc|c}
a_{11}^{(1)} & a_{12}^{(1)} & a_{13}^{(1)} & \cdots & a_{1n}^{(1)} & a_{1,n+1}^{(1)} \\
 & a_{22}^{(2)} & a_{23}^{(2)} & \cdots & a_{2n}^{(2)} & a_{2,n+1}^{(2)} \\
 & & a_{33}^{(3)} & \cdots & a_{3n}^{(3)} & a_{3,n+1}^{(3)} \\
 & & \vdots & & \vdots & \vdots \\
 & & a_{n3}^{(3)} & \cdots & a_{nn}^{(3)} & a_{n,n+1}^{(3)}
\end{array}\right]
$$

Step 3～Step ($n-1$)：类似完成第 3 到 $n-1$ 次消元，增广矩阵最终变化为

$$
\left[\begin{array}{cccccc|c}
a_{11}^{(1)} & a_{12}^{(1)} & a_{13}^{(1)} & \cdots & a_{1n}^{(1)} & a_{1,n+1}^{(1)} \\
 & a_{22}^{(2)} & a_{23}^{(2)} & \cdots & a_{2n}^{(2)} & a_{2,n+1}^{(2)} \\
 & & a_{33}^{(3)} & \cdots & a_{3n}^{(3)} & a_{3,n+1}^{(3)} \\
 & & & & \vdots & \vdots \\
 & & & & a_{nn}^{(n)} & a_{n,n+1}^{(n)}
\end{array}\right]
$$

计算过程(回代过程)：回代过程和算法 1 的回代过程一致，此处不再赘述。最后输出消元得到的上三角形和右端项组成的增广矩阵 $\tilde{\boldsymbol{U}}=[\boldsymbol{U}|\boldsymbol{g}]$和方程组的解 $\boldsymbol{x}$。

3. 程序实现

算法 2 的 MATLAB 程序(Guass Elimination with Partial Pivoting)：

为了最大限度地节省编程工作量，同时采用结构化的编程思想，算法 2 可以沿用算法 1 的主程序 GEmain. m 和子程序 GEsub. m 的内容，只需要在子程序 GEsub. m 中新加一个选主元的程序 GEPsub2. m 即可。为了和高斯消去法区别起见，高斯列选主元消去法的主程序和子程序分别命名为 GEPmain. m 和 GEPsub1. m。

输入：方程组系数矩阵 $\boldsymbol{A}$ 和右端项 $\boldsymbol{b}$——主程序 GEPmain. m 第 2,3 行

输出：消元得到增广矩阵 $\tilde{\boldsymbol{U}}=[\boldsymbol{U}|\boldsymbol{g}]$和方程组的解 $\boldsymbol{x}$——主程序 GEPmain. m 第 5 行

主程序代码：GEPmain. m

说明：除了第 5 行和 GEmain. m 相同

```
1-  clc; clear;
2-  A=[2 1 1;6 2 1;-2 2 1];
3-  b=[1;-1;7];
4-  Ac=[A,b];
5-  [Uc,x]=GEPsub1(Ac);        %the name has changed
```

子程序代码：GEPsub1. m

说明：除了新增第 5 行和 GEsub. m 相同

```
1-  function [A1,x1]=GEPsub1(A)
2-  n=size(A,1);
3-  A1=A;
4-  for i =1:n-1
5-      A1= GEPsub2(A1,i); %column pivoting
6-      for j=i+1:n
7-          lij=-A1(j,i)/A1(i,i);
```

```
8-            for k=i:n+1
9-            A1(j,k)=A1(j,k)+lij * A1(i,k);
10-           end
11-       end
12-   end
13-   x1=zeros(n,1);
14-   x1(n)=A1(n,n+1)/A1(n,n);
15-   for i=n-1:-1:1
16-       s=0;
17-       for j=i+1:n
18-           s=s+A1(i,j) * x1(j);
19-       end
20-       x1(i)=(A1(i,n+1)-s)/A1(i,i);
21-   end
```

子程序代码:GEPsub2.m

```
1-    function [A]=GEPsub2(A,j)
2-    n=size(A,1);
3-    r=A(:,j);
4-    [~,m]=max(r(j:n));
5-    m=m+j-1;
6-    if m~=j
7-        t=A(j,:);
8-        A(j,:)=A(m,:);
9-        A(m,:)=t;
10-   end
```

【编程技巧 4.2】 在选主元的过程中,需要对两行元素进行交换。传统的交换 a,b 的方法是引入中间变量 t,然后令 t=a,a=b,b=t,具体见子程序 GEPsub2.m 中第 7 行到第 9 行。此处可以用 MATLAB 命令 A([n m],:)=A([m n],:)直接进行 m 行和 n 行交换。另外一种交换矩阵行或者列的办法是用已经交换相应行和列的单位矩阵左乘或者右乘待交换矩阵,但这种方法计算量较大。

【易错之处 4.1】 本算法中,在第 j 次选主元的过程中,所寻找行号的取值范围是从 j 到 n,如果用 r=A(j:n,j); [~,m]=max(abs(r)); 选出的指标 m 实际上将取值范围前移到 1 到 n−j,因此找到的最大值在矩阵中的行号应该修正为 m+j−1,具体见子程序 GEPsub2.m 中的第 5 行。

4. 数值算例

算例 4.2　用高斯列选主元消去法求解算例 4.1 中线性方程组式(4.12)。

解　运行 GEPmain.m,窗口输入:

```
>> Uc ↵
Uc =
```

```
        6.0000    2.0000    1.0000    -1.0000
       -0.000     2.6667    1.3333     6.6667
          0         0       0.5000     0.5000
>> x' ↵
ans =
     -1.0000      2.0000      1.0000
```

对比算例 4.1 的结果发现，由于进行过行交换，所以得到的上三角矩阵并不相同，但方程组的解是相同的。

算例 4.3　用高斯列选主元消去法求解主元 $a_{11}=0$ 的线性方程组式(4.13)。

解　先将 GEPmain.m 中的第 2 行和第 3 行修改为

```
A=[0 1 1;6 2 1;-2 2 1];
b=[3;-1;7];
```

然后运行 GEPmain.m，窗口输入：

```
>> Uc ↵
Uc =
        6.0000    2.0000    1.0000    -1.0000
          0       2.6667    1.3333     6.6667
          0         0       0.5000     0.5000
>> x' ↵
ans =
     -1.0000      2.0000      1.0000
```

对比算法 1 的结果发现，由于进行过行交换，所以高斯列选主元消去法能进行主元为 0 的方程组的求解，稳定性大大增强。

4.2.3　三角分解法

1. 方法简介

由于系数矩阵为上三角矩阵 $\boldsymbol{U}$ 或者下三角矩阵 $\boldsymbol{L}$ 的方程组，可以通过自下而上或者自上而下的回代得到方程组的解。因此如果能将线性方程组 $\boldsymbol{Ax}=\boldsymbol{b}$ 的系数矩阵 $\boldsymbol{A}$ 分解成 $\boldsymbol{A}=\boldsymbol{LU}$，则通过求解下三角方程组 $\boldsymbol{Ly}=\boldsymbol{b}$ 得到列向量 $\boldsymbol{y}$，再通过求解上三角方程组 $\boldsymbol{Ux}=\boldsymbol{y}$ 即可得到原方程组的解 $\boldsymbol{x}$。

为了保证分解的唯一性，$\boldsymbol{L}$ 矩阵或者 $\boldsymbol{U}$ 矩阵其中之一应该是单位下三角阵或者单位上三角阵，这里单位三角阵是指对角线元素全为 1 的三角形矩阵。如果 $\boldsymbol{L}$ 为单位下三角矩阵，则这种分解被称为 Doolittle 分解，另一种被称为 Crout 分解。三角分解法非常适合求解方程组固定而右端项不断发生改变的方程组系列，只需要一次分解就可以求解所有的方程组。

下面给出 Doolittle 分解法的具体算法。

2. 算法设计

三角分解法可以分为分解和回代两个步骤。分解时，如果矩阵 $\boldsymbol{A}$ 的各阶顺序主子式不为零，则可以顺利进行 Doolittle 分解，即 $\boldsymbol{A}=\boldsymbol{LU}$。

$$\begin{bmatrix} a_{11} & a_{12} & \cdots & a_{1n} \\ a_{21} & a_{22} & \cdots & a_{2n} \\ \vdots & \vdots & & \vdots \\ a_{n1} & a_{n2} & \cdots & a_{nn} \end{bmatrix} = \begin{bmatrix} 1 & & & \\ l_{21} & 1 & & \\ \vdots & \vdots & & \\ l_{n1} & l_{n2} & \cdots & 1 \end{bmatrix} \begin{bmatrix} u_{11} & u_{12} & \cdots & u_{1n} \\ & u_{22} & \cdots & u_{2n} \\ & & & \vdots \\ & & & u_{nn} \end{bmatrix} \tag{4.16}$$

从矩阵乘法出发，推导出 Doolittle 分解的具体计算公式

$$\begin{cases} u_{1j} = a_{1j}, & j = 1,2,\cdots,n \\ l_{i1} = \dfrac{a_{i1}}{u_{11}}, & i = 2,3,\cdots,n \end{cases}$$

$$\begin{cases} u_{kj} = a_{kj} - \sum\limits_{m=1}^{k-1} l_{km} u_{mj}, & j = k,k+1,\cdots,n \\ l_{ik} = \dfrac{1}{u_{kk}}\left(a_{ik} - \sum\limits_{m=1}^{k-1} l_{im} u_{mk}\right), & i = k+1,k+2,\cdots,n \end{cases}$$

上述计算必须严格遵循先行后列的计算顺序，即先算 $\boldsymbol{U}$ 的第一行，再算 $\boldsymbol{L}$ 的第一列，然后算 $\boldsymbol{U}$ 的第 2 行，再算 $\boldsymbol{L}$ 的第 2 列，直至算出所有的元素。

回代求解需要依次求解下三角方程组 $\boldsymbol{Ly} = \boldsymbol{b}$ 及上三角方程组 $\boldsymbol{Ux} = \boldsymbol{y}$，即

$$\begin{bmatrix} 1 & & & \\ l_{21} & 1 & & \\ \vdots & \vdots & & \\ l_{n1} & l_{n2} & \cdots & 1 \end{bmatrix} \begin{bmatrix} y_1 \\ y_2 \\ \vdots \\ y_n \end{bmatrix} = \begin{bmatrix} b_1 \\ b_2 \\ \vdots \\ b_n \end{bmatrix} \tag{4.17}$$

$$\begin{bmatrix} u_{11} & u_{12} & \cdots & u_{1n} \\ & u_{22} & \cdots & u_{2n} \\ & & & \vdots \\ & & & u_{nn} \end{bmatrix} \begin{bmatrix} x_1 \\ x_2 \\ \vdots \\ x_n \end{bmatrix} = \begin{bmatrix} y_1 \\ y_2 \\ \vdots \\ y_n \end{bmatrix} \tag{4.18}$$

求解方程组式(4.17)，得到中间变量 $\boldsymbol{y}$ 的计算公式为

$$\begin{cases} y_1 = b_1 \\ y_k = b_k - \sum\limits_{j=1}^{k-1} l_{kj} y_j, & k = 2,3,\cdots,n \end{cases}$$

求解方程组式(4.18)，得到方程组解 x 的计算公式为

$$\begin{cases} x_n = \dfrac{y_n}{u_{nn}} \\ x_k = \dfrac{1}{u_{kk}}\left(y_k - \sum\limits_{j=k+1}^{n} u_{kj} x_j\right), & k = n-1,n-2,\cdots,1 \end{cases}$$

算法 3　Doolittle 分解法。

输入数据：系数矩阵 $\boldsymbol{A}$ 及右端项 $\boldsymbol{b}$。

输出数据：分解得到的三角阵 $\boldsymbol{L}$,$\boldsymbol{U}$ 和方程组的解 $\boldsymbol{x}$。

计算过程(分解过程)：

Step 1：计算 $\boldsymbol{U}$ 的第一行 $u_{1j}(j=1,2,\cdots,n)$ 和 $\boldsymbol{L}$ 的第一列 $l_{i1}(i=2,3,\cdots,n)$，计算公式为 $u_{1j}=a_{1j}$ 和 $l_{i1}=a_{i1}/u_{11}=a_{i1}/a_{11}$。

Step 2：计算 $\boldsymbol{U}$ 的第二行 $u_{2j}(j=2,3,\cdots,n)$ 和 $\boldsymbol{L}$ 的第二列 $l_{i2}(i=3,4,\cdots,n)$，计算公式为 $u_{2j}=a_{2j}-l_{21}u_{1j}$，$l_{i2}=(a_{i2}-l_{i1}u_{12})/u_{22}$。

Step 3 ~ Step $(n-1)$：类似计算剩余元素，先计算 $\boldsymbol{U}$ 的第 k 行，再计算 $\boldsymbol{L}$ 的第 k 列($k=3,4,\cdots,n$)，计算公式为 $u_{kj}=a_{kj}-\sum_{m=1}^{k-1}l_{km}u_{mj}$，$l_{ik}=\frac{1}{u_{kk}}(a_{ik}-\sum_{m=1}^{k-1}l_{im}u_{mk})$。

计算过程(回代过程)：

Step 1：计算中间变量 $\boldsymbol{y}$，计算公式为

$$y_1=b_1,\quad y_k=b_k-\sum_{j=1}^{k-1}l_{kj}y_j,\quad k=2,3,\cdots,n$$

Step 2：计算方程解 $\boldsymbol{x}$，计算公式为

$$x_n=\frac{y_n}{u_{nn}},\quad x_k=\frac{1}{u_{kk}}(y_k-\sum_{j=k+1}^{n}u_{kj}x_j),\quad k=n-1,n-2,\cdots,1$$

3. 程序实现

算法 3 的 MATLAB 程序(LU Decomposition)：

输入：方程组的系数矩阵 $\boldsymbol{A}$ 及右端项 $\boldsymbol{b}$—— 主程序 LUDmain. m 第 3,4 行

输出：三角阵 $\boldsymbol{L}$,$\boldsymbol{U}$ 和方程组的解 $\boldsymbol{x}$—— 主程序 LUDmain. m 第 5 行

主程序代码：LUDmain. m

```
1-  clc;
2-  clear;
3-  A = [1 2 2; 4 4 12; 4 8 12];
4-  b = [1;12;8];
5-  [L, U, x] = LUDsub(A,b)
```

子程序代码：LUDsub. m

```
1-  function [L, U, x] = LUDsub(A,b)
2-  [m, n] = size(A);
3-  if m ~= n
4-      error('A is not a square matrix');
5-      return
6-  end
7-  x = zeros(n, 1);
8-  y = zeros(n, 1);
9-  L = eye(n);          % Initialize L matrices.
10- U = zeros(n);        % Initialize U matrices.
11- % LU Decomposition.
12- U(1,:) = A(1,:);
```

```
13-  L(:,1) = A(:,1)/U(1,1);
14-  for k = 2 : n
15-      for j = k : n
16-          U(k,j) = A(k,j) - L(k,1:k - 1) * U(1:k - 1,j);
17-      end
18-      for i = k + 1:n
19-          L(i,k) = (A(i,k) - L(i,1:k - 1) * U(1:k - 1,k))/U(k,k);
20-      end
21-  end
22-  y(1) = b(1); % Back Substitution of y
23-  for k = 2:n
24-      s1 = 0;
25-      for j = 1:k - 1
26-      s1 = s1 + L(k, j) * y(j);
27-      end
28-      y(k) = b(k) - s1;
29-  end
30-  x(n) = y(n)/U(n, n); % Back Substitution of x
31-  for k = n - 1: - 1:1
32-      s2 = 0;
33-      for j = k + 1:n
34-      s2 = s2 + U(k,j) * x(j);
35-      end
36-      x(k) = (y(k) - s2)/ U(k,k);
37-  end
```

【编程技巧 4.3】 虽然命令 lu 可以实现非方阵的乘法分解，但课程中学习的方法主要是针对方阵，为了提高程序稳定性和易于查错，在程序 LUDsub. m 中加入判断矩阵是不是方阵的语句（第 3 行到第 6 行），如果输入矩阵不是方阵，则命令error就会在窗口提示并用命令return返回主程序。

【编程技巧 4.4】 在 LU 分解的过程中，第 14 行到 21 行是 Doolittle 分解的过程，根据 Doolittle 分解计算公式的特点，该方法可以进一步优化为

```
L = eye(n); U = A;
for j = 1 : n
    for i = j + 1 : n
      L(i, j) = U(i, j) / U(j, j);
      U(i, :) = U(i, :) - L(i, j) * U(j, :);
    end
end
```

4. 数值算例

算例 4.4　用 LU 分解法求解以下线性方程组：

$$\begin{cases} x_1 + 2x_2 + 2x_3 = 1 \\ 4x_1 + 4x_2 + 12x_3 = 12 \\ 4x_1 + 8x_2 + 12x_3 = 8 \end{cases}$$

解　运行 LUDmain. m，在命令行窗口输入：

```
>> L ↵
L =
      1        0        0
      4        1        0
      4        0        1
>> U ↵
U =
      1        2        2
      0       -4        4
      0        0        4
>> x' ↵
ans =
        1       -1       1
```

对比验证：在命令行窗口输入

```
>> x1 = A\b; ↵
>> x1' ↵
ans =
              1       -1      1
```

以上结果说明程序 LUDmain. m 及子程序 LUDsub. m 能正确求解算例 4.4。检验三角分解的正确性可以在命令行窗口输入：

```
>> A - L * U ↵
ans =
        0       0       0
        0       0       0
        0       0       0
```

上述结果说明对系数矩阵的 Doolittle 分解是正确的。实际计算中也可以用 MATLAB 命令lu来进行三角分解，调用格式为[L1,U1] = lu(A) 或者[L2,U2,p] = lu(A)，前者满足 L1 * U1 = A，后者满足 L2 * U2 = p * A，这里 p 是一个置换矩阵，且满足 L2 = p * L1。由于 MATLAB 中 LU 分解采用高斯消元法，且分解结果是不唯一的，所以无法用该命令来检验程序 LUDmain. m 结果的正确性。

4.2.4　特殊矩阵三角分解法

4.2.4.1　Cholesky 分解法

1. 方法简介

对于特殊形式的矩阵,如对称正定矩阵或者对角严格占优的三对角矩阵,形成的方程组,在用 LU 分解法进行求解时,应根据系数矩阵的相应特性设计效率更高、稳定性更强的算法。考虑到对称正定矩阵的对称性和正定性,可将矩阵分解为 $\boldsymbol{A} = \boldsymbol{L}\boldsymbol{L}^{\mathrm{T}}$,这种分解被称为 Cholesky 分解法。

下面依次给出 Cholesky 分解法的具体算法。

2. 算法设计

对于 Cholesky 分解,由 $\boldsymbol{A} = \boldsymbol{L}\boldsymbol{L}^{\mathrm{T}}$ 知

$$\begin{bmatrix} a_{11} & a_{12} & \cdots & a_{1n} \\ a_{21} & a_{22} & \cdots & a_{2n} \\ \vdots & \vdots & & \vdots \\ a_{n1} & a_{n2} & \cdots & a_{nn} \end{bmatrix} = \begin{bmatrix} l_{11} & & & \\ l_{21} & l_{22} & & \\ \vdots & \vdots & & \\ l_{n1} & l_{n2} & \cdots & l_{nn} \end{bmatrix} \begin{bmatrix} l_{11} & l_{21} & \cdots & l_{n1} \\ & l_{22} & \cdots & l_{n2} \\ & & & \vdots \\ & & & l_{nn} \end{bmatrix} \tag{4.19}$$

由于 $\boldsymbol{U} = \boldsymbol{L}^{\mathrm{T}}$,算出 $\boldsymbol{U}$ 的第 1 行就意味着已经计算出 $\boldsymbol{L}$ 的第 1 列,所以整个算法计算量只有普通三角分解法计算量的一半。

计算 $\boldsymbol{L}^{\mathrm{T}}$ 的第 1 行,也是 $\boldsymbol{L}$ 的第 1 列的公式为

$$l_{11} = \sqrt{a_{11}},\ l_{i1} = \frac{a_{i1}}{l_{11}},\quad i = 2,3,\cdots,n \tag{4.20}$$

计算 $\boldsymbol{L}^{\mathrm{T}}$ 的第 $k = 2,3,\cdots,n$ 行,也是 $\boldsymbol{L}$ 的第 $k = 2,3,\cdots,n$ 列的公式为

$$\left.\begin{aligned} l_{kk} &= \sqrt{a_{kk} - \sum_{m=1}^{k-1} l_{mk}^2} \\ l_{ik} &= \frac{1}{l_{kk}}\left(a_{ik} - \sum_{m=1}^{k-1} l_{im} l_{mk}\right) = \frac{1}{l_{kk}}\left(a_{ik} - \sum_{m=1}^{k-1} l_{mi} l_{km}\right),\quad i = k+1,k+2,\cdots,n \end{aligned}\right\} \tag{4.21}$$

从式(4.20)和式(4.21)看出,计算对角线元素 l_{kk} 都需要开二次方。由于矩阵的正定性保证了被开方数全部是正实数,开二次方的结果全部取为正平方根。

算法 4　Cholesky 分解法。

输入数据:对称正定矩阵 $\boldsymbol{A}$ 及右端项 $\boldsymbol{b}$。

输出数据:分解得到的三角阵 $\boldsymbol{L}$,$\boldsymbol{L}^{\mathrm{T}}$ 和方程组的解 $\boldsymbol{x}$。

计算过程(分解过程):

Step 1:按照式(4.20)计算 $\boldsymbol{L}$ 的第 1 列,也是 $\boldsymbol{L}^{\mathrm{T}}$ 的第 1 行;

Step 2:按照式(4.21)计算 $\boldsymbol{L}$ 的第 2 列;

Step 3 ~ Step $(n-1)$:按照式(4.21)计算 $\boldsymbol{L}$ 的剩余列;

Step n:按照式(4.21)的第一式计算 l_{nn};

计算过程(回代过程):令 $\boldsymbol{U}=\boldsymbol{L}^{\mathrm{T}}$,可采用和算法 3(Doolittle算法) 完全一致回代过程计算出中间变量 $\boldsymbol{y}$ 和方程组的解 $\boldsymbol{x}$。

3. 程序实现

算法 4 的 MATLAB 程序(Cholesky Decomposition):

输入:系数矩阵 $\boldsymbol{A}$ 及右端项 $\boldsymbol{b}$—— 主程序 CDmain. m 第 3,4 行

输出:下三角阵 $\boldsymbol{L}$ 和方程组的解 $\boldsymbol{x}$—— 主程序 CDmain. m 第 11 行

主程序代码:CDmain. m

```
1-   clc;
2-   clear;
3-   A = [6 7 5;7 13 8; 5 8 6];
4-   b = [9;10;9];
5-   B = A - A';
6-   t = norm(B,1);
7-   if t > 1.0e-9
8-     error('matrix A is not Symmetric \n')
9-     return
10-  end
11-  [L,x] = CDsub(A,b)
```

子程序代码:CDsub. m

```
1-   function [L,x] = CDsub(A,b)
2-   n = size(A,1);
3-   L = zeros(n); % Initialize matrices
4-   % Cholesky Decomposition
5-   L(1,1) = sqrt(A(1,1));
6-   L(2:n,1) = A(2:n,1)/L(1,1);
7-   for j = 2:n
8-           t = A(j,j) - L(j,1:j-1) * L(j,1:j-1)';
9-           L(j,j) = sqrt(t);
10-          for i = j+1:n
11-              L(i,j) = (A(i,j) - L(i,1:j-1) * L(j,1:j-1)')/L(j,j);
12-          end
13-  end
14-  U = L';
15-  % Back Substitution.
16-  y(1) = b(1)/L(1, 1);
17-  for k = 2:n
18-       s1 = 0;
19-       for j = 1:k-1
20-       s1 = s1 + L(k, j) * y(j);
21-       end
22-       y(k) = (b(k) - s1) / L(k,k);
23-  end
```

```
24-  x(n) = y(n)/U(n,n);
25-  for k = n-1:-1:1
26-      s2 = 0;
27-      for j = k+1:n
28-      s2 = s2 + U(k,j) * x(j);
29-      end
30-      x(k) = (y(k) - s2)/U(k,k);
31-  end
```

【易错之处 4.2】 在进行矩阵分解时，省掉 CDsub.m 中第 5 行和第 6 行，将第 7～13 行的循环结构体外循环指标从 1 循环到 n 也可以得到正确的结果。但是不建议这样编程，因为第 7 行 j 取 1 时，L(j,1:j-1) 的列指标从 1 循环到 0，实际上超出了索引范围。

4. 数值算例

算例 4.5　用 Cholesky 分解法求解以下线性方程组：

$$\begin{bmatrix}6 & 7 & 5\\7 & 13 & 8\\5 & 8 & 6\end{bmatrix}\begin{bmatrix}x_1\\x_2\\x_3\end{bmatrix}=\begin{bmatrix}9\\10\\9\end{bmatrix}$$

解　运行 CDmain.m，在命令行窗口输入：

```
>> L ↵
L =
        2.4495          0          0
        2.8577     2.1985          0
        2.0412     0.9855     0.9285
>> x ↵
x =
     1.0000    -1.0000    2.0000
```

对比验证：在命令行窗口输入：

```
>> x1 = A\b; ↵
>> x1' ↵
ans =
1.0000    -1.0000    2.0000
```

以上结果说明程序 CDmain.m 及子程序 CDsub.m 能正确求解算例 4.4。

检验三角分解的正确性可以在命令行窗口输入：

```
>> A - L * L' ↵
ans =
      1.0e-15 *
      -0.8882          0          0
            0          0          0
            0          0          0
```

上述结果说明对系数矩阵的 Cholesky 分解是正确的。

4.2.4.2 Thomas 分解法

1. 方法简介

在数值求解二阶常微分方程边值问题、一维热传导问题以及进行三次样条插值等时，最终得到的离散方程组是系数矩阵严格对角占优的三对角线性方程组 $\boldsymbol{Ax}=\boldsymbol{d}$，即

$$\begin{bmatrix} b_1 & c_1 & & & \\ a_2 & b_2 & c_2 & & \\ & \ddots & \ddots & \ddots & \\ & & a_{n-1} & b_{n-1} & c_{n-1} \\ & & & a_n & b_n \end{bmatrix}\begin{bmatrix} x_1 \\ x_2 \\ \vdots \\ x_{n-1} \\ x_n \end{bmatrix}=\begin{bmatrix} d_1 \\ d_2 \\ \vdots \\ d_{n-1} \\ d_n \end{bmatrix} \tag{4.22}$$

对于三对角矩阵在进行 LU 分解时，上三角阵 $\boldsymbol{U}$ 只包含对角线和上次对角线，而单位下三角阵只包含对角线和下次对角线，这种分解法被称为 Thomas 分解法或者追赶法。下面给出 Thomas 分解法的算法设计。

2. 算法设计

根据线性代数理论，当矩阵 $\boldsymbol{A}$ 严格对角占优时，即

$$|b_1|>|c_1|;\ |b_i|>|a_i|+|c_i|,\quad i=2,3,\cdots,n-1;\quad |b_n|>|a_n|$$

其各阶顺序主子式必不为零，故线性方程组式(4.22)的系数矩阵 $\boldsymbol{A}$ 必有唯一的 Doolittle 分解。由于矩阵 $\boldsymbol{A}$ 的三对角特点，矩阵 $\boldsymbol{A}$ 有如下更特殊的三角分解形式：

$$\begin{bmatrix} b_1 & c_1 & & & \\ a_2 & b_2 & c_2 & & \\ & \ddots & \ddots & \ddots & \\ & & a_{n-1} & b_{n-1} & c_{n-1} \\ & & & a_n & b_n \end{bmatrix}=\begin{bmatrix} 1 & & & & \\ l_2 & 1 & & & \\ & \ddots & \ddots & & \\ & & l_{n-1} & 1 & \\ & & & l_n & 1 \end{bmatrix}\begin{bmatrix} u_1 & c_1 & & & \\ & u_2 & c_2 & & \\ & & \ddots & \ddots & \\ & & & u_{n-1} & c_{n-1} \\ & & & & u_n \end{bmatrix} \tag{4.23}$$

式中，只有 $\boldsymbol{U}$ 中的元素 $u_1,u_2,\cdots,u_n$ 和 $\boldsymbol{L}$ 中的元素 $l_2,l_3,\cdots,l_n$ 是未知量，根据 Doolittle 分解先行后列的分解顺序，这些未知量的求解顺序必然是

$$u_1\rightarrow l_2\rightarrow u_2\rightarrow l_3\rightarrow\cdots\rightarrow l_n\rightarrow u_n$$

由于矩阵 $\boldsymbol{L}$ 和矩阵 $\boldsymbol{U}$ 都是稀疏矩阵，所以计算这些未知量的公式也较为简单。具体计算公式将在下面算法中给出。

算法 5　Thomas 分解法。

输入数据：三对角矩阵 $\boldsymbol{A}$ 及右端项 $\boldsymbol{b}$。

输出数据：分解得到的单位下三角阵 $\boldsymbol{L}$ 和上三角阵 $\boldsymbol{U}$ 和方程组的解 $\boldsymbol{x}$。

计算过程(分解过程)：

Step 1：计算 $\boldsymbol{U}$ 的第 1 行和 $\boldsymbol{L}$ 的第 1 列。

$$u_1=b_1,\quad l_2=a_2/u_1$$

Step 2：计算 $\boldsymbol{U}$ 的第 2 行和 $\boldsymbol{L}$ 的第 2 列。

$$u_2=b_2-l_2c_1,\quad l_3=a_3/u_2$$

Step 3 ～ Step $(n-1)$：循环计算 $\boldsymbol{U}$ 的第 k 行和 $\boldsymbol{L}$ 的第 k 列($k=3,4,\cdots,n-1$)。

$$u_k = b_k - l_k c_{k-1}\,,\ l_{k+1} = a_{k+1}/u_k (k = 3,4,\cdots,n-1)$$

Step n：计算 $\boldsymbol{U}$ 的第 n 行。

$$u_n = b_n - l_n c_{n-1}$$

计算过程(回代过程)：

Step 1：计算中间变量 $\boldsymbol{y}$。

$$y_1 = d_1\,,\quad y_i = d_i - l_i y_{i-1}\,,\quad i = 2,\cdots,n$$

Step 2：计算未知量 $\boldsymbol{x}$。

$$x_n = y_n/u_n\,,\quad x_i = (y_i - c_i x_{i+1})/u_i\,,\quad i = n-1,n-2,\cdots,1$$

3. 程序实现

算法 5 的 MATLAB 程序(Thomas Decomposition)：

输入：系数矩阵 $\boldsymbol{A}$ 及右端项 $\boldsymbol{b}$—— 主程序 TDmain. m 第 9,10 行

输出：单位下三角阵 $\boldsymbol{L}$ 上三角阵 $\boldsymbol{U}$ 及方程组的解 $\boldsymbol{x}$—— 主程序 TDmain. m 第 11 行

主程序代码：TDmain. m

```
1-   clc;
2-   clear;
3-   format long;
4-   a = 0;b = pi;
5-   np = 10;h = pi/np;
6-   xi = a:h:b; xin = xi(2:np);
7-   D = 2 * ones(np - 1,1);
8-   v =- 1 * ones(np - 2,1);
9-   A = diag(D,0) + diag(v, - 1) + diag(v,1);
10-  b = h^2 * sin(xin)';
11-  [L,U,yi] = TDsub(A,b);
12-  %figure out the result
13-  tt = 0:0.01:pi;
14-  xexat = sin(tt);
15-  plot(tt,xexat);
16-  hold on
17-  plot(xin,yi,'*')
18-  legend('exact solution','numerical solution')
```

子程序代码：TDsub. m

```
1-   function [L,U,x] = TDsub(A,b)
2-   n = size(b,1);
3-   x = zeros(n,1);
4-   y = zeros(n,1);
5-   L1 = zeros(n - 1,1); %vector of lower diagonal of L
6-   U1 = zeros(n,1); %vector of diagonal of U
7-   % Thomas method
8-   U1(1) = A(1,1);
9-   L1(1) = A(2,1)/U1(1);
```

```
10-  for i = 2:n-1
11-          U1(i) = A(i,i) - L1(i-1) * A(i-1,i);
12-          L1(i) = A(i+1,i)/U1(i);
13-  end
14-  U1(n) = A(n,n) - L1(n-1) * A(n-1,n);
15-  L = diag(L1,-1) + eye(n);
16-  C = diag(A,1);
17-  U = diag(U1,0) + diag(C,1);
18-  % Back substitution
19-  y(1) = b(1);
20-  for i = 2:n
21-          y(i) = b(i) - L1(i-1) * y(i-1);
22-  end
23-  x(n) = y(n)/U1(n);
24-  for j = n-1:-1:1
25-          x(j) = (y(j) - x(j+1) * U(j,j+1))/U1(j);
26-  end
```

【编程技巧 4.3】 算法 5 中，采用命令 diag 快速生成稀疏的对角类矩阵，见主程序 TDmain. m 第 9 行。当 $\boldsymbol{A}$ 是一个矩阵时，diag(A) 返回 $\boldsymbol{A}$ 矩阵的主对角线元素。$\boldsymbol{b}$ 为一个向量，B =diag(b,0)、B = diag(b,−1)、B = diag(b,1) 分别表示用 $\boldsymbol{b}$ 去生成 $\boldsymbol{B}$ 矩阵的主对角线、下次对角线、上次对角线。

4. 数值算例

算例 4.6　用有限差分法求解以下二阶微分方程：

$$\left.\begin{aligned} -\frac{\mathrm{d}^2 y}{\mathrm{d}x^2} &= \sin x, x \in [0,\pi] \\ y(0) = 0,\ y(\pi) &= 0 \end{aligned}\right\} \tag{4.24}$$

解　将求解区间等分为 10 份，有 11 个节点 $x_i = x_0 + \frac{(i-1)\times\pi}{10}(i = 1,2,\cdots,11)$。根据泰勒公式，在 9 个内部节点 $\{x_i\}_{i=2}^{10}$ 上二阶导数可以近似为

$$\left.\frac{\mathrm{d}^2 y}{\mathrm{d}x^2}\right|_{x_i} = \frac{y(x_{i+1}) - 2y(x_i) + y(x_{i-1})}{h^2} + O(h^2)$$

用 y_i 表示 $y(x_i)$ 的近似解并忽略高阶误差，则在 x_i 处有等式

$$\frac{-y_{i+1} + 2y_i - y_{i-1}}{h^2} = \sin x_i$$

将内部节点上的方程写成线性方程组并代入边界条件 $y_1 = y_{11} = 0$ 得到

$$\begin{bmatrix} 2 & -1 & & & \\ -1 & 2 & -1 & & \\ & -1 & 2 & -1 & \\ & \ddots & \ddots & \ddots & \ddots \\ & & & -1 & 2 \end{bmatrix} \begin{bmatrix} y_2 \\ y_3 \\ y_4 \\ \vdots \\ y_{10} \end{bmatrix} = h^2 \begin{bmatrix} \sin x_2 \\ \sin x_3 \\ \sin x_4 \\ \vdots \\ \sin x_{10} \end{bmatrix}$$

上述方程组系数矩阵恰好是一个三对角方程组，虽然系数矩阵不满足严格对角占优，但是不可约的对角占优矩阵，故解仍然是存在且唯一的。因此可以用求解三对角方程组的 Thomas 分解法求解该方程，运行程序 TDmain. m，可得图 4.1 所示的结果。

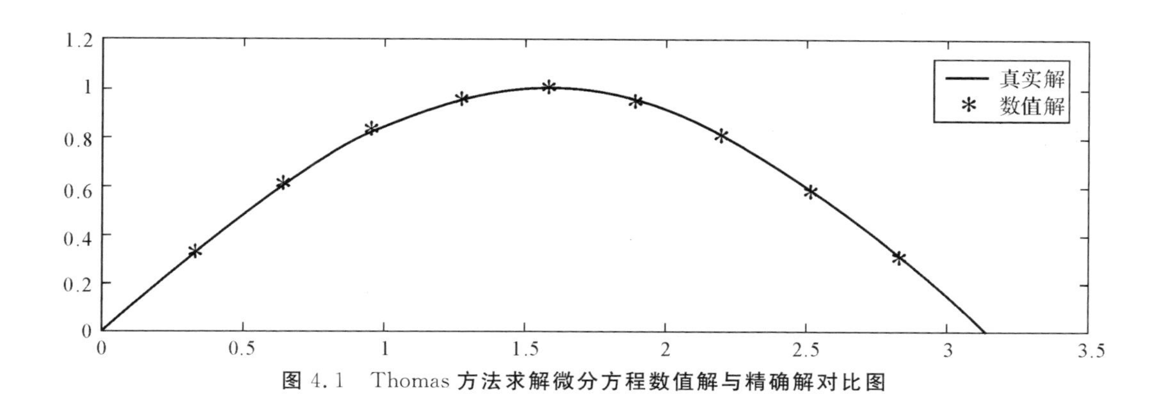

图 4.1　Thomas 方法求解微分方程数值解与精确解对比图

4.3　迭代算法

对于 n 阶线性方程组 $\boldsymbol{Ax}=\boldsymbol{b}$，其中系数矩阵 $\boldsymbol{A}$ 非奇异，向量 $\boldsymbol{b}\neq\boldsymbol{0}$，则方程组有唯一解 $\boldsymbol{x}^*$。将该方程组等价变形为

$$\boldsymbol{x}=\boldsymbol{Bx}+\boldsymbol{g} \tag{4.25}$$

基于该变形形式进行迭代：

$$\boldsymbol{x}^{(k+1)}=\boldsymbol{Bx}^{(k)}+\boldsymbol{g}\,,\quad k=0,1,\cdots \tag{4.26}$$

在取定初始向量 $\boldsymbol{x}^{(0)}\in\mathbf{R}^n$ 后，式(4.26)便产生一个向量序列 $\{\boldsymbol{x}^{(k)}\}_{k=0}^{+\infty}$，若它收敛于某向量 $\boldsymbol{x}^*$，则 $\boldsymbol{x}^*$ 一定是式(4.25)的解，当然也是原方程组 $\boldsymbol{Ax}=\boldsymbol{b}$ 的解。形如式(4.26)的迭代法称为简单迭代法，$\boldsymbol{B}$ 称为该简单迭代法的迭代矩阵。

方程组 $\boldsymbol{Ax}=\boldsymbol{b}$ 的等价形式式(4.25)不唯一，因而可建立不同的简单迭代法。不同的迭代法用相同的初始向量 $\boldsymbol{x}^{(0)}$ 进行迭代，产生的向量序列自然不同，有的收敛，有的发散。只有收敛的方法才有意义，这样当 k 充分大时，就可以将 $\boldsymbol{x}^{(k+1)}$ 作为方程组的近似解。另外，对同一简单迭代法选用不同的初始向量结果也会不同，关于某个初始向量产生的序列收敛，而关于另外一个初始向量产生的序列发散。迭代法是否收敛与迭代矩阵 $\boldsymbol{B}$ 有关，常见的判断迭代法收敛的准则如下：

(1) 简单迭代法对任意初始向量 $\boldsymbol{x}^{(0)}$ 都收敛的充要条件是 $\lim\limits_{k\to\infty}\boldsymbol{B}^k=\boldsymbol{0}$。

(2) 简单迭代法对任意初始向量 $\boldsymbol{x}^{(0)}$ 都收敛的充要条件是迭代矩阵的谱半径 $\rho(\boldsymbol{B})<1$。

(3) 简单迭代法对任意初始向量 $\boldsymbol{x}^{(0)}$ 都收敛的充分条件是 $\boldsymbol{B}$ 的某种矩阵范数小于 1，即有 $\|\boldsymbol{B}\|<1$。

上述判断收敛的条件中，由于矩阵范数 $\|\boldsymbol{B}\|_1$ 和 $\|\boldsymbol{B}\|_\infty$ 最容易计算，故实践中常用条件

$\|\boldsymbol{B}\|_1<1$ 或 $\|\boldsymbol{B}\|_\infty<1$ 来判定简单迭代法的收敛性。对于规模较小的矩阵，也可以用乘幂法直接求出主特征值近似值甚至用 QR 分解求出所有特征值近似值，然后根据谱半径 $\rho(\boldsymbol{B})=\max\{|\lambda_1|,|\lambda_2|,\cdots,|\lambda_n|\}$ 是否小于 1 来进行判断。

本节将介绍三种最常用的简单迭代法格式：雅克比迭代法、高斯-赛德尔迭代法以及逐次超松弛迭代法。

4.3.1 雅克比迭代法

1. 方法简介

如果方程组式(4.1) 的系数矩阵 $\boldsymbol{A}$ 非奇异，且 $a_{ii}\neq 0, i=1,2,\cdots,n$，那么将方程组式(4.1) 改写成

$$\left.\begin{aligned} x_1 &= (b_1-a_{12}x_2-a_{13}x_3-\cdots-a_{1n}x_n)/a_{11} \\ x_2 &= (b_2-a_{21}x_1-a_{23}x_3-\cdots-a_{2n}x_n)/a_{22} \\ &\cdots\cdots \\ x_n &= (b_n-a_{n1}x_1-a_{n2}x_2-\cdots-a_{n,n-1}x_{n-1})/a_{nn} \end{aligned}\right\} \tag{4.27}$$

进而得到迭代法

$$\left.\begin{aligned} x_1^{(k+1)} &= (b_1-a_{12}x_2^{(k)}-a_{13}x_3^{(k)}-\cdots-a_{1n}x_n^{(k)})/a_{11} \\ x_2^{(k+1)} &= (b_2-a_{21}x_1^{(k)}-a_{23}x_3^{(k)}-\cdots-a_{2n}x_n^{(k)})/a_{22} \\ &\cdots\cdots \\ x_n^{(k+1)} &= (b_n-a_{n1}x_1^{(k)}-a_{n2}x_2^{(k)}-\cdots-a_{n,n-1}x_{n-1}^{(k)})/a_{nn} \end{aligned}\right\} \tag{4.28}$$

式(4.28) 称为线性方程组式(4.1) 的雅克比迭代法。其矩阵形式为 $\boldsymbol{x}^{(k+1)}=\boldsymbol{B}_{\mathrm{J}}\boldsymbol{x}^{(k)}+\boldsymbol{g}_{\mathrm{J}}$，这里雅克比迭代矩阵 $\boldsymbol{B}_{\mathrm{J}}$ 和常数向量 $\boldsymbol{g}_{\mathrm{J}}$ 为

$$\boldsymbol{B}_{\mathrm{J}}=-\boldsymbol{D}^{-1}(\boldsymbol{L}+\boldsymbol{U})=\begin{bmatrix} 0 & -\dfrac{a_{12}}{a_{11}} & \cdots & -\dfrac{a_{1n}}{a_{11}} \\ -\dfrac{a_{21}}{a_{22}} & 0 & \cdots & -\dfrac{a_{2n}}{a_{22}} \\ \vdots & \vdots & & \vdots \\ -\dfrac{a_{n1}}{a_{nn}} & -\dfrac{a_{n2}}{a_{nn}} & \cdots & 0 \end{bmatrix}$$

$$\boldsymbol{g}_{\mathrm{J}}=\boldsymbol{D}^{-1}\boldsymbol{b}=\begin{bmatrix} \dfrac{b_1}{a_{11}} \\ \dfrac{b_2}{a_{22}} \\ \vdots \\ \dfrac{b_n}{a_{nn}} \end{bmatrix} \tag{4.29}$$

式中

$$\left.\begin{aligned} \boldsymbol{L} &= \begin{bmatrix} 0 & & & \\ a_{21} & 0 & & \\ \vdots & \vdots & & \\ a_{n1} & a_{n2} & \cdots & 0 \end{bmatrix} \\ \boldsymbol{D} &= \begin{bmatrix} a_{11} & & & \\ & a_{12} & & \\ & & \ddots & \\ & & & a_{nn} \end{bmatrix} \\ \boldsymbol{U} &= \begin{bmatrix} 0 & a_{12} & \cdots & a_{1n} \\ & 0 & \cdots & a_{2n} \\ & & & \vdots \\ & & & 0 \end{bmatrix} \end{aligned}\right\} \tag{4.30}$$

根据前面准则，雅克比迭代法关于任意初始向量 $\boldsymbol{x}^{(0)}$ 都收敛的充要条件是 $\rho(\boldsymbol{B}_J)<1$，充分条件是 $\|\boldsymbol{B}_J\|<1$。另外如果系数矩阵 $\boldsymbol{A}=(a_{ij})_{n\times n}$ 严格对角占优，即系数矩阵满足按行严格对角占优 $\left(|a_{ii}|>\sum_{j=1,j\neq i}^{n}|a_{ij}|, i=1,2,\cdots,n\right)$ 或按列严格对角占优 $\left(|a_{ii}|>\sum_{i=1,i\neq j}^{n}|a_{ij}|, j=1,2,\cdots,n\right)$，则雅克比迭代法关于任意初始向量 $\boldsymbol{x}^{(0)}$ 收敛。

2. 算法设计

算法 6　雅克比迭代法。

输入数据：方程组系数矩阵 $\boldsymbol{A}$，右端项 $\boldsymbol{b}$，初始向量 $\boldsymbol{x}^{(0)}$，容许误差 ε，最大迭代次数 $N_{\max}$。

输出数据：方程组的解向量 $\boldsymbol{x}$ 或失败信息。

计算过程：

Step 1：令 $k=1$，给 $\boldsymbol{x}^{(0)}$ 赋初值，定义零向量 $\boldsymbol{x}^{(1)}$。

Step 2：计数器 $k=k+1$，对 $i=1,2,\cdots,n$ 循环，依次计算

$$x_i^{(1)}=\frac{1}{a_{ii}}\left(b_i-\sum_{j=1,j\neq i}^{n}a_{ij}x_j^{(0)}\right)$$

Step 3：如果 $\max|x_i^{(1)}-x_i^{(0)}|<\varepsilon$，则输出 $\boldsymbol{x}^{(1)}$，算法结束；否则转 Step 4。

Step 4：若 $k<N_{\max}$，则 $\boldsymbol{x}^{(0)}=\boldsymbol{x}^{(1)}$，转 Step 2；否则输出失败信息，算法结束。

3. 程序实现

输入：系数矩阵 **A** 及右端项 **b**—— 主程序 JImain. m 第 2,3 行；
　　初始向量 x0—— 主程序 JImain. m 第 5 行；
　　最大迭代次数 Nmax—— 主程序 JImain. m 第 6 行；
　　误差限 tol—— 主程序 JImain. m 第 7 行

输出:方程组的近似解 xk 及迭代次数 niter—— 主程序 JImain. m 第 8 行

主程序代码:JImain. m

```
1-  clc,clear;
2-  A = [4 2 1; 1 3 1; 1 1 4];
3-  b = [3; -1; 4];
4-  n = size(A,1);
5-  x0 = zeros(n,1);
6-  N = 100;
7-  tol = 1e-6;
8-  [xk, niter] = JIsub(A, b, x0, tol, N);
```

子程序代码:JIsub. m

```
1-  function [x1,iter] = JIsub1(A,b,x0,tol,Nm);
2-  n = size(A,2);
3-  x1 = b./diag(A);
4-  k = 1;
5-  while norm(x1-x0,inf) > tol
6-      k = k+1;
7-      x0 = x1;
8-      for i = 1:n
9-          x1(i) = b(i);
10-         for j = 1:n
11-             if j ~= i
12-                 x1(i) = x1(i) - A(i,j) * x0(j);
13-             end
14-         end
15-         x1(i) = x1(i)/A(i,i);
16-     end
17-     if k == Nm
18-         error('not convergent in max times.\n');
19-     end
20-     iter = k;
21- end
```

【编程技巧 4.4】 程序 JIsub. m 中,用后验误差 $\|\boldsymbol{x}^{(1)}-\boldsymbol{x}^{(0)}\|_\infty=\max|x_i^{(1)}-x_i^{(0)}|<\varepsilon$ 控制迭代中止。为了进行首次判断,需要按式(4.28)计算出 $\boldsymbol{x}^{(1)}$ 再进入 while 循环体。为了避免计算 $\boldsymbol{x}^{(1)}$:当 $\boldsymbol{x}^{(0)}=0$ 时,直接取 $\boldsymbol{x}^{(1)}=g_J$。当 $\boldsymbol{x}^{(0)}\neq\mathbf{0}$ 时,可以令 $\boldsymbol{x}^{(1)}=\boldsymbol{x}^{(0)}+c, c=10\varepsilon$。这样就能直接进入迭代,但后一种方法相当于对迭代初值进行了扰动,会对整个收敛过程产生轻微的影响。

【编程技巧 4.5】 Jacobi 方法中,按公式 $x_i^{(1)}=\dfrac{1}{a_{ii}}(b_i-\sum\limits_{j=1,j\neq i}^{n}a_{ij}x_j^{(0)})$ 计算时,求和部分要求 $j\neq i$,这个约束使得内层循环变量 j 需要跳过外层循环变量 i 当前取值,常用方法是引入一个 $j\neq i$ 的判断语句,见 JIsub. m 的第 11～13 行。但这种不断进行判断的方法在方程组规模很大时将花费较多机时。为了提高效率,可以将内层循环写为

```
for j = [1:i-1,i+1:n]
    循环体
end
```

【易错之处 4.3】　在计算 $x_i^{(1)}=\frac{1}{a_{ii}}(b_i-\sum_{j=1,j\neq i}^{n}a_{ij}x_j^{(0)})$时，计算公式不能写成 x1(i) = b(i) − A(i,j) * x0(j)，而是应该写成 JIsub.m 的第 12 行 x1(i) = x1(i) − A(i,j) * x0(j)，再配合循环体外语句 x1(i) = b(i)，这样才能实现累减功能。

4. 数值算例

算例 4.6　用雅克比迭代法求解以下线性方程组：

$$\begin{cases}4x_1+2x_2+x_3=3\\x_1+3x_2+x_3=-1\\x_1+x_2+4x_3=4\end{cases}$$

解　首先进行收敛性分析，由于$|4|>|2|+|1|,|3|>|1|+|1|,|4|>|1|+|1|$，即系数矩阵满足按行严格对角占优，因此雅克比迭代法对任意初值收敛，取 $\boldsymbol{x}^{(0)}=[0,0,0]^T$，$\varepsilon=1.0\times10^{-6}$，运行 JImain.m 得到的结果见表 4.1。

表 4.1　算例 4.6 的雅克比迭代过程

k	$x_1^{(k)}$	$x_2^{(k)}$	$x_3^{(k)}$
0	0	0	0
1	0.750 000 000	−0.333 333 333	1.000 000 000
2	0.666 666 667	−0.916 666 667	0.895 833 333
⋮	⋮	⋮	⋮
30	0.999 999 539	−1.000 000 418	0.999 999 657
31	1.000 000 295	−0.999 999 732	1.000 000 220

对比验证：采用高斯消元法，用本例中的系数矩阵 $\boldsymbol{A}$ 及右端项 $\boldsymbol{b}$ 代替高斯消去法 GEmain.m 第 2,3 行并运行程序，得到 $\boldsymbol{x}=[1,-1,1]^T$。该结果说明迭代法结果的正确性，同时也体现了直接法和迭代法的区别，直接法如果没有舍入误差可以得到精确解，而迭代法只能得到满足精度要求的近似解。

4.3.2　高斯-赛德尔迭代法

1. 方法简介

如果简单迭代法式(4.26)收敛，$x_i^{(k+1)}$ 应该比 $x_i^{(k)}$ 更接近于原方程组的解 x_i^* $(i=1,2,\cdots,n)$。另外，在计算第 i 个分量 $x_i^{(k+1)}$ 时，前面的 $i-1$ 个分量已经算出，因而在计算 $x_i^{(k+1)}$ 时可以用新值 $x_1^{(k+1)},x_2^{(k+1)},\cdots,x_{i-1}^{(k+1)}$ 来代替旧值 $x_1^{(k)},x_2^{(k)},\cdots,x_{i-1}^{(k)}$，这样就有可能加快收敛速度。按这种思想构造得到如下形式的迭代法：

$$x_i^{(k+1)}=\sum_{j=1}^{i-1}b_{ij}x_j^{(k+1)}+\sum_{j=i}^{n}b_{ij}x_j^{(k)}+g_i,\quad i=1,2,\cdots,n \tag{4.31}$$

称该迭代法为与简单迭代法式(4.26)对应的高斯-赛德尔迭代法。

若将简单迭代法(4.26) 的迭代矩阵 $\boldsymbol{B}=(b_{ij})_{n\times n}$ 分解为 $\boldsymbol{B}=\boldsymbol{B}_1+\boldsymbol{B}_2$，其中

$$\boldsymbol{B}_1=\begin{bmatrix}0&&&\\b_{21}&0&&\\\vdots&\vdots&&\\b_{n1}&b_{n2}&\cdots&0\end{bmatrix},\quad \boldsymbol{B}_2=\begin{bmatrix}b_{11}&b_{12}&\cdots&b_{1n}\\&b_{22}&\cdots&b_{2n}\\&&&\vdots\\&&&b_{nn}\end{bmatrix}$$

则简单迭代法式(4.26)可写成

$$\boldsymbol{x}^{(k+1)} = \boldsymbol{B}_1\boldsymbol{x}^{(k)} + \boldsymbol{B}_2 x^{(k)} + \boldsymbol{g}, \quad k = 0,1,2,\cdots \tag{4.32}$$

对应的高斯-赛德尔迭代法可表示为

$$\boldsymbol{x}^{(k+1)} = \boldsymbol{B}_1\boldsymbol{x}^{(k+1)} + \boldsymbol{B}_2\boldsymbol{x}^{(k)} + \boldsymbol{g}, \quad k = 0,1,2,\cdots \tag{4.33}$$

式(4.33)等价于如下简单迭代法:

$$\boldsymbol{x}^{(k+1)} = (\boldsymbol{I} - \boldsymbol{B}_1)^{-1}\boldsymbol{B}_2\boldsymbol{x}^{(k)} + (\boldsymbol{I} - \boldsymbol{B}_1)^{-1}\boldsymbol{g} \tag{4.34}$$

高斯-赛德尔迭代法的迭代矩阵为 $\boldsymbol{B}_{GS}=(\boldsymbol{I}-\boldsymbol{B}_1)^{-1}\boldsymbol{B}_2$。这样就可以使用简单迭代法收敛性的各种判别方法来判别高斯-赛德尔迭代法的收敛性。下面给出判别高斯-赛德尔迭代法的收敛性判别准则。

高斯-赛德尔迭代法关于任意初始向量 $\boldsymbol{x}^{(0)}$ 都收敛的充要条件是 $\rho(\boldsymbol{B}_{GS})<1$,充分条件是 $\|\boldsymbol{B}_{GS}\|<1$。另外一个常用的判断准则是:如果简单迭代法的迭代矩阵 $\boldsymbol{B}=\boldsymbol{B}_1+\boldsymbol{B}_2$ 满足 $\|\boldsymbol{B}\|_\infty<1$ 或 $\|\boldsymbol{B}\|_1<1$,则相应的高斯-赛德尔迭代法关于任意初始向量 $\boldsymbol{x}^{(0)}$ 都收敛。

与雅克比迭代法相对应的高斯-赛德尔迭代法。可以将式(4.28)改写为

$$\left.\begin{aligned} x_1^{(k+1)} &= (b_1 - a_{12}x_2^{(k)} - a_{13}x_3^{(k)} - \cdots - a_{1n}x_n^{(k)})/a_{11} \\ x_2^{(k+1)} &= (b_2 - a_{21}x_1^{(k+1)} - a_{23}x_3^{(k)} - \cdots - a_{2n}x_n^{(k)})/a_{22} \\ &\cdots\cdots \\ x_n^{(k+1)} &= (b_n - a_{n1}x_1^{(k+1)} - a_{n2}x_2^{(k+1)} - \cdots - a_{n,n-1}x_{n-1}^{(k+1)})/a_{nn} \end{aligned}\right\} \tag{4.35}$$

或缩写为

$$x_i^{(k+1)} = \frac{1}{a_{ii}}(b_i - \sum_{j=1}^{i-1} a_{ij}x_j^{(k+1)} - \sum_{j=i+1}^{n} a_{ij}x_j^{(k)}), \quad i = 1,2,\cdots,n \tag{4.36}$$

该迭代格式称为与雅克比迭代法相对应的高斯-赛德尔迭代法,简称 JGS 迭代法。与雅克比方法类似,如果将系数矩阵分解为 $\boldsymbol{A}=\boldsymbol{L}+\boldsymbol{D}+\boldsymbol{U}$,其中 $\boldsymbol{L},\boldsymbol{D},\boldsymbol{U}$ 的定义同式(4.30),则 JGS 迭代法的矩阵形式为

$$\boldsymbol{x}^{(k+1)} = -(\boldsymbol{D}+\boldsymbol{L})^{-1}\boldsymbol{U}\boldsymbol{x}^{(k)} + (\boldsymbol{D}+\boldsymbol{L})^{-1}\boldsymbol{g} \tag{4.37}$$

其中,$\boldsymbol{B}_{JGS} = -(\boldsymbol{D}+\boldsymbol{L})^{-1}\boldsymbol{U}$。JGS 迭代法是一种特殊的高斯-赛德尔迭代法,因此关于高斯-赛德尔迭代法的收敛性判定定理均适用于 JGS 迭代法。

另外,如果系数矩阵 $\boldsymbol{A}=(a_{ij})_{n\times n}$ 严格对角占优或者对称正定,则 JGS 迭代法对于任意初始向量 $\boldsymbol{x}^{(0)}$ 收敛。

2. 算法设计

算法 7 JGS 迭代法。

输入数据:方程组系数矩阵 $\boldsymbol{A}$,右端项 $\boldsymbol{b}$,初始向量 $\boldsymbol{x}^{(0)}$,绝对误差限 ε,最大迭代次数 $N_{\max}$。

输出数据:方程组的解向量 $\boldsymbol{x}$ 或失败信息。

计算过程:

Step 1:令 $k=1$,给 $\boldsymbol{x}^{(0)}$ 赋初值,定义零向量 $\boldsymbol{x}^{(1)}$。

Step 2:对 $i=1,2,\cdots,n$ 依次计算。

$$x_i^{(1)} = \frac{1}{a_{ii}}\left(b_i - \sum_{j=1}^{i-1} a_{ij}x_j^{(1)} - \sum_{j=i+1}^{n} a_{ij}x_j^{(0)}\right), \quad i = 1,2,\cdots,n$$

Step 3:如果 $\max\limits_{1\leqslant i\leqslant n}|x_i^{(1)} - x_i^{(0)}| < \varepsilon$,则输出 $\boldsymbol{x}^{(1)}$,算法结束;否则转 Step 4。

Step 4:若 $k<N$,$k=k+1$,$\boldsymbol{x}^{(0)}=\boldsymbol{x}^{(1)}$,转 Step 2;否则输出迭代失败信息,算法结束。

3. 程序实现

<table>
<tr><td>输入:系数矩阵 A 及右端项 b—— 主程序 JGSmain. m 第 4,5 行;
初始向量 x0—— 主程序 JGSmain. m 第 7 行;
最大迭代次数 N_{max}—— 主程序 JGSmain. m 第 8 行;
误差限 tol—— 主程序 JGSmain. m 第 9 行</td></tr>
<tr><td>输出:满足精度要求的近似解 xk 和迭代次数 niter 或者失败信息</td></tr>
</table>

主程序代码:JGSmain. m

```
1-  clc
2-  clear
3-  format long
4-  A = [4 2 1; 1 3 1; 1 1 4];
5-  b = [3; -1; 4];
6-  n = size(A,2);
7-  x0 = zeros(n,1);
8-  Nmax = 100;
9-  tol = 1e-6;
10- [xk, niter] = JGSsub(A, b, x0, tol, Nmax);
11- %[xk, niter] = JGSsub1(A, b, x0, tol, Nmax);
```

子程序代码:JGSsub. m

```
1-  function [x1, its] = JGSsub(A, b, x0, tol, N);
2-  n = size(A,1);
3-  its = 0;
4-  x1 = x0;
5-  for k = 1:N
6-       its = its + 1;
7-       for i = 1:n
8-            t1 = 0;
9-            for j = 1:i-1
10-                t1 = t1 + A(i,j) * x1(j);
11-           end
12-           t2 = 0;
13-           for j = i+1:n
14-                t2 = t2 + A(i,j) * x0(j);
15-           end
16-           x1(i) = (b(i) - t1 - t2)/A(i,i);
17-      end
18-      err = max(abs(x1 - x0));
19-      if(err < tol)
20-           fprintf('The iteration convergened. \n');
21-           break;
22-      end
23-      x0 = x1;
24- end
25- if(its == N)
26- fprintf('not convergent in max times. \n');
27- end
```

子程序代码:JGSsub. m

```
1-  function [x1, its] = JGSsub1(A,b,x0,tol,N);
2-  n = size(A,1);
3-  D = diag(diag(A));
4-  L = tril(A) - D;
5-  U = triu(A) - D;
6-  B =- inv(D+ L) * U;
7-  g = inv(D+ L) * b;
8-  its = 0;
9-  x0 = zeros(n,1);
10- its = 0;
11- for i = 1:N
12-     its = its + 1;
13-     x1 = B * x0 + g;
14-     err = norm((x1 - x0),inf);
15-     if(err < tol)
16-         fprintf('The iteration convergened. \n');
17-         break;
18-     end
19-     x0 = x1;
20-     if(its == N)
21-       fprintf('not convergent in max times. \n');
22-     end
23- end
```

【编程技巧 4.6】 在 JGS 方法中,前面已经算出的解向量的分量要进入后面分量的计算中,为此可以采用定义两个向量 x0,x1 来进行计算,x0 用于存储旧的向量,而 x1 用来进行动态迭代,式(4.36)中 $\sum_{j=1}^{i-1} a_{ij}x_j^{(k+1)}$ 用 x1 来计算,而 $\sum_{j=i+1}^{n} a_{ij}x_j^{(0)}$ 用 x0 计算,得到的新分量及时存储到 x1 中。见 JGSsub. m 第 10 行和第 14 行。

【编程技巧 4.7】 无论是雅可比方法还是 JGS 方法,还可以通过矩阵形式来进行编程计算,这样做的优点是很多矩阵和向量乘法可以并行,加快计算速度,但缺点也很明显,对于规模很大的矩阵,JGS 迭代法中矩阵求逆 $(\boldsymbol{D}+\boldsymbol{L})^{-1}$ 将比较耗时。子程序 JGSsub1. m 就是采用矩阵形式进行迭代计算的 JGS 法。

4. 数值算例

算例 4.7 用高斯-赛德尔迭代法求解以下线性方程组:

$$\begin{cases} 4x_1 + 2x_2 + x_3 = 3 \\ x_1 + 3x_2 + x_3 = -1 \\ x_1 + x_2 + 4x_3 = 4 \end{cases}$$

解 取 $\boldsymbol{x}^{(0)} = [0,0,0]^{\mathrm{T}}, \varepsilon = 1.0 \times 10^{-6}$,运行 JGSmain. m 得到的结果见表 4.2。

表 4.2　算例 4.7 的 JGS 迭代过程

k	$x_1^{(k)}$	$x_2^{(k)}$	$x_3^{(k)}$
0	0	0	0
1	0.750 000 000	−0.583 333 333	0.958 333 333
2	0.802 083 333	−0.920 138 889	1.029 513 889
⋮	⋮	⋮	⋮
9	0.999 999 533	−0.999 998 782	0.999 999 812
10	0.999 999 438	−0.999 999 750	1.000 000 078

在命令行窗口输入：

```
>> xk' ↵
ans =
        0.999999437937576     -0.999999750088564     1.000000078037747
>> niter
niter =
        10
```

取消 JGSmain. m 中第 11 行前面的注释号 %，让程序执行 JGSsub1. m，可以得到和上面 JGSsub. m 完全一样的结果。

对比验证：在算例 4.6 中，采用雅克比迭代法，通过 31 次迭代达到精度要求，而本例采用 JGS 迭代法，只用了 10 次迭代就能达到相同精度要求，说明对此算例 JGS 的收敛速度更快。

4.3.3　逐次超松弛迭代法

无论是雅可比方法还是 JGS 方法，在迭代过程中，每个分量 $x_i^{(k)}$ 收敛到相应解分量 x_i^* 的速度是不同的，故以 $\max|x_i^{(k+1)} - x_i^*| \leqslant \varepsilon$ 作为迭代收敛的判断标准，则起决定作用的是收敛最慢的那个分量。类似于非线性方程的迭代法加速，对线性方程组的迭代法也可以进行加速，最理想的方法是每个分量用不同的加速因子来达到最终整体收敛速度最佳，但这种方法构造起来十分困难，因此一般采用一个常数 $0 < \omega < 2$ 来对每个分量进行统一的加速。

1. 方法简介

基于 JGS 迭代法构造的加速方法被称为逐次超松弛方法（Successive Over Relaxation，SOR），其分量形式为

$$x_i^{(k+1)} = (1-\omega)x_i^{(k)} + \omega \frac{1}{a_{ii}}\left(b_i - \sum_{j=1}^{i-1} a_{ij}x_j^{(k+1)} - \sum_{j=i+1}^{n} a_{ij}x_j^{(k)}\right), \quad i = 1,2,\cdots,n \tag{4.38}$$

对比式(4.36)可以发现，式(4.38)中右端第二项就是 JGS 计算得到的 $\hat{x}_i^{(k+1)}$ 与 ω 的乘积，而最终 $x_i^{(k+1)}$ 是前后两次计算结果 $x_i^{(k)}$ 和 $\hat{x}_i^{(k+1)}$ 的加权组合。故 SOR 方法可视为 JGS 方法的计算值 $x^{(k+1)}$ 与前一步近似解 $x^{(k)}$ 的一种加权组合。如果松弛因子 ω 选取得当，则 SOR 方法往往具有加速收敛的作用。当松弛因子 $\omega = 1$ 时，SOR 退化为 JGS 迭代法。

SOR 方法的矩阵形式为

$$x^{(k+1)} = (1-\omega)x^{(k)} + \omega D^{-1}(b - Lx^{(k+1)} - Ux^{(k)}) \tag{4.39}$$

整理为简单迭代法格式为

$$x^{(k+1)} = B_\omega x^{(k)} + \omega(D+\omega L)^{-1}b \tag{4.40}$$

其中，$B_\omega = (D+\omega L)^{-1}[(1-\omega)D - \omega U]$ 被称为 SOR 方法的迭代矩阵。该方法的收敛性可以用矩阵 B_ω 是否满足充要条件 $\rho(B_\omega) < 1$ 或充分条件 $\|B_\omega\| < 1$ 来判定。对于特殊矩阵有如下一些更容易判断收敛性的准则：

(1) 矩阵 A 对称正定且 $0 < \omega < 2$，则 SOR 方法对任意初始向量 $x^{(0)}$ 收敛。

(2) 矩阵 A 严格对角占优且 $0 < \omega \leqslant 1$，则 SOR 方法对任意初始向量 $x^{(0)}$ 收敛。

将式(4.38)中右端第一项中的 $\omega x_i^{(k)}$ 合并到第二项，则有

$$x_i^{(k+1)} = x_i^{(k)} + \frac{\omega}{a_{ii}}\left(b_i - \sum_{j=1}^{i-1} a_{ij}x_j^{(k+1)} - \sum_{j=i}^{n} a_{ij}x_j^{(k)}\right), \quad i = 1,2,\cdots,n \tag{4.41}$$

根据 $Ax = b$，可知式(4.41)右端第二项括号内的计算结果为当前迭代的残差向量 $r^{(k)} = b - Ax^{(k)}$，整个式子相当于将当前残差向量 $r^{(k)}$ 乘以修正因子 ωD^{-1}，补偿到 $x^{(k)}$ 中，即 $x^{(k+1)} = x^{(k)} + \omega D^{-1} r^{(k)}$，$k = 0,1,\cdots$。这是从误差修正的角度对 SOR 方法的理解，也是这个方法名称的由来。

SOR 方法的一个关键问题是如何在收敛的 ω 范围内，选择最优的 ω_{opt} 使得整个迭代计算收敛速度最快。对于该问题，目前尚缺乏统一理论指导，实际中往往采用选用多个 ω 试算后进行比较的方法来确定较优的松弛因子。

2. 算法设计

算法 8　SOR 迭代法算法。

输入数据：方程组系数矩阵 A，右端项 b，初始向量 $x^{(0)}$，误差限 ε，松弛因子 ω，最大迭代次数 N_{max}。

输出数据：方程组的解向量 x 和迭代次数 niter 或失败信息。

计算过程：

Step 1：令 $k = 1$，给 $x^{(0)}$ 赋初值，定义零向量 $x^{(1)}$。

Step 2：对 $i = 1,2,\cdots,n$ 依次计算。

$$x_i^{(k+1)} = (1-\omega)x_i^{(k)} + \omega\frac{1}{a_{ii}}\left(b_i - \sum_{j=1}^{i-1} a_{ij}x_j^{(k+1)} - \sum_{j=i+1}^{n} a_{ij}x_j^{(k)}\right)$$

Step 3：如果 $\max\limits_{1\leqslant i\leqslant n}|x_i^{(1)} - x_i^{(0)}| < \varepsilon$，则输出 $x^{(1)}$，算法结束；否则转 Step 4。

Step 4：若 $k < N_{max}$，$k = k+1$，$x^{(0)} = x^{(1)}$，转 Step 2；否则输出迭代失败信息，算法结束。

3. 程序实现

输入：系数矩阵 A 及右端项 b—— 主程序 SORmain.m 第 4,5 行； 初始向量 x0—— 主程序 SORmain.m 第 7 行； 最大迭代次数 N_{max}—— 主程序 SORmain.m 第 6 行； 误差限 eps—— 主程序 SORmain.m 第 10 行
输出：满足精度要求的近似解 xk 和迭代次数或者失败信息

主程序代码:SORmain. m

```
1-  clc
2-  clear all
3-  format long
4-  A = [4 2 1; 1 3 1; 1 1 4];
5-  b = [3; -1; 4];
6-  n = size(A,2);
7-  x0 = zeros(n,1);
8-  Nmax = 100;
9-  w = 0.6;
10- eps = 1e-6;
11- [xk,niter] = SORsub(A,b,x0,w,eps,Nmax)
```

子程序代码:SORsub. m

```
1-  function [x1, its] = SORsub(A, b, x0, w, tol, N1)
2-  n = size(A,2);
3-  xi = zeros(N1+1,n);
4-  xi(1,:) = x0';
5-  its = 0;
6-  x1 = x0;
7-  for k = 1:N1
8-      its = its+1;
9-      for i = 1:n
10-         t1 = 0;
11-         for j = 1:i-1
12-             t1 = t1 + A(i,j) * x1(j);
13-         end
14-         t2 = 0;
15-         for j = i+1:n
16-             t2 = t2 + A(i,j) * x0(j);
17-         end
18-         x1(i) = (1 - w) * x0(i) + w * (b(i) - t1 - t2)/A(i,i);
19-     end
20-     xi(its+1,:) = x1';
21-     err = max(abs(x1 - x0));
22-     if(err < tol)
23-         fprintf('The iteration convergened. \n');
24-         break;
25-     end
26-     x0 = x1;
27- end
28- if(its == N1)
29-   fprintf('not convergent in max times. \n');
30- end
```

```
31-  xexact = A\b;
32-    title('the components convergent curves with \omega')
33-  hold on;
34-    xx = [1:its+1]';
35-    yy = xi - ones(size(xi,1),1) * xexact';
36-  plot(xx,yy(1:its+1,1:n));
37-  grid on;
38-  legend('x1','x2','x3')]
```

【编程技巧 4.8】 考虑到 SOR 算法基于 JGS 算法，因此 SORsub.m 的算法流程完全类似于 JGSsub.m 的算法流程，只需要改变 JGSsub.m 中第 16 行即可，不需要重新进行编程。

4. 数值算例

算例 4.8　用 SOR 迭代法求解以下线性方程组：

$$\begin{cases}4x_1+2x_2+x_3=3\\x_1+3x_2+x_3=-1\\x_1+x_2+4x_3=4\end{cases}$$

解　取 $\boldsymbol{x}^{(0)}=[0,0,0]^{\mathrm{T}}$，$\varepsilon=1.0\times10^{-6}$，$\omega=0.6$，运行 SORmain.m 得到

在命令行窗口输入：

```
>> xk' ↵
ans =
    0.999999017485433   -0.999999712766129   1.000000362552318
>> niter
niter =
    26
```

程序 SORsub.m 中第 32 到 38 行的功能是绘制各个分量的收敛情况，从图 4.2 中看出，变量 x_3 的收敛速度明显快于其他两个变量 x_1，x_2。

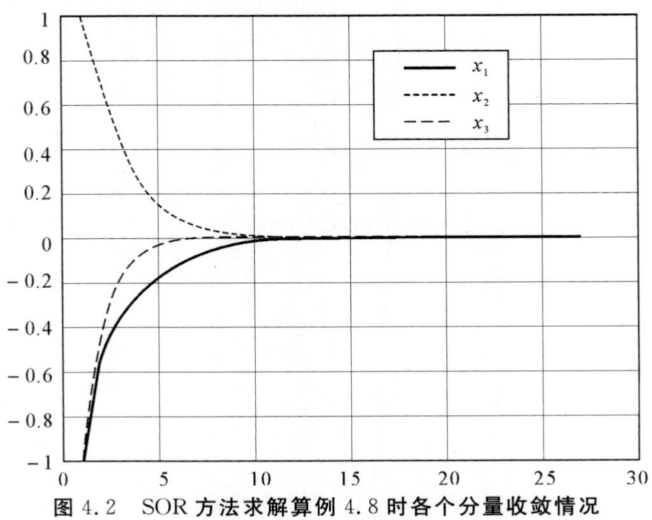

图 4.2　SOR 方法求解算例 4.8 时各个分量收敛情况

本章习题

1. 对算例4.6，取 $\boldsymbol{x}^{(0)}=[0,0,0]^{\mathrm{T}}$，$\varepsilon=1.0\times10^{-6}$。采用矩阵形式雅克比迭代法编程计算出满足精度要求的近似解和迭代次数，并和分量形式编程的结果进行对比保证程序的正确性。

2. 用高斯亚当消元法编程求解下面的非齐次线性方程组，高斯亚当消去法是指通过消去法将方程组系数矩阵化为对角矩阵然后进行回代的方法。

$$\begin{cases}x_1-x_2+x_3-3x_4=1\\-x_2-x_3+x_4=0\\2x_1-2x_2-4x_3+6x_4=-1\\x_1-2x_2-4x_3+x_4=-1\end{cases}$$

3. 对算例 4.8，取 $\boldsymbol{x}^{(0)}=[0,0,0]^{\mathrm{T}}$，$\varepsilon=1.0\times10^{-6}$。采用矩阵形式 SOR 迭代法编程计算出满足精度要求的近似解和迭代次数，并和分量形式编程的结果进行对比来保证算法的正确性。

4. 用 SOR 方法求解下列五对角方程组，取 $\boldsymbol{x}^{(0)}=[0,0,\cdots,0]^{\mathrm{T}}$，$\varepsilon=1.0\times10^{-6}$ 松弛因子 ω 分别取为 0.2、0.6、1.0、1.4、1.8，比较不同松弛因子下迭代次数的差异，用命令 subplot 绘制各个分量的收敛图。

$$\begin{bmatrix}4&-2&1&&&\\-2&4&-2&1&&\\1&-2&4&-2&1&\\&1&-2&4&-2&1\\&&1&-2&4&-2\\&&&1&-2&4\end{bmatrix}\begin{bmatrix}x_1\\x_2\\x_3\\x_4\\x_5\\x_6\end{bmatrix}=\begin{bmatrix}8\\-12\\18\\-22\\24\\-20\end{bmatrix}$$

5. 用 MATLAB 编程对矩阵 $\boldsymbol{A}$ 进行 Crout 分解：

$$\boldsymbol{A}=\begin{bmatrix}1&0&2&0&1&-1\\0&1&0&1&2&0\\1&-1&3&0&2&4\\1&2&2&4&-2&0\\0&1&-1&0&3&1\\-1&2&0&1&2&-3\end{bmatrix}$$

第 5 章　函数近似的 MATLAB 求解

本章将介绍基于离散数据得到一个多项式函数来近似未知函数的两种方法的编程：函数插值和函数拟合，函数插值方法包括拉格朗日插值、牛顿插值、埃尔米特插值及分段低次插值。函数拟合方法包括方程组最小二乘法和曲线拟合。

5.1　函数插值

已知被插值函数 $f(x)$ 在插值区间 $[a, b]$ 上 $n+1$ 个互异节点 $\{x_i\}_{i=0}^n$ 处的函数值 $\{y_i\}_{i=0}^n$。若多项式数集合中函数 $\varphi(x)$ 满足条件

$$\varphi(x_i) = f(x_i), \quad i = 0,1,\cdots,n \tag{5.1}$$

则 $\varphi(x)$ 称为 $f(x)$ 在 Φ 中关于节点 $\{x_i\}_{i=0}^n$ 的一个插值多项式函数，式(5.1) 被称为拉格朗日型插值条件。

如果还知道 $s(s \leqslant n+1)$ 个点上的一阶导数值(甚至高阶导数值)，要求插值多项式函数 $\varphi(x)$ 不仅仅满足式(5.1) 且满足下面的导数插值条件

$$\varphi'(x_i) = f'(x_i), \quad i = i_1, i_2, \cdots, i_s \tag{5.2}$$

则称式(5.2) 为埃尔米特型插值条件。

求解拉格朗日型插值多项式的方法主要有拉格朗日插值法、牛顿插值法，而求解埃尔米特型插值多项式的方法有埃尔米特插值法。

当节点很多时，如果直接采用高次多项式插值可能出现 Runge 现象，因此实际计算中，往往采用分段低次插值方法。每段上采用线性或者二次插值，然后将它们拼接起来得到一个整体连续但导函数不连续的函数。碍于该函数光滑性不高，可以结合已知的导数值或者导数在内部节点上连续条件分别构造分段埃尔米特插值或者分段三次样条插值。下面就对这些方法的编程实现进行介绍。

5.1.1　拉格朗日插值法

1. 方法简介

将经过 $n+1$ 个点 $\{(x_i, y_i)\}_{i=0}^n$ 的 n 次拉格朗日插值多项式表示为

$$L_n(x) = l_0(x)y_0 + l_1(x)y_1 + l_2(x)y_2 + \cdots + l_n(x)y_n = \sum_{i=0}^n l_i(x)y_i \tag{5.3}$$

其中，$\{l_i(x)\}_{i=0}^{n}$ 为关于节点组 $\{x_i\}_{i=0}^{n}$ 的一组拉格朗日插值基函数。基函数 $l_i(x)$ 的具体表达式为

$$l_i(x)=\frac{(x-x_0)(x-x_1)\cdots(x-x_{i-1})(x-x_{i+1})\cdots(x-x_n)}{(x_i-x_0)(x_i-x_1)\cdots(x_i-x_{i-1})(x_i-x_{i+1})\cdots(x_i-x_n)} \tag{5.4}$$

容易验证基函数 $l_i(x)$ 满足条件：

$$l_i(x_j)=\begin{cases}1, & j=i\\0, & 0\leqslant j\leqslant n, j\neq i\end{cases} \tag{5.5}$$

进一步可验证它们组合得到的 $L_n(x)$ 满足插值条件式（5.2）。

2.算法设计

拉格朗日插值法可以用来求解非插值节点 $\bar{x}\in[a,b]$ 且 $\bar{x}\neq x_i$ 处的函数值 $f(\bar{x})$ 的近似值 $L_n(\bar{x})$。求解时，无论节点 $\{x_i\}_{i=0}^{n}$ 还是 $\bar{x}$，甚至 $l_i(\bar{x})$ 都是数值，因此求解过程仅仅涉及数值基本运算。

算法 1　$\bar{x}$ 处拉格朗日插值算法。

输入数据：$\{x_i,y_i\}:=\{\mathrm{xi},\mathrm{yi}\}$ 和 $\bar{x}:=\mathrm{xc}$。

输出数据：$L_n(\bar{x}):=\mathrm{yc}$。

计算过程：

Step 1：输出值 yc 置零，即 $\mathrm{yc}=0$；

Step 2：计算 $n+1$ 个拉格朗日基函数值 $l_i(\bar{x}):=\mathrm{li}(i)$

从表达式(5.4)看出节点 x_i 上基函数 $l_i(\bar{x})$ 是通过 n 个因子$\dfrac{\bar{x}-x_j}{x_i-x_j}(j\neq i,j=1,2,\cdots,n+1)$ 连乘得到的，故先将 $l_i(\bar{x})$ 置1后进行循环相乘，就得到 $l_i(\bar{x})$ 的值，对 i 从1到 $n+1$ 循环就能得到所有的基函数值。

Step 3：由式(5.3)可知，$L_n(\bar{x})$ 是由 $l_i(\bar{x})$ 和函数值 y_i 组合得到的。因此对 $L_n(\bar{x})$ 置零后循环相加因子 $l_i(\bar{x})\times y_i$ 就得到最终结果 yc。

算法 2　求拉格朗日插值多项式算法。

除了数值计算，MATLAB具有一定的符号运算功能。此处利用MATLAB符号运算来得到拉格朗日插值多项式显式表达式。

与算法1相比，此处唯一的不同是利用命令syms定义符号变量 x，Ln，然后分别替代 xc 和 yc，然后进行和算法1完全一样的计算。

输入数据：$\{x_i,y_i\}:=\{\mathrm{xi},\mathrm{yi}\}$ 和符号变量 x。

输出数据：多项式 $L_n(x):=\mathrm{Ln}$。

计算过程：

Step 1：定义符号变量 x 和 L_n，将 L_n 置零；

Step 2：定义一个符号变量 li 用来存储拉格朗日基函数 $l_i(x)$，对 i 从1到 $n+1$ 循环，首先计算 $l_i(x)$ 表达式，具体地，先将 $l_i(x)$ 置1后循环相乘$\dfrac{x-x_j}{x_i-x_j}$，下标 j 从1到 $n+1$ 循环且 $j\neq$

i，就得到 $l_i(x)$ 的表达式，然后将 $l_i(x)$ 和函数值 y_i 的乘积存储到 L_n，循环结束，得到最终多项式 $L_n(x):=L_n$。

3. 程序实现

算法 1 的 MATLAB 程序(Lagrange Interpolation)：

输入：插值节点 xi 和函数值 yi—— 主程序 LImain. m 第 2,3 行；
待求近似值的插值点 xc—— 主程序 LImain. m 第 4 行

输出：点 xc 上的近似值 yc—— 主程序 LImain. m 第 5 行

主程序代码：LImain. m

```
1-  clc; clear;
2-  xi = [1,4,9];
3-  yi = [1,2,3];
4-  xc = 7;
5-  yc = LIsub1(xi,yi,xc)
6-  syms x
7-  syms Ln
8-  Ln = LIsub2(xi,yi,x)
```

子程序代码：LI1sub1. m

```
1-  function yc = LIsub1(xi,yi,xc)
2-  np = size(xi,2);
3-  %step1
4-  yc = 0;
5-  %step2
6-  li = ones(1,np);
7-  for i = 1:np
8-  for j = 1:np
9-      if j ~= i
10-     li(i) = li(i) * (xc - xi(j))/(xi(i) - xi(j));
11-     end
12- end
13- end
14- %step3
15- for i = 1:np
16-     yc = yc + li(i) * yi(i);
17- end
18- end
```

算法 2 的 MATLAB 程序(与算法 1 共用主程序)：

输入：插值节点 xi 和函数值 yi—— 主程序 LImain. m 第 2,3 行；
自变量 x—— 主程序 LImain. m 第 6 行

输出：Lagrange 多项式 Ln———— 主程序 LImain. m 第 8 行

子程序代码:LIsub2.m

```
1-   function Ln = LIsub2(xi,yi,x)
2-   np = size(xi,2);
3-   %step1
4-   syms x;
5-   syms li;
6-   syms Ln; Ln = 0;
7-   %step2
8-   for i = 1:np
9-       li = 1;
10-      for j = 1:np
11-        if j ~= i
12-        li = li * (x - xi(j))/(xi(i) - xi(j));
13-        end
14-      end
15-      Ln = Ln + li * yi(i);
16-  end
17-  Ln = simplify(Ln);
```

【编程技巧5.1】 算法2中为了避免存储基函数 $n+1$ 个基函数 $l_i(x)$,只用一个字符变量li来存储第 i 次循环的 $l_i(x)$,并及时将 $l_i(x)y_i$ 累加到 $L_n(x)$,见子程序LIsub2.m中第5行和第16行。

【易错之处5.1】 累加的数据变量或者符号变量不进行清零,累乘的数据变量或者符号变量不置1,这种情况下,软件系统会随机赋值一个数或者变量到相应变量,存在计算错误风险。

4. 数值算例

算例5.1 基于插值节点 $x_i=[1,4,9]$ 及相应函数值 $y_i=[1,2,3]$ 构造2次拉格朗日插值多项式来近似函数 $y=\sqrt{x}$,需要编程求解以下问题:

(1) 用2次拉格朗日插值多项式计算 $\sqrt{7}$ 的近似值。

(2) 求出2次拉格朗日插值多项式的表达式。

解 运行程序LImain.m,得到

```
yc = 2.7000
Ln = ((x/3 - 4/3) * (x - 9))/8 - (2 * (x/3 - 1/3) * (x - 9))/5 + (3 * (x/8 - 1/8) * (x - 4))/5
```

得到的多项式Ln的表达式是没有经过化简的多项式形式,如果输入命令simplify对Ln进行化简,其调用格式为

```
>> SLn = simplify(Ln)
```

得到

```
SLn =- x^2/60 + (5 * x)/12 + 3/5。
```

对比验证:命令polyfit直接用来得到拟合(插值) 多项式,其调用格式为

```
>> polyfit(xi,yi,k)
```

其中 xi,yi 为 n 个插值节点及相应函数值,k 为待拟合多项式次数,当 k 的值取为 n-1 时,该命令就进行多项式插值,k < n - 1 该命令就进行多项式拟合。

窗口输入

```
>> tp = polyfit(xi,yi,length(xi) - 1)
```

得到

```
tp =    -0.0167     0.4167     0.6000
```

上述所列结果仅仅是 2 次插值多项式的系数数组(按次数从高到低排列),其表示多项式 $y = -0.0167x^2 + 0.4167x + 0.6$,对比发现 yp 是 Ln 的化简结果 SLn 的所有系数的小数形式,系数相等表明程序 LIsub2. m 求出的多项式是正确的。最后用命令polyval对多项式 tp 在 xc 处求值,其调用格式为

```
>> polyval(tp,xc)
```

得到

```
ans = 2.7000
```

至此,说明程序 LIsub1. m 求出的$\sqrt{7}$ 的近似值 2.7 是正确的。

【编程技巧 5.2】 程序中为了查询行或者列向量 $\boldsymbol{x}_i$ 的节点个数 np,可以用命令length(xi) 或者命令size(xi,2) 来查询,前者对列向量或者行向量都可以使用,而 size(xi,1) 用来查询向量 xi 的行数,size(xi,2) 查询向量 xi 的的列数。

5.1.2 牛顿插值法

1. 方法简介

不同于拉格朗日插值法以 $l_i(x), i = 0,1,2,\cdots,n$ 为插值基函数,牛顿插值法是以牛顿基函数 $n_i(\bar{x})$,即 $1, x - x_0, (x - x_0)(x - x_1), \cdots, (x - x_0)(x - x_1)\cdots(x - x_{k-1})$ 作为插值基函数的一种插值方法。过 $n + 1$ 个互异节点的牛顿插值多项式为

$$N_n(x) = f[x_0] + f[x_0, x_1](x - x_0) + \cdots + f[x_0, x_1, \cdots x_n](x - x_0)\cdots(x - x_{n-1}) \tag{5.6}$$

式中,插值系数恰好是各阶差商,$f(x)$ 关于节点 $x_i, x_{i+1}, \cdots, x_{i+k}$ 的 k 阶差商是两个 $k - 1$ 阶差商的差商,具体表达式为

$$f[x_i, x_{i+1}, \cdots, x_{i+k}] = \frac{f[x_{i+1}, x_{i+2}, \cdots, x_{i+k}] - f[x_i, x_{i+1}, \cdots, x_{i+k-1}]}{x_{i+k} - x_i} \tag{5.7}$$

特别规定 $f(x)$ 在点 x_i 上的函数值 $f(x_i)$ 是点 x_i 处的零阶差商,记为 $f[x_i]$。在实际计算中,常采用表 5.1 所示差商表来计算各阶差商。

2. 算法设计

牛顿插值法可以用来求解非插值节点 $\bar{x} \in [a,b]$ 且 $\bar{x} \neq x_i$ 处的函数值 $f(\bar{x})$ 的近似值

$N_n(\bar{x})$，根据式(5.6)首先要计算各阶差商值，得到差商表 5.1 中用方框括起来那些差商值。

表 5.1　差商表

x	$f(x)$	一阶差商	二阶差商	三阶差商	…
x_0	$\boxed{f(x_0)}$				
x_1	$f(x_1)$	$\boxed{f[x_0,x_1]}$			
x_2	$f(x_2)$	$f[x_1,x_2]$	$\boxed{f[x_0,x_1,x_2]}$		
x_3	$f(x_3)$	$f[x_2,x_3]$	$f[x_0,x_1,x_2]$	$\boxed{f[x_0,x_1,x_2,x_3]}$	
…	…	…	…	…	…

算法 3　$\bar{x}$ 处牛顿插值算法。

输入数据：$\{x_i, y_i\}:=\{\mathrm{xi},\mathrm{yi}\}$ 和 $\bar{x}:=\mathrm{xc}$。

输出数据：$N_n(\bar{x}):=\mathrm{yc}$。

计算过程：

Step 1：输出值 yc 置零，即 $\mathrm{yc}=0$；

Step 2：计算 $n+1$ 个基函数值 $n_i(\bar{x}):=\mathrm{ni(i)}$

从式(5.6)看出牛顿基函数 $n_i(\bar{x})$ 是通过 i 个因子 $\bar{x}-x_j(j=1,2,\cdots,i-1)$ 连乘得到的，故先将 $n_i(\bar{x})$ 置 1 后进行循环相乘，就得到 $n_i(\bar{x})$ 的值，对 i 从 1 到 $n+1$ 循环就能得到所有的基函数值 $n_i(\bar{x}):=\mathrm{ni(i)}$。

Step 3：由表 5.1 可知，虽然系数 $f[x_0],f[x_0,x_1],\cdots,f[x_0,x_1,x_2,\cdots,x_{n-1}]$ 在表的对角线上，但计算中需要计算下三角形部分所有差商，因此采用一个 $n\times n$ 的二维矩阵 dq 的下三角部分来存储所有差商值。计算 0 阶到 n 阶差商的方法：将函数值存储到矩阵 dq 的第 1 列，对 i 从 2 到 n 循环，对 j 从 i 到 n 循环，利用公式

$$\mathrm{d}q(i,j)=\frac{\mathrm{d}q(i,j-1)-\mathrm{d}q(i-1,j-1)}{x_i(i)-x_i(i-j+1)}$$

计算差商表中各阶差商。

Step 4：由式(5.6)可知，$\mathrm{Nn}(\bar{\mathrm{x}})$ 是由 $\mathrm{n_i}(\bar{\mathrm{x}})$ 和矩阵 dq 对角线上元素 dq(i,i) 相乘再累加得到的。对 yc 循环相加因子 $\mathrm{n_i}(\bar{\mathrm{x}})\times\mathrm{dq(i,i)}$ 就得到最终结果。

定义符号变量 x 和 Nn 替代数值变量 xc 和 yc，并沿用与算法 1 相同计算流程相同就能得到牛顿插值多项式显式表达式。具体如下：

算法 4　求牛顿插值多项式算法。

输入数据：$\{x_i, y_i\}:=\{xi, yi\}$ 和符号变量 x。

输出数据：符号变量 $\mathrm{Nn(x)}:=\mathrm{Nn}$。

计算过程：

Step 1：输出变量 Nn 置零，即 $\mathrm{Nn}=0$；

Step 2：采用一个 $n\times n$ 的二维矩阵 dq 的下三角部分来存储各阶差商值。将函数值存储到

矩阵 dq 的第 1 列，外层对 i 从 2 到 n 循环，内层对 j 从 i 到 n 循环，利用公式

$$\mathrm{dq(i,j)} = \frac{\mathrm{dq(i,j-1) - dq(i-1,j-1)}}{\mathrm{xi(i) - xi(i-j+1)}}$$

计算差商表中各阶差商值。

Step 3：采用递推计算牛顿基函数 $n_i(x)$，定义符号变量 ni 并赋值 ni = 1，计算 Nn = Nn + ni × dq(1,1)；将 i 从 2 到 n 循环，计算 ni = ni × (x − xi(i − 1))，Nn = Nn + ni × dq(i,i)，循环结束就能得到牛顿插值多项式 $N_n(x)$：= Nn。

3. 程序实现

算法 3 的 MATLAB 程序(Newton Interpolation)：

输入：插值节点 xi 和函数值 yi—— 主程序 NImain. m 第 2,3 行；
待求近似值的插值点 xc—— 主程序 NImain. m 第 4 行

输出：点 xc 上的近似值 yc—— 主程序 NImain. m 第 5 行

主程序代码：NImain. m

```
1-   clc; clear;
2-   xi = [0,1,4,9];
3-   yi = [0,1,2,3];
4-   xc = 7;
5-   yc = NIsub1(xi,yi,xc)
6-   syms x
7-   syms Nn
8-   Nn = NIsub2(xi,yi,x)
```

子程序代码：NIsub1. m

```
1-   function yc = NIsub1(xi,yi,xc)
2-   np = length(xi);
3-   %step1
4-   yc = 0;
5-   %step2
6-   ni = ones(1,np);
7-   for i = 2:np
8-       for j = 1:i-1
9-           ni(i) = ni(i) * (xc - xi(j));
10-      end
11-  end
12-  %step3
13-  dq = zeros(np);
14-  dq(:,1) = yi';
15-     for j = 2:np
```

```
16-      for i = j:np
17-          dq(i,j) = (dq(i,j - 1) - dq(i - 1,j - 1))/(xi(i) - xi(i - j + 1));
18-      end
19-  end
20-  %step4
21-  for i = 1:np
22-      yc = yc + ni(i) * dq(i,i);
23-      end
24-  end
```

算法4的MATLAB程序(与算法3共用主程序)：

输入：插值节点 xi 和函数值 yi—— 主程序 NImain.m 第2,3行；
　　待求近似值的插值点 xc—— 主程序 NImain.m 第4行

输出：Newton 多项式 Nn—— 主程序 NImain.m 第8行

子程序代码：NIsub2.m

```
1-   function Nn = NIsub2(xi,yi,x)
2-   np = length(xi);
3-   %step1
4-   syms x;
5-   syms Nn;
6-   Nn = 0;
7-   %step2
8-   dq = zeros(np);
9-    dq(:,1) = yi';
10-   for j = 2:np
11-      for i = j:np
12-          dq(i,j) = (dq(i,j - 1) - dq(i - 1,j - 1))/(xi(i) - xi(i - j + 1));
13-   end
14-  end
15-  %step3
16-  syms ni;
17-  ni = 1;
18-  Nn = Nn + ni * dq(1,1);
19-  for i = 2:np
20-      ni = ni * (x - xi(i - 1));
21-      Nn = Nn + ni * dq(i,i);
22-      end
23-  Nn = simplify(Nn);
24-  end
```

【编程技巧5.3】 为了快速生成算法 $n_i(x)$，和算法3相比(NIsub1.m 中第7～11行)，算法4采用了递推算法 ni = ni×(x − xi(i − 1)) 且只用一个字符变量 ni 来存储第 i 个基函数 $n_i(x)$，见 NIsub2.m 中第5行。

4. 数值算例

算例5.2 基于插值节点 $\boldsymbol{x}_i=[0,1,4,9]$ 以及函数值 $\boldsymbol{y}_i=[0,1,2,3]$ 构造3次牛顿插值

多项式来近似函数 $y=\sqrt{x}$，需要编程求解以下问题：

(1) 用 3 次牛顿插值多项式计算$\sqrt{7}$ 的近似值。

(2) 求出 3 次牛顿插值多项式的表达式。

解 运行程序 NImain.m，得到

```
yc = 2.1000
Nn = x - (x*(x - 1))/6 + (x*(x - 1)*(x - 4))/60
```

输入命令simplify对 Nn 进行化简，其具体格式为

```
>> SNn = simplify(Nn)
```

得到

```
SNn = (x*(x^2 - 15*x + 74))/60。
```

对比验证：窗口输入命令polyfit直接得到插值多项式，其具体格式为

```
>> tp = polyfit(xi,yi,length(xi) - 1)
```

得到

```
tp =    0.0167   -0.2500    1.2333    0.0000
```

这些实数值分别是分数$\frac{1}{60}$，$-\frac{15}{60}$，$\frac{74}{60}$，0 的近似值，计算出的 Nn 和 MATLAB 命令得到的多项式一致，验证了程序的正确性。鉴于过相同节点的拉格朗日多项式和牛顿多项式相同，这里也可以用前面编写的 LImain.m 来检验 NImain.m 的正确性，只要两个主程序的输入数据一致即可进行对比。

通过算例 5.1 的 2 次拉格朗日插值算出了$\sqrt{7}\approx 2.7$，而通过算例 5.2 的 3 次牛顿插值多项式算出了$\sqrt{7}\approx 2.1$，哪种结果更好呢？

输入 MATLAB 自带命令sqrt来得到精度很高的结果（可视为精确值），具体格式为

```
>> sqrt(7) ↵
ans = 2.6458
```

对比看出 2 次多项式的近似解竟然比 3 次多项式的近似解更接近精确解，图 5.1 分别绘制了算法 1 得到的 2 次多项式 SLn 和算法 2 得到的 3 次多项式 SNn，其中 $SLn=-\frac{1}{60}x^2+\frac{5}{12}x+\frac{3}{5}$，$SNn=\frac{1}{60}x^3-\frac{1}{4}x^2+\frac{37}{30}x$。可见用插值多项式近似 $y=\sqrt{x}$ 时，基于节点 $x_i=[1,4,9]$ 得到的 2 次多项式整体近似效果优于基于节点 $\boldsymbol{x}_i=[0,1,4,9]$ 得到的 3 次多项式，其原因在于 $y=\sqrt{x}$ 和抛物线有天然相似性，故用 2 次多项式进行插值是更好的选择。

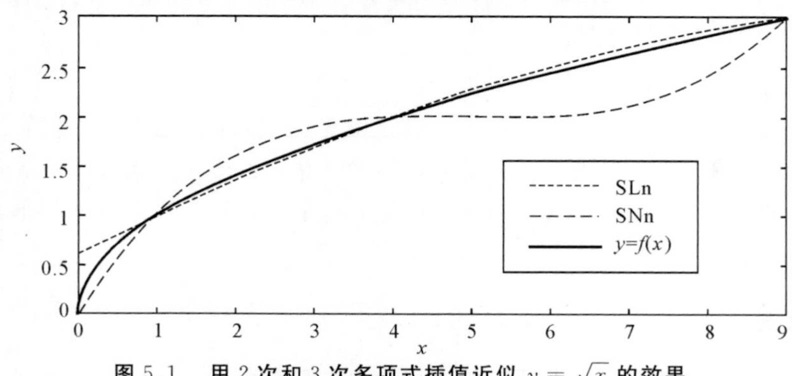

图 5.1 用 2 次和 3 次多项式插值近似 $y=\sqrt{x}$ 的效果

5.1.3　分段低次插值

1. 方法简介

用多项式近似未知函数时，多项式的次数会随着插值节点的增加而增加。在试验中，试验次数的增加意味着采样点及测量值增多，自然会增加对规律的反映程度，而在数值计算中，是不是也意味着插值节点越多，插值多项式就对规律的近似程度越好？答案不是完全肯定的，1901 年，Carl Runge 发表了关于高次多项式插值风险的研究结果，给出一个简单的函数 $y = \frac{1}{1+25x^2}$，在固定区间上对其进行插值，当插值点数不断增多时，区间两端会产生激烈的振荡，出现插值函数不收敛的现象，这种现象被称为 Runge 现象，上述函数被称为 Runge 函数。

克服可能出现 Runge 现象最有用的方法是分段低次插值。设在区间$[a,b]$上有 $n+1$ 个点 $a = x_0 < x_1 < \cdots < x_n = b$，被插值函数 $f(x)$ 在每个点上的函数值分别为 $y_i = f(x_i)$ $(i = 0,1,\cdots,n)$。分段线性插值就是在每个区间$[x_{i-1},x_i]$ $(i = 1,2,\cdots n)$ 上做线性插值，最终得到一个整体连续的分段线性函数 $g_1(x)$，对 $\forall x \in [x_{i-1},x_i]$

$$g_1(x) = \frac{x-x_i}{x_{i-1}-x_i}y_{i-1} + \frac{x-x_{i-1}}{x_i-x_{i-1}}y_i \tag{5.8}$$

类似地，如果 n 为偶数，在区间 $\forall x \in [x_{2i},x_{2i+2}]$ $(i = 0,1,\cdots,\frac{n}{2}-1)$ 上，分段二次插值函数 $g_2(x)$ 的表达式为

$$\begin{aligned} g_2(x) = &\frac{(x-x_{2i+1})(x-x_{2i+2})}{(x_{2i}-x_{2i+1})(x_{2i}-x_{2i+2})}y_{2i} + \frac{(x-x_{2i})(x-x_{2i+2})}{(x_{2i+1}-x_{2i})(x_{2i+1}-x_{2i+2})}y_{2i+1} + \\ &\frac{(x-x_{2i})(x-x_{2i+1})}{(x_{2i+2}-x_{2i})(x_{2i+2}-x_{2i+1})}y_{2i+2} \end{aligned} \tag{5.9}$$

2. 算法设计

算法 5　Runge 现象算法。

输入数据：区间端点 a,b 和插值区间等份数向量 $\boldsymbol{n} = [n_1,n_2,\cdots,n_k]$；被插值函数 $f(x)$。

输出数据：k 个多项式表达式及图像。

计算过程：

Step 1：计算需要进行插值多项式的个数 k = length(n)；

Step 2：对 i 从 1 到 k 循环，首先生成等距插值节点 $\{x_j,y_j\}_{j=1}^{n_i}$，然后调用前面的算法 2 或者算法 4 计算插值多项式的表达式。

Step 3：将 k 个多项式的系数格式输出到文件 polys.txt 并绘制出它们的图像和被插值函数 $f(x)$ 的图像。

【编程技巧 5.4】　上述计算得到的多项式属于字符型变量，且系数全部为分数，用命令 vpa 可将分数化为小数（子程序 RPsub1.m 第 23 行）。为了格式输出多项式的系数到 txt 文件，需要用命令 sym2poly 先将字符型多项式转化为数据型多项式格式（子程序 RPsub1.m 第 24 行）。

算法 6　分段低次插值算法。

输入数据：区间端点 a,b 和插值区间等份数 n；被插值函数 $f(x)$。

输出数据：n 个区间的线性或者二次（n 为偶数）多项式表达式及图像。

计算过程：

Step 1：定义用来存储 n 个区间上线性多项式的矩阵 $g_1(x):=\mathrm{g1}(\mathrm{n},2)$ 或者二次多项式的矩阵 $g_2(x):=\mathrm{g2}\left(\frac{\mathrm{n}}{2},3\right)$，并将它们置零；

Step 2：首先生成等距插值节点 $\{x_j,y_j\}_{j=0}^{n}$，对 i 从 1 到 n 循环，利用式(5.8) 和式(5.9) 计算插值多项式的表达式并将系数数组存储在相应矩阵中；

Step 3：将 n 个多项式的系数数组格式输出到文件 piecepolys. txt 并绘制出它们的图像和被插值函数 $f(x)$ 的图像。

3. 程序实现

算法 5 的 MATLAB 程序(Runge Phenomenon)：

输入：区间端点 a 和 b—— 主程序 RPmain. m 第 2 行；
　　多项式次数向量 nd—— 主程序 RPmain. m 第 3 行；
　　被插值函数 $y=f(x)$—— 子程序 myfun. m 第 2 行

输出：各个插值多项式的显式表达式，各个插值多项式和被插值函数的图像

主程序代码：RPmain. m

```
1-  clc; clear;
2-  a =- 1; b = 1;
3-  nd = [3,5,10];
4-  mf = @myfun;
5-  RPsub1(a,b,nd,mf)
```

子程序代码：myfun. m

```
1-  function f = myfun(x)
2-    f = 1./(1 + 25 * x.^2);
3-  end
```

子程序代码：RPsub1. m

```
1-  function RPsub1(ah,bh,nh,fh)
2-  format short
3-  %step1
4-  nd = length(nh);
5-  syms x;
6-  syms tp;
7-  pn = cell(nd,1);
8-  %step2
9-  for i = 1:nd
10-     h = (bh - ah)/nh(i);
11-     xi = ah:h:bh;
12-     yi = fh(xi);
```

```
13-     pn{i} = LIsub2(xi,yi,x);
14-  end
15-  %step3
16-  fid = fopen('polys.txt','wt');
17-     xx = ah:0.01:bh;
18-  for i = 1:nd
19-     tp = pn{i};
20-     yy = subs(tp,'x',xx);
21-     plot(xx,yy,'b');
22-       hold on;
23        tp = vpa(tp);
24-     tp = sym2poly(tp);
25-     fprintf(fid,repmat('%10.4f ',1,nh(i)),tp);
26-     fprintf(fid,'\n');
27-  end
28-  fclose(fid);
29-  plot(xx,fh(xx),'r');
30-  grid on;
31-  end
```

子程序代码：LIsub2.m 见算法 2(131 页)

算法 6 的 MATLAB 程序(Piecewise Interpolation)：

输入：区间端点 a 和 b—— 主程序 PImain.m 第 2 行；
　　分的子区间个数 n_i—— 主程序 PImain.m 第 3 行；
　　被插值函数 $y=f(x)$—— 子程序 myfun.m 第 2 行

输出：各个区间线性或者二次插值多项式的表达式，分段线性插值多项式、分段二次插值多项式和被插值函数的图像

主程序代码：PImain.m

```
1-  clc; clear;
2-  a =-1; b = 1;
3-  ni = 10;
4-  mf = @myfun;
5-  PIsub1(a,b,ni,mf)
```

子程序代码：myfun.m（与算法 5 中的子程序一致）

子程序代码：PIsub1.m

```
1-  function PIsub1(ah,bh,nh,fh)
2-  %step1
3-  if mod(nh,2) ~= 0
4-       disp('the subinterval number ni is not a even number instead of ni+1');
5-       nh = nh+1;
6-  end
7-  g1 = zeros(nh,2);
8-  g2 = zeros(nh/2,3);
9-  %step2
```

```
10-  h = (bh - ah)/nh;
11-  xi = ah:h:bh;
12-  yi = fh(xi);
13-  syms x
14-  syms y
15-  for i = 1:nh
16-      y = yi(i) * (x - xi(i+1))/(-h) + yi(i+1) * (x - xi(i))/h;
17-      tp = sym2poly(y);
18-      g1(i,:) = tp;
19-  end
20-  for j = 1:nh/2
21-      y = 0;
22-      y = yi(2*j-1) * (x - xi(2*j)) * (x - xi(2*j+1))/(2*h^2);
23       y = y + yi(2*j) * (x - xi(2*j-1)) * (x - xi(2*j+1))/(-h^2);
24-      y = y + yi(2*j+1) * (x - xi(2*j-1)) * (x - xi(2*j))/(2*h^2);
25-      tp = sym2poly(y);
26-      g2(j,:) = tp;
27-  end
28-  %step3
29-  fid = fopen('piecepolys.txt','wt');
30-  fprintf(fid,'%36s \n','piecewise linear interpolation');
31-  fprintf(fid,repmat('%12s',1,4),'xi(i)','xi(i+1)','a1(i)','a0(i)');
32-  fprintf(fid,'\n');
33-  for i = 1:nh
34-  fprintf(fid,repmat('%12.6f ',1,4),xi(i),xi(i+1),g1(i,1),g1(i,2));
35-  fprintf(fid,'\n');
36-  end
37-  fprintf(fid,'%48s \n','Piecewise quadratic interpolation');
38-  fprintf(fid,repmat('%12s',1,5),'xi(i)','xi(i+1)','a2(i)','a1(i)','a0(i)');
39-  fprintf(fid,'\n');
40-  for j = 1:nh/2
41-  fprintf(fid,repmat('%12.6f ',1,4),xi(2*j-1),xi(2*j+1),g2(j,1),g2(j,2),g2(j,3));
42-  fprintf(fid,'\n');
43-
44-  h = 0.01;
45-    for i = 1:nh
46-        xx = xi(i):h:xi(i+1);
47-        yy = g1(i,1) * xx + g1(i,2);
48-        plot(xx,yy,'r-');
49-        hold on
50-    end
51-    for j = 1:nh/2
52-        xx = xi(2*j-1):0.01:xi(2*j+1);
53-        yy = g2(j,1) * xx.^2 + g2(j,2) * xx + g2(j,3);
54-        plot(xx,yy,'k:');
55-        hold on
56-    end
57-   hold off;
58-   end
```

【编程技巧 5.5】 在绘制分段插值多项式图像时，为了把多个线段绘制到同一个区间采用命令hold on和命令hold off(子程序 PIsub1.m 第 49 行和 57 行)。该命令既可以绘制多个定义域相同的函数到一个图像，也可以绘制定义域不同的函数到同一个图像。另外上述程序用了描点绘制曲线的办法，如果已知区间[a,b]上函数表达式 $y=f(x)$，也可以用命令ezplot或者命令fplot来绘制曲线。

4. 数值算例

算例 5.3　在区间[−1,1]上，分别用 3 次、5 次、10 次多项式近似函数 Runge 函数 $y=\dfrac{1}{1+25x^2}$，即步长分别取 $h=\dfrac{2}{3},\dfrac{2}{5},\dfrac{2}{10}$，首先编程计算并格式输出这些多项式的表达式，然后绘制出这些函数的图像。

解　运行程序 RPmain.m，得到数据输出文件 polys.txt，该文件记录了 3 次、5 次、10 次多项式的系数数组(从高到底)，为了简化，系数用保留 4 位有效数字的小数表示，具体结果如下：

```
 -0.254 5     0.000 0     0.293 0
  1.201 9     0.000 0    -1.730 8     0.000 0      0.567 3
-220.941 7    0.000 0   494.909 5     0.000 0   -381.433 8    0.000 0   123.359 7(待续)
  0.000 0   -16.855 2     0.000 0     1.000 0
```

可知 3 次多项式表达式为

$$y=-0.2545x^2+0.2930 \tag{5.10}$$

5 次插值多项式

$$y=1.2019x^4-1.7308x^2+0.5673 \tag{5.11}$$

需要注意这两个多项式的最高次 x^3，x^5 的系数均为零。用描点法绘制了插值多项式及 Runge 函数的曲线，程序中描点步长取为 0.01(子程序 RPsub1.m 第 17 行)并用命令subs计算了这些点上的函数值(子程序 RPsub1.m 第 20 行)。插值多项式和被插值函数的图像如图 5.2 所示。

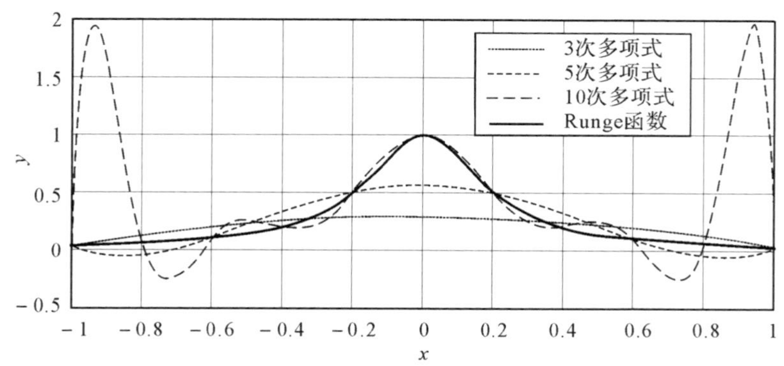

图 5.2　用 3 次、5 次、10 次多项式近似 Runge 函数效果

对比验证：窗口输入命令polyfit直接得到插值多项式，其调用格式为

```
>> xi =-1:2/3:1;
>> yi = 1./(1+25*xi.^2);
>> tp = polyfit(xi,yi,length(xi)-1)
```

得到

```
tp =    -0.0000    -0.2545    0.0000    0.2930
```

该结果与编程得到的 3 次多项式(5.10) 一致，说明前面一系列程序的正确性。

算例 5.4　在区间[−1,1]上，将区间均匀分为 10 份，然后用分段线性插值和分段二次插值多项式近似 Runge 函数。首先编程计算并格式输出这些多项式的表达式系数，然后绘制出这些函数的图像。

解　运行程序 PImain.m，得到数据输出文件 piecepolys.txt，该文件记录了 10 个子区间上线性多项式和 5 个子区间上二次多项式的系数数组(从高到底)，具体输出文件内容如下：

piecewise linear interpolation

xi(i)	xi(i+1)	a1(i)	a0(i)
−1.000000	−0.800000	0.101810	0.140271
−0.800000	−0.600000	0.205882	0.223529
−0.600000	−0.400000	0.500000	0.400000
−0.400000	−0.200000	1.500000	0.800000
−0.200000	0.000000	2.500000	1.000000
0.000000	0.200000	−2.500000	1.000000
0.200000	0.400000	−1.500000	0.800000
0.400000	0.600000	−0.500000	0.400000
0.600000	0.800000	−0.205882	0.223529
0.800000	1.000000	−0.101810	0.140271

Piecewise quadratic interpolation

xi(i)	xi(i+1)	a2(i)	a1(i)	a0(i)
−1.000000	−0.600000	0.260181	0.570136	0.348416
−0.600000	−0.200000	2.500000	3.000000	1.000000
−0.200000	0.200000	−12.500000	0.000000	1.000000
0.200000	0.600000	2.500000	−3.000000	1.000000
0.600000	1.000000	0.260181	−0.570136	0.348416

图 5.3 绘制了分段线性多项式和分段二次多项式的图像，可见分段低次插值的近似效果较好，不再出现图 5.2 中高次插值出现的两端振荡现象，即 Runge 现象。但是，该方法的缺点也很明显，得到的函数仅仅是整体连续的，在两个子区间交点上导数不存在，因此函数光滑性不高。

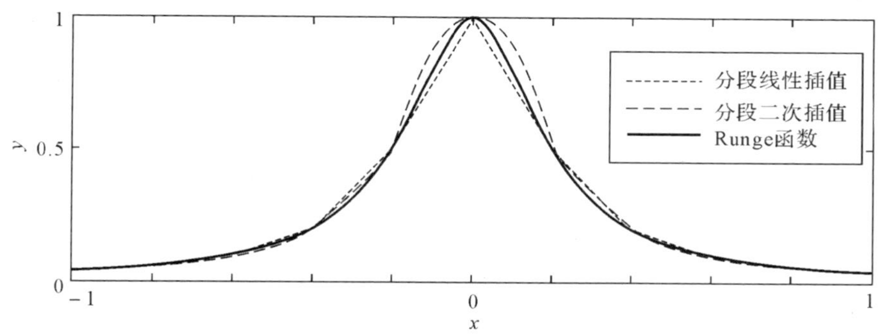

图5.3 用分段低次插值近似Runge函数效果

对比验证：MATLAB生成插值函数命令interp1可直接得到插值多项式，其调用格式为yi = interp1(xi,yi,xc,'method')，其中xi,yi为插值节点及函数值，xc为被插值点，'method'表示采用的插值方法，默认的是分段线性插值'linear'，也可以用分段三次样条'spline'、分段3次埃尔米特插值'pchip'、保凹凸性3次插值'cubic'。本次采用默认格式，也就是分段线性插值，在命令行窗口输入

```
>> xi = a:0.2:b;
>> yi = myfun(xi);
>> xt = a:0.01:b;
>> yt = interp1(xi,yi,xt,'linear');
>> plot(xt,yt,'r:');
```

生成的函数图像和图5.2中的线性插值图像一致，验证了程序PImain的正确性。

5.1.4 分段埃尔米特插值

1.方法简介

对于插值问题，不仅每个节点 $x_i(i=0,1,\cdots,n)$ 上函数值 y_i 给定，而且一阶导数值 y_i' 也给定，则利用这 $2n+2$ 个插值条件能构造出更好的插值多项式。当节点数较多时，并不直接采用高次插值得到一个至多 $2n+1$ 次多项式，而是采用分段埃尔米特插值方法，在每个子区间 $[x_i,x_{i+1}]$ 上构造一个三次的多项式 $H_3(x)$ 满足插值条件：

$$\begin{cases} H_3(x_i)=y_i, & H_3(x_{i+1})=y_{i+1} \\ H_3'(x_i)=y_i', & H_3'(x_{i+1})=y_{i+1}' \end{cases}$$

构造4个不超过3次的插值基函数 $\alpha_0(x),\alpha_1(x),\beta_0(x),\beta_1(x)$，使它们分别满足

$$\begin{cases} \alpha_0(x_i)=1,\alpha_0(x_{i+1})=0,\alpha_0'(x_i)=0,\alpha_0'(x_{i+1})=0 \\ \alpha_1(x_i)=0,\alpha_1(x_{i+1})=1,\alpha_0'(x_i)=0,\alpha_0'(x_{i+1})=0 \\ \beta_0(x_i)=0,\beta_0(x_{i+1})=0,\beta_0'(x_i)=1,\beta_0'(x_{i+1})=0 \\ \beta_1(x_i)=0,\beta_1(x_{i+1})=0,\beta_1'(x_i)=0,\beta_1'(x_{i+1})=1 \end{cases}$$

则满足插值条件的多项式可以写成如下形式：

$$H_3(x)=\alpha_0(x)y_i+\alpha_1(x)y_{i+1}+\beta_0(x)y_i'+\beta_1(x)y_{i+1}' \tag{5.12}$$

求出插值基函数并整理得到

$$H_3(x)=\left[1-2\frac{x-x_i}{x_i-x_{i+1}}\right]\left(\frac{x-x_{i+1}}{x_i-x_{i+1}}\right)^2 y_i+\left[1-2\frac{x-x_{i+1}}{x_{i+1}-x_i}\right]\left(\frac{x-x_i}{x_{i+1}-x_i}\right)^2 y_{i+1}+$$

$$(x-x_i)\left(\frac{x-x_{i+1}}{x_i-x_{i+1}}\right)^2 y_i'+(x-x_{i+1})\left(\frac{x-x_i}{x_{i+1}-x_i}\right)^2 y_{i+1}' \quad (5.13)$$

对于均匀分布的节点，上述公式进一步简化为

$$H_3(x)=\left[1+2\frac{x-x_i}{h}\right]\left(\frac{x-x_{i+1}}{h}\right)^2 y_i+\left[1-2\frac{x-x_{i+1}}{h}\right]\left(\frac{x-x_i}{h}\right)^2 y_{i+1}+$$

$$(x-x_i)\left(\frac{x-x_{i+1}}{h}\right)^2 y_i'+(x-x_{i+1})\left(\frac{x-x_i}{h}\right)^2 y_{i+1}'$$

2. 算法设计

算法 7　分段埃尔米特插值算法。

输入数据：区间端点 a,b 和插值区间等份数 n；被插值函数 $f(x)$。

输出数据：n 个区间的三次埃尔米特插值多项式及图像。

计算过程：

Step 1：定义用来存储 n 个区间上三次多项式的矩阵 $H_3(x)$：= h3(n,4)，并将其置零；

Step 2：首先生成等距插值节点 $\{x_j,y_j\}_{j=1}^{n+1}$,，然后对 i 从 1 到 n 循环，利用式(5.13)计算插值多项式的表达式并将结果存储在矩阵 h3。

Step 3：将 n 个多项式的系数格式输出到文件 hermitepolys. txt 并绘制出它们的图像和被插值函数 $f(x)$ 的图像。

3. 程序实现

算法 7 的 MATLAB 程序(Piecewise Hermite Interpolation)：

输入：区间端点 a 和 b—— 主程序 PHmain. m 第 2 行；
　　划分的子区间个数 ni—— 主程序 PHmain. m 第 3 行；
　　被插值函数 $y=f(x)$—— 子程序 myfun. m 第 2 行。
　　被插值函数导函数 $y=f'(x)$———— 子程序 mydfun. m 第 2 行

输出：各个区间三次埃尔米特插值多项式的表达式，三次埃尔米特插值多项式和被插值函数的图像

主程序代码：PHmain. m

```
1-  clc; clear;
2-  a =- 1; b = 1;
3-  ni = 10;
4-  mf = @myfun;
5-  mdf = @mydfun;
6-  PHsub1(a,b,ni,mf,mdf)
```

子程序代码：myfun. m（与算法 5 中的子程序一致）

子程序代码：mydfun. m

```
1-  function df = mydfun(x)
2-  df =- 50 * x. /(25 * x. ^2 + 1). ^2;
3-  end
```

子程序代码:PHsub1. m

```
1-  function PHsub1(ah,bh,nh,fh,dfh)
2-  %step1
3-  h3 = zeros(nh,4);
4-  %step2
5-  h = (bh - ah)/nh;
6-  xi = ah:h:bh;
7-  yi = fh(xi);
8-  dyi = dfh(xi);
9-  syms x;
10- syms y;
11- for i = 1:nh
12-     y = 0;
13-     y = yi(i) * (1 + 2 * (x - xi(i))/h) * ((x - xi(i + 1))/h)^2;
14-     y = y + yi(i + 1) * (1 - 2 * (x - xi(i + 1))/h) * ((x - xi(i))/h)^2;
15-     y = y + dyi(i) * (x - xi(i)) * ((x - xi(i + 1))/h)^2;
16-     y = y + dyi(i + 1) * (x - xi(i + 1)) * ((x - xi(i))/h)^2;
17-     tp = sym2poly(y);
18-     h3(i,:) = tp;
19- end
20- %step3
21- fid = fopen('hermitepolys. txt','wt');
22- fprintf(fid,'%10s \n','piecewise Hermite interpolation');
23  fprintf(fid,repmat('%12s',1,6),'xi(i)','xi(i + 1)','a3(i)','a2(i)','a1(i)','a0(i)');
24- fprintf(fid,'\n');
25- for i = 1:nh
26- fprintf(fid,repmat('%12. 6f ',1,6),xi(i),xi(i + 1),h3(i,:));
27- fprintf(fid,'\n');
28- end
29- h = 0. 01;
30- for i = 1:nh
31-     xx = xi(i):h:xi(i + 1);
32-     yy = h3(i,1) * xx. ^3 + h3(i,2) * xx. ^2 + h3(i,3) * xx + h3(i,4);
33-     plot(xx,yy,'r - ');
34-     hold on
35-   end
36- hold off;
37- end
```

4. 数值算例

算例 5.5　在区间[-1,1]上,将区间均匀分为 10 份,然后用分段埃尔米特插值多项式近似 Runge 函数。首先编程计算并格式输出这些多项式的表达式系数,然后绘制相应函数的图像。

解　运行程序 PHmain. m,得到数据输出文件 hermitepolys. txt,该文件记录了 10 个子区间上三次 Hermite 多项式的系数(从高到底),每个子区间各阶系数如下:

piecewise Hermite interpolation

xi(i)	xi(i+1)	a3(i)	a2(i)	a1(i)	a0(i)
−1.000000	−0.800000	0.218822	0.751930	0.921357	0.426711
−0.800000	−0.600000	0.666090	1.802768	1.743945	0.641246
−0.600000	−0.400000	2.500000	5.000000	3.600000	1.000000
−0.400000	−0.200000	7.500000	11.000000	6.000000	1.320000
−0.200000	0.000000	−62.500000	−25.000000	0.000000	1.000000
0.000000	0.200000	62.500000	−25.000000	0.000000	1.000000
0.200000	0.400000	−7.500000	11.000000	−6.000000	1.320000
0.400000	0.600000	−2.500000	5.000000	−3.600000	1.000000
0.600000	0.800000	−0.666090	1.802768	−1.743945	0.641246
0.800000	1.000000	−0.218822	0.751930	−0.921357	0.426711

图 5.4 绘制了 10 个等距区间上用分段埃尔米特插值多项式近似 Runge 函数的情形，从图像可以看出，两个除了在接近 $x=0$ 处稍有差异外其他地方都非常接近，如果改变程序中的等距区间份数为 40，即步长 $h=0.05$，则两个函数几乎重合。

【编程技巧 5.6】 在求解函数导数或者积分时，可以使用 MATLAB 符号运算命令diff或命令int。调用格式为 diff(y,x,n)，其中 y 为函数，x 为自变量，n 为求导数的阶数。x,n 可以省略，省略情形下默认求 1 阶导数。如果 y 是矩阵，则该命令用来求差商。

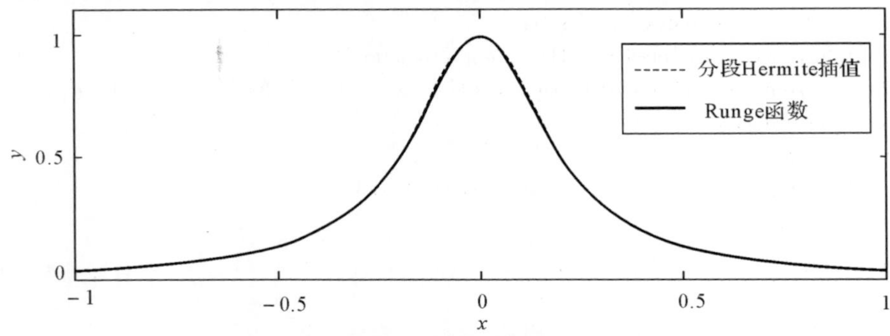

图 5.4 用分段埃尔米特插值近似 Runge 函数效果

【易错之处 5.2】 算例 5.5 中在提供插值点处的函数值和导数值时，需要进行函数求值，如果变量 xi 传递是一个数，则子程序 myfun.m 和 mydfun.m 中的函数可以写成普通函数样式，如果 xi 是一个向量，则这两个子程序的函数必须写成点乘格式，否则无法求值。具体见 PHsub1.m 中 6～8 行，myfun.m 和 mydfun.m 中的第 2 行。

5.2 函数拟合

当基于实验或者计算得到的采样点上的函数值带有误差时，强行用插值条件约束近似函数通过所有这些点，反而可能使得最终近似函数产生较大的误差。对于此类问题，工程中常常用拟合函数来近似原函数。函数拟合的数学原理是最小二乘法，本节首先给出最小二乘法求解矛盾方程组的算法，然后介绍线性曲线拟合和能进行线性化处理的非线性曲线拟合。

5.2.1　最小二乘法

1. 方法简介

当拟合函数 $y=g(x)=\sum_{i=0}^{m}c_i\varphi_i(x)$ 中待定系数 c_i 的个数 $m+1$ 少于实验数据 $\{x_j,y_j\}_{j=0}^{n}$ 的样本数 $n+1$，将实验数据代入拟合函数会得到一个包含 $m+1$ 个未知数却由 $n+1$ 个方程组组成的矛盾方程组 $\boldsymbol{Ax}=\boldsymbol{b}$，即

$$\sum_{j=1}^{m+1}a_{ij}x_j=b_i\quad i=1,2,\cdots,n+1 \tag{5.14}$$

不存在精确满足式(5.14)中每个方程的解，寻找未知数的一组解使得式中残差 δ_i 的二次方和达到最小，这一条件被称为最小二乘原则。基于这一原则来确定未知解向量的方法称为求解线性方程组的最小二乘法，符合最小二乘原则的解向量被称为矛盾方程组的最小二乘解。可以证明求最小二乘解等价于求解 $m+1$ 个方程 $m+1$ 个未知数的法方程组$\boldsymbol{A}^{\mathrm{T}}\boldsymbol{Ax}=\boldsymbol{A}^{\mathrm{T}}\boldsymbol{b}$。如果矛盾方程组系数矩阵 $\boldsymbol{A}$ 的列满秩，可以证明正规方程组有唯一解，此解就是矛盾方程组的最小二乘解。

2. 算法设计

算法 8　矛盾方程组最小二乘法。

输入数据：矛盾方程组系数矩阵和右端项。

输出数据：法方程组系数矩阵和右端项及最小二乘解。

计算过程：

Step 1：得到法方程组的维数 m,n，定义用来存储法方程组的系数矩阵 $\boldsymbol{C}$ 和 $\boldsymbol{d}$，并将其置零；

Step 2：计算法方程组的系数矩阵 $\boldsymbol{C}=\boldsymbol{A}^{\mathrm{T}}\boldsymbol{A}$ 和右端项 $\boldsymbol{d}=\boldsymbol{A}^{\mathrm{T}}\boldsymbol{b}$，并将增广矩阵$[\boldsymbol{C}|\boldsymbol{d}]$输出到文件 normaleqs. txt；

Step 3：用第 4 章的高斯列选主元消去法求解法方程组，得到方程组的解。

3. 程序实现

算法 8 的 MATLAB 程序(Least Square method)：

输入：矛盾方程组系数矩阵 $\boldsymbol{A}$ 和右端项 $\boldsymbol{b}$—— 主程序 LSmain. m 第 2,3 行

输出：法方程组的系数矩阵和右端项 $\boldsymbol{C}$ 和 $\boldsymbol{d}$—— 子程序 LSsub1. m 第 12,13 行，
法方程组的解 $\boldsymbol{x}$—— 子程序 LSsub1. m 第 20 行

主程序代码：LSmain. m

```
1-  clc,clear;
2-  A = [0.31,1;0.63,1;0.91,1];
3-  b = [5.1;10.3;15.7];
4-  x = LSsub1(A,b)
```

子程序代码:LSsub1. m

```
1-   function xh = LSsub1(Ah,bh)
2-   n = size(Ah,1);
3-   m = size(Ah,2);
4-   if m >= n
5-       disp('the systerm is not contradictory equations ')
6-       return
7-   end
8-   %step1
9-   C = zeros(m,m);
10-  d = zeros(m,1);
11-  %step2
12-  C = Ah' * Ah;
13-  d = Ah' * bh;
14-  fid = fopen('normaleqs.txt','wt');
15-  for i = 1:m
16-      fprintf(fid,repmat('%12.6f ',1,m+1),C(i,:),d(i));
17-      fprintf(fid,'\n');
18-  end
19-  %step3
20-  xh = GEPsub1(C,d) ;
21-  end
```

子程序代码:GEPsub1. m (与第四章算法 4.2 中的子程序 GEPsub1 一致)

4. 数值算例

算例 5.6　在欧姆定律实验中,测得一段导线上的电流值为 $\boldsymbol{x}_i=[0.31,0.63,0.91]$ A 以及相应电压值为 $\boldsymbol{y}_i=[5.1,10.3,15.7]$ V,拟合一条直线 $y=ax+b$ 来近似该导线服从的欧姆定理,即需要编程求解以下矛盾方程组:

$$\begin{bmatrix}0.31 & 1\\0.63 & 1\\0.91 & 1\end{bmatrix}\begin{bmatrix}a\\b\end{bmatrix}=\begin{bmatrix}5.1\\10.3\\15.7\end{bmatrix}$$

解　运行程序 LSmain. m,得到数据输出文件 normaleqs. txt,该文件存储了法方程组的系数矩阵和右端项,具体地

```
1.321100    1.850000    22.357000
1.850000    3.000000    31.100000
```

说明法方程组为

$$\begin{bmatrix}1.3211 & 1.85\\1.85 & 3.0\end{bmatrix}\begin{bmatrix}a\\b\end{bmatrix}=\begin{bmatrix}22.375\\31.1\end{bmatrix}$$

用高斯消去法求得该方程组的解为 $a = 17.6331$，$b = -0.5071$。

对比验证：MATLAB 函数拟合命令 polyfit 可直接得到线性多项式 $y = ax + b$，调用格式为 polyfit(xi,yi,k)，在命令行窗口输入

```
>> xi = A(:,1);yi = b;
>> lf = polyfit(xi,yi,1)
```

得到 lf = 17.6331 −0.5071，说明了程序 LSmain.m 的正确性。

另外命令 regress 也常用于一元及多元线性回归，本质上是最小二乘法。调用格式 [B,BINT,R,RINT] = regress(yi,xi,alpha)，B 表示回归系数向量；BINT 表示回归系数的区间估计；R 表示残差；RINT 表示置信区间。Alpha 表示置信水平，默认 0.05。该命令可以默认只输出回归系数，也就是法方程组的解。需要注意的是这个例子中 xi 应该输入矩阵 A，而不仅仅是电流值向量。

5.2.2　曲线拟合

1. 方法简介

根据采样点数据分布，如果拟合函数为 $y = \sum_{i=0}^{m} c_i \varphi_i(x)$，这种就属于线性曲线拟合。而有些拟合函数本身是非线性的，如通过数学上的等价变换能转化为线性模型，就属于可以线性化的非线性曲线拟合。

例如过 4 个点构造一个 2 次多项式 $y = c_2 x^2 + c_1 x + c_0$，这个函数虽然对于 x 是非线性的，但对待求变量 c_i 是线性的，故属于线性曲线拟合。对于指数模型 $y = e^{ax+b}$ 而言，对于待求变量 a，b 是非线性模型，但通过对该模型两边取对数，可得 $\ln y = ax + b$，这个模型就是可进行线性化的非线性曲线拟合。

上述模型求解的时候都需要用到最小二乘法，首先是确定矛盾方程组的系数矩阵，然后用最小二乘法求出未知变量，最后代入原始模型就得到拟合曲线方程。

2. 算法设计

算法 9　曲线拟合。

输入数据：采样点数据和非线性模型基函数。

输出数据：模型方程系数。

计算过程：

Step 1：根据非线性模型得到矛盾方程组的系数矩阵和右端项；

Step 2：利用最小二乘法计算法方程组的解；

Step 3：将解代入原来模型得到拟合曲线并绘制出图形。

3. 程序实现

算法 9 的 MATLAB 程序(Curve Fitting)：

输入:采样点数据 xi,yi—— 主程序 CFmain. m 第 2,3 行;
拟合曲线基函数 —— 主程序 myfun. m 第 2 行

输出:拟合曲线方程 —— 子程序 CFsub1. m 第几行

主程序代码:CFmain. m

```
1-  clc,clear;
2-  xi = [1;2;3;4];
3-  yi = [1;1.414;1.732;2];
4-
5-
6-  %polynomial fitting
7-  syms x;
8-  f1 = inline('x.^2','x');
9-  f2 = inline('x.^1','x');
10- f3 = inline('x.^0','x');
11- A = [f1(xi),f2(xi),f3(xi)];
12- b = yi;
13- c = LSsub1(A,b)
14- %exponential fitting
15- A1 = [f2(xi),f3(xi)];
16- b1 = log(yi);
17- c1 = LSsub1(A1,b1)
```

子程序代码:LSsub1. m(与算法 8 中的子程序 LSsub1. m 一致)
子程序代码:GEPsub1. m (与第 4 章算法 4.2 中的子程序 GEPsub1. m 一致)

【编程技巧 5.7】 在输入非线性模型基函数时候,由于不需要在子程序调用该函数,所以此处可以用内联函数命令inline生成基函数,命令格式为 nf = inline('f', 'x1', 'x2'),其中 f 为函数表达式,x1,x2 为函数变量。调用格式为 nf(a,b),a,b 为分别代替变量 x1,x2 的具体数值,也可以为向量值,但表达式中必须写成点乘形式,见主程序 CFmain. m 的第 5 ~ 7 行。

4. 数值算例

算例 5.7 在区间[0,9]上利用离散点 $x_i = [1,2,3,4]$ 处函数值 $y_i = [1,1.414,1.732,2]$,分别用二次多项式函数 $y = c_1 x^2 + c_2 x + c_3$ 和指数函数 $y = e^{c_1 x + c_2}$ 拟合函数 $y = \sqrt{x}$,并绘制出曲线图形。

解 运行程序 CFmain. m,得到二次多项式的系数向量为

c = −0.0365　　0.5143　　0.5245

代入得到二次多项式为

$$y = -0.0365x^2 + 0.5143x + 0.5245$$

指数函数的系数向量为

c1 = 0.2282　　−0.1734

代入得到指数函数为 $y = 5^{0.2282x+0.1734}$。两种拟合函数的的图像如图 5.5 所示,可看出对于该问题,多项式函数拟合效果优于指数函数。

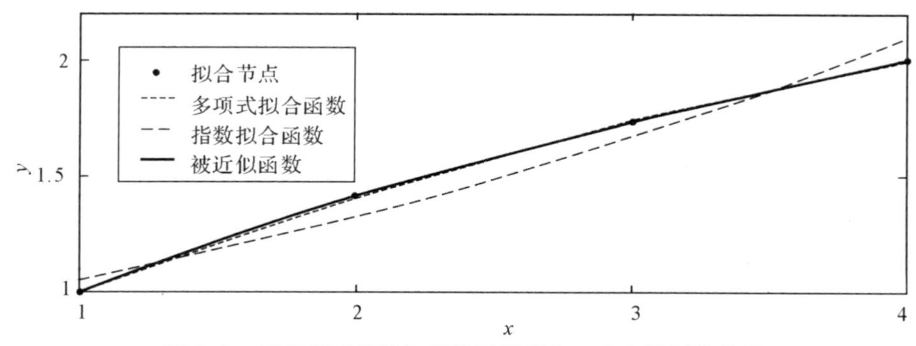

图 5.5　用多项式函数和指数函数拟合二次方根函数效果

对比验证：MATLAB 中的命令 nlinfit 用于拟合非线性表达式的函数，调用格式为 nlinfit(xi,yi,fun,beta0) 函数，xi,yi 是节点值与函数值，fun 是拟合函数，beta0 是迭代初值。在命令行窗口输入

```
>> beta0 = [0,0,0];
>> fun = inline('a(1) * x.^2 + a(2) * x + a(3)','a','x');
>> c = nlinfit(xi,yi,fun,beta0)
```

输出结果为

```
c =- 0.0365      0.5143      0.5245,
```

同理可验证指数函数系数和 c1 相同，结果说明了程序 CFmian.m 的正确性。

本章习题

1. 在区间[−1,1]上，步长分别取 $h=\frac{2}{3},\frac{2}{5},\frac{2}{10}$，分别用 3 次、5 次、10 次多项式近似正弦函数 $y=\sin x$，先编程计算并格式输出这些多项式，然后绘制出这些函数的图像，观察是否存在 Runge 现象。

2. 已知 $\sin 30°=\frac{1}{2}$，$\sin 45°=\frac{\sqrt{2}}{2}$，$\sin 60°=\frac{\sqrt{3}}{2}$，用拉格朗日插值求 $\sin 40°$ 的近似值，并估计其误差。改用弧度计算，观察会不会对结果产生影响。

3. 给出 6 个节点及函数值 $f(-2.15)=17.03$，$f(-1.00)=7.24$，$f(0.01)=1.05$，$f(1.02)=2.03$，$f(2.03)=17.06$，$f(3.25)=23.05$，用差商表计算各阶差商并求出牛顿插值多项式。

4. 中国自从进入 21 世纪，新生儿数量呈现下降趋势，即使 2016 年全面二孩政策实施，新生儿数量也没有出现大幅增长，根据国家统计局数据，采用插值或者拟合方法预测 2020 年及 2025 年的新生儿数量。

年 份	2000 年	2005 年	2010 年	2015 年	2016 年	2017 年	2018 年	2019 年
人口 / 万人	1 765	1 612	1 588	1 655	1 786	1 723	1 523	1 465

5. 将一个边长为 1 m 的正方形加工成一个半径为 1 m 的圆形零件，由于材料原因无法进行磨制，需要采用外接正多边形（四边形、八边形、十六边形等）逐步切成圆的方法加工，为了使最终得到的正多边形和圆的最大误差不超过 0.05 m，需要将正方形切割几次，绘出每次切割轮廓（考虑对称性只需要绘制半圆的切割过程）。

第6章　微积分问题的MATLAB求解

本章将介绍基于函数插值理论所构造的数值微分与数值积分计算公式的编程。数值微分方法包括插值法、泰勒展开法。数值积分方法包括牛顿-柯特斯公式、复化求积公式、Romberg求积公式以及高斯求积公式。

6.1　数值微分

在微积分学中，函数的导数是通过导数定义或求导法则求得的。实际应用中，求导公式复杂或者函数表达式未知，在这种情况下，可将函数在相关离散节点处的函数值进行加权组合来近似计算其导数，这种方法被称为数值微分。常用的两种数值求导方法：一种方法是先用离散数据进行插值，然后用插值函数的导数作为被插值函数导数的近似；另一种方法是将不同点的函数值在某一点进行泰勒展开，然后用其线性组合建立函数的导数近似表达式。下面对这些方法的编程实现进行介绍。

6.1.1　插值法

1. 方法简介

考虑在区间$[a,b]$上的函数$y=f(x)$的离散值：$y_i=f(x_i)$ $(i=0,1,\cdots,n)$，由插值方法建立该函数的插值多项式$y=p_n(x)$。由于多项式的导数容易求得，可以用$p_n(x)$的导数作为$f(x)$导数的近似，即$f'(x)\approx p'_n(x)$。

采用拉格朗日插值法，由式(5.3)可得

$$f'(x)\approx L'_n(x)=\sum_{i=0}^{n}l'_i(x)y_i \tag{6.1}$$

式(6.1)是一个一阶$n+1$点公式。插值型数值微分公式常被称为m阶n点公式，m表示待求导数的阶数，n表示插值点的个数。基于等距分布的节点$x_i=x_0+ih$，常用的一阶数值微分公式有一阶两点公式和一阶三点公式，即式(6.1)中$n=1$、$n=2$的情形。常用的二阶数值微分公式有二阶三点公式，下面列出这些公式的具体形式。

(1) 一阶两点公式$(x_0<x_1)$：

$$f'(x)\approx\frac{1}{h}[f(x_1)-f(x_0)] \tag{6.2}$$

在插值节点上有 $f'(x_0) = f'(x_1) \approx \dfrac{1}{h}[f(x_1) - f(x_0)]$。

(2) 一阶三点公式($x_0 < x_1 < x_2$):

$$L'_2(x) = \frac{2x - x_1 - x_2}{2h^2}f(x_0) - \frac{2x - x_0 - x_1}{h^2}f(x_1) + \frac{2x - x_0 - x_1}{2h^2}f(x_2)$$

在插值节点 x_0, x_1, x_2 上有

$$\left.\begin{aligned} f'(x_0) &\approx \frac{1}{2h}(-3f(x_0) + 4f(x_1) - f(x_2)) \\ f'(x_1) &\approx \frac{1}{2h}(f(x_2) - f(x_0)) \\ f'(x_2) &\approx \frac{1}{2h}(f(x_0) - 4f(x_1) + 3f(x_2)) \end{aligned}\right\} \tag{6.3}$$

(3) 二阶三点公式($x_0 < x_1 < x_2$):

$$L''_2(x) = \frac{1}{h^2}(f(x_0) - 2f(x_1) + f(x_2))$$

2. 算法设计

考虑到 MATLAB 的 Symbolic Math Toolbox 提供一系列函数,可用于求解、绘制和推导符号数学方程,因此在此处可以使用该类函数进行推导和计算。由式(6.1)可知,插值型数值微分公式实际上是对插值多项式 $L_n(x)$ 进行求导,一种算法是直接对插值多项式求导得到 $L_n'(x)$;另外一种方法是从式(6.1)可以看出,只需要对拉格朗日基函数 $l_i(x)$ 进行求导,然后再与函数值进行组合就能得到插值多项式的导数 $L_n'(x)$。由于符号运算较为耗时,所以可以考虑第一种算法。

算法 1 插值多项式求导算法。

利用第5章的方法构造拉格朗日插值多项式,然后利用MATLAB的符号运算功能对插值多项式基函数进行求导。

输入数据:节点及函数值 $\{x_i, y_i\}$: = {xi,yi}。

输出数据:插值多项式的导数 $L_n'(x)$: = dLn。

计算过程:

Step 1:根据输入数据,构造插值多项式 $L_n(x)$: = Ln;

Step 2:对 L_n 求导得到 dLn。

3. 程序实现

算法 1 的 MATLAB 程序:

输入:插值节点 xi 和函数值 yi—— 主程序 IDmain. m 第 2,3 行; 待求导数近似值的插值点 xc—— 主程序 IDmain. m 第 4 行
输出:插值多项式的导函数 dLn—— 主程序 IDmain. m 第 10 行; 点 xc 上导数近似值 dyc—— 主程序 IDmain. m 第 11 行

主程序代码:IDmain.m

```
1-   clc; clear;
2-   xi = [1,4,9];
3-   yi = [1,2,3];
4-   xc = 7;
5-   syms x
6-   syms Ln
7-   % interpolation
8-   Ln = LIsub2(xi,yi,x);
9-   % difference
10-  dLn = diff(Ln,x);
11-  dyc = subs(dLn,x,xc);
```

子程序代码:LIsub2.m 见算法2(131页)

【编程技巧6.1】 在得到dLn的表达式之后,利用命令subs可以得到多项式dLn在$x = xc$点的取值,具体调用格式为subs(dLn,x,xc)或者subs(dLn,xc),后者是因为x是默认变量。该命令表示将符号表达式中的某些符号变量替换为指定的新的常数或者变量。

4. 数值算例

算例6.1 基于插值节点$x_i = [1,4,9]$以及相应函数值$y_i = [1,2,3]$来近似函数$y = \sqrt{x}$的导数$y' = \dfrac{1}{2\sqrt{x}}$,并计算$\dfrac{1}{2\sqrt{7}}$的近似值。

解 运行程序IDmain.m,得到

```
dLn = 5/12 - x/30
dyc = 11/60
```

对比验证:直接计算得到$f'(7) = \dfrac{1}{2\sqrt{7}}$的值,在命令行窗口输入:

```
>> 1/(2 * sqrt(7)) ↵
ans = 0.1890
```

数值微分结果dyc = 11/60 = 0.183,误差为0.005 6。数值微分本质上是用多项式$L_2(x) = -\dfrac{x^2}{60} + \dfrac{5x}{12} + \dfrac{3}{5}$来近似函数$f(x) = \sqrt{x}$,用其导数$L_2'(x) = -\dfrac{x}{30} + \dfrac{5}{12}$来近似导数$y' = \dfrac{1}{2\sqrt{x}}$,对导数的近似效果用命令plot进行绘制,具体如图6.1所示。

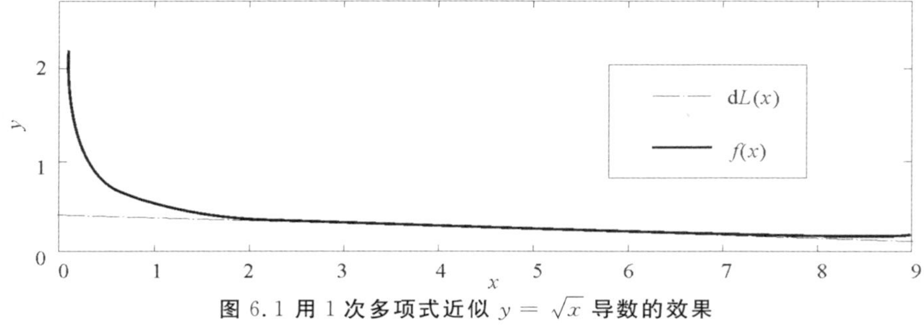

图6.1 用1次多项式近似$y = \sqrt{x}$导数的效果

对比图5.1可以发现,插值多项式对函数近似的效果好于用插值多项式的导数近似函数的导数。

6.1.2　泰勒展开法

1. 方法简介

在求解微分方程时或用牛顿插值法时，需要求解节点上的一阶、二阶甚至更高阶导数值。对于以步长 h 等距分布的节点，设 $f(x)$ 充分光滑，利用泰勒公式有

$$f(x+h)=f(x)+f'(x)h+\frac{f''(x)}{2!}h^2+\frac{f'''(x)}{3!}h^3+\cdots \tag{6.4}$$

$$f(x-h)=f(x)-f'(x)h+\frac{f''(x)}{2!}h^2-\frac{f'''(x)}{3!}h^3+\cdots \tag{6.5}$$

从而可建立向前微分公式

$$f'(x)=\frac{f(x+h)-f(x)}{h}+O(h)\approx\frac{f(x+h)-f(x)}{h} \tag{6.6}$$

以及向后微分公式

$$f'(x)=\frac{f(x)-f(x-h)}{h}+O(h)\approx\frac{f(x)-f(x-h)}{h} \tag{6.7}$$

若将式(6.4)与式(6.5)相减，可建立精度更高的中心微分公式

$$f'(x)=\frac{f(x+h)-f(x-h)}{2h}+O(h^2)\approx\frac{f(x+h)-f(x-h)}{2h} \tag{6.8}$$

类似地，将式(6.4)与式(6.5)相加，可得到计算 $f''(x)$ 的微分公式

$$f''(x)=\frac{f(x+h)-2f(x)+f(x-h)}{h^2}+O(h^2)\approx\frac{f(x+h)-2f(x)+f(x-h)}{h^2} \tag{6.9}$$

2. 算法设计

对于区间$[a,b]$上均匀分布的点 $x_i=a+ih(i=0,1,2,\cdots,n)$，将点 $x_0=a,x_n=b$ 称为边界点，其他点 $\{x_i\}_{i=1}^{n-1}$ 称为内部节点。求节点上的一阶导数值时，内部节点上可以采用向前微分公式或者向后微分公式，而边界节点 x_0 处只能采用向前微分公式，x_n 处只能采取向后微分公式。求节点上的二阶导数值时，内部节点可以直接采用式(6.9)，而边界点 x_0 处由于没有左相邻点，x_n 处没有右相邻点，因此无法直接用式(6.9)进行计算，这种情况下，常用的处理方法如下：

(1) 如果函数 $f(x)$ 是周期函数，且$[a,b]$恰好为一个周期，则可以添加两个虚拟点 x_{-1} 和 x_{n+1}，并使得 $f(x_{-1})=f(x_{n-1}),f(x_{n+1})=f(x_1)$，这样所有点处二阶导数值可以用公式 $\frac{f(x+h)-2f(x)+f(x-h)}{h^2}$ 计算。

(2) 节点 x_0 处用 x_0,x_1,x_2 先插值得到二次多项式，然后求二阶导数得到计算公式为 $\frac{y_0-2y_1+y_2}{h^2}$；节点 x_n 处先用 x_{n-2},x_{n-1},x_n 插值得到二次多项式，然后求二阶导数得到 $\frac{y_{n-2}-2y_{n-1}+y_n}{h^2}$。这样计算的最终结果等价于 $y_0''=y_1'',y_{n-1}''=y_n''$。

综上所述，在考虑选用的公式及边界点上的求导方法后，求解节点上的导数值时只需要从 $0\sim n$ 循环，代入相应公式计算即可。

3. 程序设计

泰勒展开法的 MATLAB 程序：

输入：待求微分函数的表达式 fx—— 主程序 TDmain. m 第 2 行；
步长 h—— 主程序 TDmain. m 第 5 行

输出：节点上一二阶导数值 dyi1、dyi2 ———— 主程序 TDmain. m 第 11，13 行

主程序代码：TDmain. m

```
1-   clc;clear;
2-   format long
3-   fx = @(x) exp(x);
4-   a = 0;b = 1;
5-   nm = 10;
6-   h = (b - a)/nm;
7-   xi = a:h:b;
8-   p = menu('choose difference order', '1 - 1st', '2 - 2nd');
9-   switch p
10-      ase 1
11-      dyi1 = TDsub1(xi,nm,h,fx);
12-      case 2
13-      dyi2 = TDsub2(xi,nm,h,fx);
14-  end
```

子程序代码：TDsub1. m

```
1-   function dyi = TDsub1(xi,nm,h,fx);
2-   dyi = zeros(nm + 1,1);
3-   k = menu('choose method', '1 - forward scheme', '2 - backward scheme',...
4-       '3 - centre scheme');
5-   switch k
6-     case 1
7-        for i = 1:nm
8-            dyi(i) = (fx(xi(i + 1)) - fx(xi(i)))/h;
9-        end
10-       dyi(nm + 1) = dyi(nm);
11-    case 2
12-      for i = 2:nm + 1
13-           dyi(i) = (fx(xi(i)) - fx(xi(i - 1)))/h;
14-       end
15-       dyi(1) = dyi(2);
16-    case 3
17-       for i = 2:nm
18-           dyi(i) = (fx(xi(i + 1)) - fx(xi(i - 1)))/(2 * h);
19-       end
20-       dyi(1) = (fx(xi(2)) - fx(xi(1)))/h;
21-       dyi(nm + 1) = (fx(xi(nm + 1)) - fx(xi(nm)))/h;
22-  end
```

```
23-  syms x
24-  y = fx(x);
25-  df = matlabfunction(diff(y,x,1));
26-  y1exact = df(xi);
```

子程序代码:TDsub2.m

```
1-   function dyi = TDsub2(xi,nm,h,fx);
2-   dyi = zeros(nm + 1,1);
3-   for i = 2:nm
4-               dyi(i) = (fx(xi(i + 1)) - 2 * fx(xi(i)) + fx(xi(i - 1)))/h^2;
5-   end
6-   dyi(nm + 1) = dyi(nm);
7-   dyi(1) = dyi(2);
8-   syms x
9-   y = fx(x);
10-  dff = matlabfunction(diff(y,x,2));
11-  y2exact = dff(xi);
```

【编程技巧 6.2】 在编程时,没有必要每个算法(6.6) ~ (6.9)编写一个子程序,因为这些子程序的结构是完全相似的,所以可以使用命令switch构造两个选择结构,一个用来选择方法的阶数,另一个用来选择相同阶数下的不同方法。在使用者输入 switch 选择结构的控制变量时候,常用命令fprintf结合命令input,前者在命令行窗口打印提示语句,后者输出控制变量值。另外一种更方便的输入方式是采用命令menu产生可视化的菜单,调用格式为 m = menu('title','n1','n2',...,'nn'),函数显示以字符串变量 'title' 为标题的菜单,选项为字符串变量:'n1' 到 'nn' 返回所输入的值到 m。见 TDmain.m 中第 8 行和 TDsub1.m 的第 3,4 行。

【编程技巧 6.3】 句柄函数和符号函数在程序中各有优势,有时需要进行相互转换。句柄函数转换为符号函数方法为:定义符号变量 x,y,然后令 y = fx(x),这里 fx 是句柄函数名,而将符号函数转换为句柄函数需要使用命令 matlabfunction,调用格式为 y1 = matlabfunction(y),这样就将符号函数 y 转换为句柄函数 y1。见 TDsub1.m 的第 23 ~ 26 行和 TDsub2.m 的第 8 ~ 11 行。

4. 数值算例

算例 6.2:对函数 $f(x) = e^x$,分别采用式(6.6) ~ 式(6.8)计算其一阶导数,利用式(6.9)计算二阶导数的近似值。

解 运行程序 TDmain.m,分别选择各种计算一阶导数的各种方法得到表 6.1。

表 6.1 指数函数的一阶导数计算结果

x_k	向前微分	向后微分	中心格式	精确值
0.0	1.051 709 180 8	—	—	1.000 000 000 0
0.1	1.162 318 400 8	1.051 709 180 8	1.107 013 790 8	1.105 170 918 1
0.2	1.284 560 494 2	1.162 318 400 8	1.223 439 447 5	1.221 402 758 2
0.3	1.419 658 900 7	1.284 560 494 2	1.352 109 697 4	1.349 858 807 6

续表

x_k	向前微分	向后微分	中心格式	精确值
0.4	1.568 965 730 6	1.419 658 900 7	1.494 312 315 6	1.491 824 697 6
0.5	1.733 975 296 9	1.568 965 730 6	1.651 470 513 7	1.648 721 270 7
0.6	1.916 339 070 8	1.733 975 296 9	1.825 157 183 9	1.822 118 800 4
0.7	2.117 882 210 2	1.916 339 070 8	2.017 110 640 5	2.013 752 707 5
0.8	2.340 621 826 6	2.117 882 210 2	2.229 252 018 4	2.225 540 928 5
0.9	2.586 787 173 0	2.340 621 826 6	2.463 704 499 8	2.459 603 111 2
1.0	—	2.586 787 173 0	—	2.718 281 828 5

从表 6.1 可以发现，中心格式精度高于向前微分和向后微分格式，从式(6.6) 到式(6.8) 的误差就能发现，向前微分和向后微分格式的误差都是 $O(h)$，而中心微分格式的误差为 $O(h^2)$，因此中心微分格式被称为二阶格式，向前和向后格式为一阶格式。另外对比式(6.6) 和式(6.7) 可以发现在 x_i 处的向前微分格式计算结果恰好等于 x_{i+1} 处的向后微分格式。运行程序 TDmain.m，选择式(6.9) 计算出内部节点上的二阶导数值，并于精确解 $y=\mathrm{e}^x$ 进行对比，具体结果如图 6.2 所示。

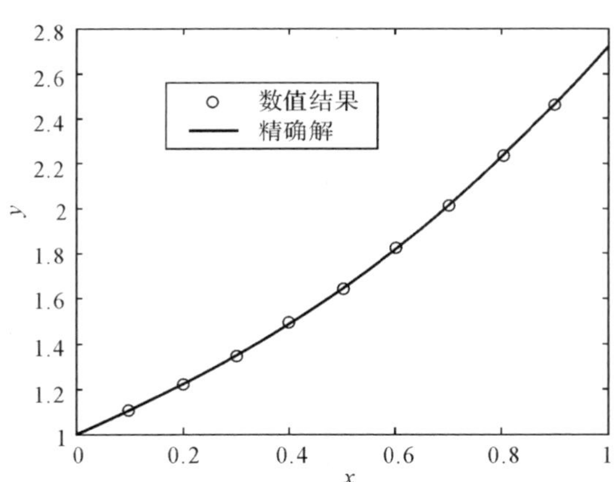

图 6.2　用二阶三点公式计算 $y=\mathrm{e}^x$ 二阶导数与精确解对比

6.2　数值积分

科学和工程计算中常需要计算各种积分，对于一元函数定积分，人们习惯运用微积分基本定理(牛顿-莱布尼茨公式) $\int_a^b f(x)\mathrm{d}x = F(b) - F(a)$ 来进行计算，但该公式需要求被积函数 $f(x)$ 的原函数 $F(x)$。事实上，绝大多数函数的原函数不易求得，有的问题中仅知道被积函数在离散点上的数据，因此没有办法用牛顿-莱布尼茨公式来计算，需要用一些数值的方法来计算积分的近似值。

由积分学的知识可知，定积分 $I(f) = \int_a^b f(x)\mathrm{d}x$ 可用如下和式的极限来计算：

$$I = \lim_{\Delta x_i \to 0} \sum_{i=0}^{n} \Delta x_i f(\xi_i)$$

式中，$a = x_0 < x_1 < \cdots < x_n = b$，$\xi_i \in [x_i, x_{i+1}]$ $(i = 0, 1, \cdots, n-1)$。该和式也可以看成函数值线性组合的极限，不考虑求极限过程就得到一种自然的近似方法，即构造如下形式的近似计算公式：

$$I(f) = \int_a^b f(x)\mathrm{d}x = \sum_{i=0}^{n} A_i f(x_i) + E[f] \approx \sum_{i=0}^{n} A_i f(x_i) \tag{6.10}$$

为使公式应用更广泛，要求求积系数 $\{A_i\}_{i=0}^{n}$ 只与节点 $\{x_i\}_{i=0}^{n}$ 相关，与被积函数 $f(x)$ 无关。

假设给定 $n+1$ 个互异节点 $\{x_i\}_{i=0}^{n} \subseteq [a, b]$，根据这些节点构造关于被积函数的拉格朗日插值多项式 $L_n(x)$，则有 $f(x) \approx L_n(x)$，在区间 $[a, b]$ 上对两个函数分别积分得到

$$\int_a^b f(x)\mathrm{d}x \approx \int_a^b L_n(x)dx = \sum_{k=0}^{n} f(x_k) \int_a^b l_k(x)\mathrm{d}x \tag{6.11}$$

取 $\int_a^b L_n(x)\mathrm{d}x$ 作为积分的近似值，可以得到插值型求积公式

$$\int_a^b f(x)\mathrm{d}x \approx \sum_{k=0}^{n} A_k f(x_k) \tag{6.12}$$

其中求积系数 $A_k = \int_a^b l_k(x)\mathrm{d}x$。

当求积节点在区间 $[a, b]$ 等距分布时，即 $x_i = a + ih$ $(i = 0, 1, \cdots, n)$，$h = (b-a)/n$，对应的插值型求积公式被称为牛顿-柯特斯公式。

随着节点数目的增加，次数不断升高的插值多项式 $L_n(x)$ 并不保证收敛到被插值函数 $f(x)$，进而不能保证基于插值建立的插值型求积公式的收敛性。因此要提高数值积分的精度和稳定性，通常不是运用次数 n 很大的牛顿-柯特斯公式，而是将整个积分区间分成一系列小区间，然后在每一个小区间上使用次数较低的牛顿-柯特斯公式。这种在细分区间上基于积分区间可加性建立的求积公式称为复化求积公式。

利用区间分半的方法对复化牛顿-柯特斯公式进行外推可得到精度更高的龙贝格求积公式。

与求积节点固定的牛顿-柯特斯不同，如果让 $n+1$ 个求积节点也成为未知数，再加上待定的 $n+1$ 个求积系数，这样就要确定总共 $2n+2$ 个未知数。为了唯一确定这些未知数，需要建立如下 $2n+2$ 个方程组成的方程组

$$\left.\begin{aligned}
A_0 + A_1 + \cdots + A_n &= \int_a^b 1\mathrm{d}x = b - a \\
A_0 x_0 + A_1 x_1 + \cdots + A_n x_n &= \int_a^b x\mathrm{d}x = \frac{b^2 - a^2}{2} \\
&\cdots\cdots \\
A_0 x_0^{2n+1} + A_1 x_1^{2n+1} + \cdots + A_n x_n^{2n+1} &= \int_a^b x^{2n+1}\mathrm{d}x = \frac{b^{2n+2} - a^{2n+2}}{2n+2}
\end{aligned}\right\} \tag{6.13}$$

理论上可以证明，上述非线性方程组的解是存在唯一的。也就是说，合理地选取求积节点及求积系数，可以使得求积公式的代数精度达到 $2n+1$ 次。将这种基于 $n+1$ 个求积节点的具

有 $2n+1$ 次代数精度的求积公式称为高斯型求积公式，这些求积节点被称为高斯点。理论可以证明：高斯型求积公式是代数精度最高的求积公式。下面就对这些方法的编程实现逐一进行介绍。

6.2.1　牛顿-柯特斯求积公式

1. 方法简介

牛顿-柯特斯求积公式是指首先将区间分为 $n(n \geqslant 1)$ 等份，然后基于 $n+1$ 个等分点 $\{x_i\}_{i=0}^{n}$ 构造插值多项式，最后对多项式进行积分得到的一系列公式。如果在插值时包含边界点 $x_0 = a, x_n = b$，这种方法被称为闭的牛顿-柯特斯求积公式，否则称为开的牛顿-柯特斯求积公式。下面以闭的牛顿-柯特斯求积公式为例，介绍求积系数的 $A_k^{(n)}$ 的推导过程：对比式(6.11)和式(6.12)可知

$$A_k^{(n)} = \int_a^b l_k(x)\mathrm{d}x = \int_a^b \frac{(x-x_0)\cdots(x-x_{k-1})(x-x_{k+1})\cdots(x-x_n)}{(x_k-x_0)\cdots(x_k-x_{k-1})(x_k-x_{k+1})\cdots(x_k-x_n)}\mathrm{d}x \quad (6.14)$$

这里下标 k 表示由节点 x_k 上拉格朗日基函数积分得到的求积系数，上标 n 表示将区间 n 等份，由此可知下标 k 的取值范围是从 0 到 n。

引入线性坐标变换 $x = x_0 + th, t \in [0, n]$，则积分式(6.14)变换为

$$A_k^{(n)} = (b-a) \times \frac{(-1)^{n-k}}{n \times k!(n-k)!}\int_0^n \frac{(t-0)(t-1)\cdots(t-n)}{(t-k)}\mathrm{d}t = (b-a)C_k^{(n)} \quad (6.15)$$

式(6.15)是求闭的牛顿-柯特斯求积公式的系数的通式。下面给出几种典型的公式：

(1)$n=1$，区间 1 等分，2 个节点 x_0, x_1 上的系数 $C_0^{(1)} = 1/2, C_1^{(1)} = 1/2$，该公式被称为梯形公式(Trapezoidal Rule)，有

$$I_{\mathrm{T}} = (b-a)\left(\frac{1}{2}f(x_0) + \frac{1}{2}f(x_1)\right) = (b-a)\left(\frac{1}{2}f(a) + \frac{1}{2}f(b)\right)$$

梯形求积公式的截断误差为 $E_{\mathrm{T}}[f] = -\dfrac{(b-a)^3}{12}f''(\xi)\ (a < \xi < b)$。

(2)$n=2$，区间 2 等分，3 个节点 x_0, x_1, x_2 上的系数 $C_0^{(2)} = 1/6, C_1^{(2)} = 4/6, C_2^{(2)} = 1/6$，该公式被称为辛普森公式(Simpson's Rule)，有

$$I_{\mathrm{S}} = (b-a)\left(\frac{1}{6}f(x_0) + \frac{4}{6}f(x_1) + \frac{1}{6}f(x_2)\right) =$$

$$(b-a)\left(\frac{1}{6}f(a) + \frac{4}{6}f(\frac{a+b}{2}) + \frac{1}{6}f(b)\right)$$

辛普森公式的截断误差为 $E_{\mathrm{S}}[f] = -\dfrac{1}{90}\left(\dfrac{b-a}{2}\right)^5 f^{(4)}(\xi)\ (a < \xi < b)$。

(3)$n=3$，区间 3 等分，4 个点 x_0, x_1, x_2, x_3 上的系数 $C_0^{(3)} = 1/8, C_1^{(3)} = 3/8, C_2^{(3)} = 3/8, C_3^{(3)} = 1/8$，该公式被称为辛普森八分之三公式(Simpson's Three-Eights Rule)，有

$$I_{\mathrm{S38}} = (b-a)\left(\frac{1}{8}f(x_0) + \frac{3}{8}f(x_1) + \frac{3}{8}f(x_2) + \frac{1}{8}f(x_3)\right)$$

辛普森八分之三公式的截断误差为 $E_{\mathrm{S38}}[f] = -\dfrac{3}{80}\left(\dfrac{b-a}{3}\right)^5 f^{(4)}(\xi)\ (a < \xi < b)$。

(4)$n=4$,区间 4 等分,5 个点 $x_0,x_1,\cdots,x_4$ 上的系数分别为 7/90,32/90,12/9032/90,7/90,该公式被称为柯特斯公式(Cotes's Rule),有

$$I_C=(b-a)\left[\frac{7}{90}f(x_0)+\frac{32}{90}f(x_1)+\frac{12}{90}f(x_2)+\frac{32}{90}f(x_3)+\frac{7}{90}f(x_4)\right]$$

柯特斯公式的截断误差为 $E_C[f]=-\frac{8}{945}\left(\frac{b-a}{4}\right)^7 f^{(6)}(\xi)\ (a<\xi<b)$。

常见的闭的牛顿-柯特斯求积公式中求积系数见表 6.2。

表 6.2 牛顿-柯特斯求积公式系数

n	$C_i^{(n)}$						
1	1/2	1/2					
2	1/6	4/6	1/6				
3	1/8	3/8	3/8	1/8			
4	7/90	32/90	12/90	32/90	7/90		
5	19/288	75/288	50/288	50/288	75/288	19/288	
6	41/840	216/840	27/840	272/840	27/840	216/840	41/840

类似地可以计算开的牛顿-柯特斯求积公式,其中比较典型的有

(1)$n=2$,区间 2 等分,中间节点 x_1 上的系数为 1,该公式被称为中点公式,即

$$I_M=(b-a)f(x_1)=(b-a)f\left(\frac{a+b}{2}\right) \tag{6.16}$$

(2)$n=3$,区间 3 等分,中间节点 x_1,x_2 上的系数为 1/2,1/2,即

$$I_{M2}=(b-a)\left[\frac{1}{2}f(x_1)+\frac{1}{2}f(x_2)\right]=(b-a)\left[\frac{1}{2}f\left(\frac{2a+b}{3}\right)+\frac{1}{2}f\left(\frac{a+2b}{3}\right)\right] \tag{6.17}$$

以上两种公式的截断误差分别为 $\frac{(b-a)^3}{24}f''(\xi)$,$\frac{(b-a)^3}{36}f''(\xi)$。

2. 算法设计

牛顿-柯特斯公式算法中,首先是求解系数的计算或者存储,然后让等分点上的函数值和对应的求积系数相乘再求和。对于不同的 n 对应的求积系数的计算,可以用 Symbolic Math Toolbox 提供的符号函数运算结合积分命令int进行,调用格式为 int(Fx,x,a,b),这里 Fx 表示被积函数,x 表示积分变量,a 和 b 表示积分区间下界和上界。对于被积函数是多项式的定积分,用该命令可以求得精确值。

另外这些求积系数也可提前存储在一个下三角矩阵中,在进行计算时直接读取。前者节省存储空间,后者节省计算时间。下面算法中以计算系数为例进行介绍:

使用该类函数进行推导和计算。由式(6.11)可知,插值型数值积分公式实际上是对插值多项式 $L_n(x)$ 进行求积,一种算法是直接对插值多项式求积得到 $\int_a^b L_n(x)\mathrm{d}x$;另外方法只需要对拉格朗日基函数 $l_i(x)$ 进行求积,然后再与函数值进行组合就能得到插值多项式的积分。由于符号运算较为耗时,所以可以考虑第一种算法。

算法 3 牛顿-柯特斯求积算法。

输入数据:被积函数 f,区间端点 a,b 和等分数(插值多项式的次数)n;

输出数据:定积分值 I 的近似值;

计算过程：

Step 1：将积分区间$[a,b]$进行 n 等分，计算每个等分点上函数值 $f(x_i)$；

Step 2：根据输入等分数 n，根据式(6.15)计算求积系数；

Step 3：求积系数和函数值相乘并累加得到积分近似值。

3. 程序实现

算法 3 的 MATLAB 程序：

输入：被积函数 fx——主程序 NCmain.m 第 3 行；
　　积分区间端点 a，b——主程序 NCmain.m 第 5 行；
　　区间等份数 n——主程序 NCmain.m 第 6 行

输出：定积分的近似值 In——主程序 NCmain.m 第 11 行；
　　积分误差 err——主程序 NCmain.m 第 13 行

主程序代码：NCmain.m

```
1-   clc;clear;
2-   format long;
3-   fx=@(x)1./(1+x);
4-   Fx=@(x)log(1+x);
5-   a=0; b=1;
6-   n=input('input the bumber of subintervals \n');
7-   h=(b-a)/n;
8-   xi=a:h:b;
9-   yi=fx(xi);
10-  Ai=NCsub(a,b,n) %compute the integral cofficients
11-  In=yi * Ai;
12-  Iexact=Fx(b)-Fx(a); %exact value by Newton-Leibniz formula
13-  err=Iexact-In;
```

子程序代码：NCsub.m

```
1-   function Ai=NCsub(a,b,n)
2-   syms t wt yt;
3-   wt=1;
4-   for i =0:n
5-         wt=wt * (t-i);
6-   end
7-   Ai=zeros(n+1,1);
8-   for i=1:n+1
9-       ij=i-1;
10-      k=(-1)^(n-ij)/(n * factorial(ij) * (factorial(n-ij)));
11-      yt=wt/(t-ij);
12-      Ai(i)=k * int(yt,t,0,n);
13-  end
14-  Ai=(b-a) * Ai;
```

4. 数值算例

算例 6.3　分别取 $n=1,2,\cdots,10$，用闭的牛顿-柯特斯公式计算积分 $\int_0^1 \frac{1}{1+x}\mathrm{d}x$ 的近似值，并将计算结果与精确值 ln2=0.693 147 180 5…进行比较。

解　运行程序 NCmain.m，命令行窗口提示输入区间等分数 n。

input the bumber of subintervals 在光标闪烁处输入某个正整数并按回车键，就会将该参数传到主程序并执行整个程序，例如输入 3 ↵，窗口显示积分系数

```
Ai =
     0.125000000000000
     0.375000000000000
     0.375000000000000
     0.125000000000000
```

这个结果等于辛普森八分之三公式中 $C_0^{(3)}=1/8, C_1^{(3)}=3/8, C_2^{(3)}=3/8, C_3^{(3)}=1/8$ 乘以区间长度 1，验证了求解系数的子程序 NCsub.m 的正确性。不断重复运行程序并选择不同的参数 n（也可以用关于 n 的循环实现），得到数值积分的结果及相应误差见表 6.3。

从表中结果看出，区间等分数越多，相应地求积节点也就越多，得到积分近似值越精确。但这个规律并非一直有效，对于有的被积函数，当区间等分数过多时候，精度反而会下降，甚至由于龙格现象导致计算结果误差很大。

表 6.3　闭的牛顿-柯特斯公式计算结果

n	积分近似值	误 差
1	0.750 000 000 0	−0.056 852 819 4
2	0.694 444 444 4	−0.001 297 263 9
3	0.693 750 000 0	−6.028 194 40e−04
4	0.693 174 603 2	−2.742 261 47e−05
5	0.693 163 029 1	−1.584 854 06e−05
6	0.693 148 062 3	−8.816 952 60e−07
7	0.693 147 733 3	−5.527 831 01e−07
8	0.693 147 214 5	−3.397 351 27e−08
9	0.693 147 202 8	−2.222 414 04e−08
10	0.693 147 182 0	−1.450 384 04e−09

6.2.2　复化梯形公式

1. 方法简介

复化求积的主要思想是将整个积分区间细分成许多小子区间，然后在每个小区间上使用低次的牛顿-柯特斯求积公式。最常用细分区间的方法是等分方法，即以步长 $h=\frac{b-a}{n}$ 将 $[a,b]$ 等分为 n 个小区间，等分点为 $x_i=a+ih\ (i=0,1,\cdots,n)$。如果在每个小区间上采用梯

形公式就能得到复化梯形公式，具体公式推导如下：

在每个小区间$[x_i, x_{i+1}]$使用梯形公式，从而得到复化梯形公式

$$\int_a^b f(x)\mathrm{d}x = \sum_{i=0}^{n-1}\int_{x_i}^{x_{i+1}} f(x)\mathrm{d}x \approx \sum_{i=0}^{n-1}\left[\frac{h}{2}(f(x_i)+f(x_{i+1}))\right]=$$

$$\frac{h}{2}\left(f(a)+2\sum_{i=1}^{n-1}f(x_i)+f(b)\right):=T_n \tag{6.18}$$

复化梯形公式的截断误差为 $E_{T_n}=-\frac{b-a}{12}h^2 f''(\xi)\ (a\leqslant\xi\leqslant b)$。

2. 算法设计

从复化梯形式(6.18)可以看出，不考虑括号外面的系数$h/2$，复化梯形公式的系数为1，2，2，…，2，1，因此在计算时只需要生成一个系数向量，然后让其与节点上的函数值向量求内积，最后乘以系数$h/2$即可。

另外，需要考虑误差估计问题，即区间至少被细分为多少等份，近似解满足精度要求ε。一种方案是进行先验误差估计，计算出最少区间等分数。如要求为

$$|E_{T_n}|=\left|-\frac{b-a}{12}h^2 f''(\xi)\right|\leqslant\frac{(b-a)^3}{12n^2}M\leqslant\varepsilon \tag{6.19}$$

这里$M=\max|f''(x)|$，从式(6.19)解出 $n\geqslant\sqrt{\frac{M(b-a)^3}{12\varepsilon}}$，不等式右端一般是一个实数，需要向上取整得到最少细分区间数。

另外一种更常用的方案是进行后验误差估计，但由于考虑到收敛速度太慢，所以一般不采用$|T_{n+1}-T_n|\leqslant\varepsilon$来进行计算，而是采用区间逐次分半（二分加密法）来进行计算，使$|T_{2n}-T_n|\leqslant\varepsilon$。

由复化梯形的截断误差估计式可以看出，当n较大时$E_{T_n}\approx ch^2$，c为一常数。若将区间$2n$等分，则有$E_{T_{2n}}\approx c(h/2)^2$。记$I$为积分的精确值，则有

$$\frac{I-T_n}{I-T_{2n}}\approx 2^2=4 \tag{6.20}$$

式(6.20)表明：采用区间逐次分半后，复化梯形公式后一次的误差是前一次误差的1/4。该结论说明复化梯形公式线性收敛，且收敛常数为1/4。

将式(6.20)改写为

$$I\approx T_{2n}+\frac{1}{3}(T_{2n}-T_n) \tag{6.21}$$

式(6.21)说明了用T_{2n}近似I，误差大约为$\frac{1}{3}(T_{2n}-T_n)$；因此用$|T_{2n}-T_n|/3<\varepsilon$来判断$T_{2n}$的近似程度是一种更精细的误差估计方法。

在实际计算T_{2n}时，每次总是在前一次二分的基础上将区间再次二分，节点数按照$n=2^k(k=1,2,\cdots)$增加，这里k表示二分次数。第$k+1$次是在第k次已有点的基础上增加每个区间的中点，区间数目从n增加到$2n$。为了不重复计算上次等分点上的函数值，可以将复化梯形公式(6.18)改写成如下形式：

$$T_{2n}=\frac{T_n}{2}+\frac{h}{2}\sum_{i=1}^{n}f\left[a+\left(i-\frac{1}{2}\right)h\right],\quad h=\frac{b-a}{n} \tag{6.22}$$

式中右端第二项表示所有新增点上函数值之和，这样计算就能使得整个数值积分序列 $\{T_{2^k}\}_{k=1}^{\infty}$ 具有继承性，从而提高计算效率。

算法 4a　基于先验误差估计的复化梯形求积算法。

输入数据：被积函数 f，区间端点 a,b，近似解满足的精度要求 ε。

输出数据：满足要求的最少等份数 n_0 积分近似值 T_{n_0}。

计算过程：

Step 1：根据被积函数 f，区间端点 a,b，精度要求 ε 计算最少等份数 n_0；

Step 2：计算步长 $h=(b-a)/n_0$ 及 $x_i=a+ih$ 和 $y_i=f(x_i)$ $(i=0,1,\cdots,n_0)$；

Step 3：求积系数 $\boldsymbol{c}=[1,2,\cdots,2,1]$，根据式(6.18)计算 T_{n_0}；

Step 4：输出最少等份数 n_0 和近似值 T_{n_0}。

算法 4b　基于后验误差估计的复化梯形求积算法。

输入数据：区间端点 a,b 以及精度 ε；

输出数据：细分区间个数和积分近似值 T_n；

计算过程：

Step 1：令 $n=1,h=b-a,T_0=h(f(a)+f(b))/2$；

Step 2：令 $F=0$，对 $i=1,2,\cdots,n$ 循环，计算新增点上函数值之和，计算伪代码为 $F=F+f(a+(i-\frac{1}{2})h)$；

Step 3：根据式(6.22)，计算 $T_1=T_0/2+F\times h/2$；

Step 4：若 $|T_1-T_0|\leqslant\varepsilon$，算法终止，输出 T；否则，令 $n=2n,h=h/2,T_0=T_1$ 跳转至 Step 2。

3. 程序实现

算法 4a 的 MATLAB 程序(Composite Trapezoidal Rule with apriori times)：

输入：原函数 fx—— 主程序 CT1main.m 第 3 行； 积分区间端点 a,b—— 主程序 CT1main.m 第 4 行； 精度要求 eps—— 主程序 CT1main 第 5 行
输出：区间等分份数 n0—— 主程序 CT1main 第 6 行； 定积分的近似值 Tn0—— 主程序 CT1main 第 7 行

主程序代码：CT1main.m

```
1-  clc;clear all;
2-  format long;
3-  fx = @(x) 1./(1 + x);
4-  a = 0; b = 1;
5-  eps = 0.5 * 10^-4;
6-  n0 = CT1sub1(fx,a,b,eps); %find the min number of subintervals
7-  Tn0 = CT1sub2(fx,a,b,n0); %the result of composite Trapezoidal rule
```

子程序代码:CT1sub1. m

```
1-  function nmin = CT1sub1(fx,a,b,eps)
2-  syms x y dy2
3-  y = fx(x);
4-  dy2 = matlabfunction(diff(y,x,2));
5-  xi = a:0.1:b;
6-  yi = dy2(xi);
7-  M = max(abs(yi));
8-  nmin = ceil(sqrt(M * (b - a)^3/(12 * eps)));
9-  end
```

子程序代码:CT1sub2. m

```
1-  function T1 = CT1sub2(f,a,b,nm)
2-  h = (b - a)/nm;
3-  xi = a:h:b;
4-  yi = f(xi);
5-  c = 2 * ones(1,nm + 1);
6-  c(1) = 1;
7-  c(end) = 1;
8-  T1 = dot(yi,c);
9-  T1 = (h/2) * T1;
10- end
```

算法 4b 的 MATLAB 程序(Composite Trapezoidal Rule with Bisection):

输入:原函数 fx—— 主程序 CT2main. m 第 3 行;
积分区间端点 a,b—— 主程序 CT2main. m 第 4 行;
容许误差 eps—— 主程序 CT2main. m 第 5 行

输出:二分次数 nt 和近似值 Tn—— 主程序 CT2main. m 第 6 行

主程序代码:CT2main. m

```
1-  clc;clear all;
2-  format long;
3-  fx = @(x) 1./(1 + x);
4-  a = 0; b = 1;
5-  eps = 0.5 * 10^-4;
6-  [nt,Tn] = CT2sub(fx,a,b,eps);
```

子程序代码:CT2sub. m

```
1-  function [ns,T] = CT2sub(f,a,b,eps)
2-  n = 1;
3-  h = (b - a)/n;
4-  T0 = h * (f(a) + f(b))/2;
5-  T1 = T0/2 + h * f((a + b)/2)/2;
6-  n = 2 * n;
7-  h = (b - a)/n;
8-  ntime = 1;
9-  while abs(T1 - T0) > eps
10-     ntime = ntime + 1;
```

```
11-      T0 = T1;
12-      F = 0;
13-      for i = 1:n
14-          F = F + f(a + (i - 1/2) * h);
15-      end
16-      T1 = T0/2 + h * F/2;
17-      n = 2 * n;
18-      h = (b - a)/n;
19-  end
20-  ns = ntime;
21-  T = T1;
22-  end
```

4. 数值算例

算例 6.4　用基于先验估计的复化梯形公式和基于区间逐次分半的复化梯形公式计算积分$\int_0^1 \frac{1}{1+x}dx$,要求精度满足$\varepsilon = \frac{1}{2} \times 10^{-4}$(精确到小数点后四位),并将两种方法计算出结果与精确值 ln2 = 0.693 147 180 5… 进行对比。

解法 1　基于先验误差估计的复化梯形公式。

该方法先要根据精度要求估算至少要将区间细分为 n_0 等份,然后基于该等份数用复化梯形公式进行计算。

运行程序 CT1main. m,并在命令行窗口输入:

```
>> n0 ↵
n0 =
      58
>> Tn0 ↵
Tn0 =
     0.693165758942217
```

上述结果表明:如要达到精度要求,需要将区间[0,1]细分成 58 个子区间,计算得到的数值结果 T_{n_0} = 0.693 165 758 9 和 ln2 = 0.693 147 180 5… 相比,小数点后有 4 位有效数字,验证了算法的正确性。该方法只适用于求积函数 $y = f(x)$ 较为简单的情形,方便进行求导运算并估计不等式中的$M = \max|f''(x)|$。本算例中采用了 MATLAB 符号运算得到二阶导数,然后以很小步长在区间上取函数值,最后从这些离散函数值中寻找最大值的办法来得到 M,具体见程序 CT1sub1. m 第 2 ~ 7 行。考虑到求导运算复杂性,实际中更多地是采用后验误差估计的方法来求解的。

解法 2　基于后验误差估计的复化梯形公式:

运行程序 CT2main. m,并在命令行窗口输入:

```
>> nt ↵
nt =
      6
>> Tn ↵
Tn =
      0.693162438883403
```

从结果看出，将区间[0,1]二分 6 次，即分为 $2^6 = 64$ 个小区间。基于区间逐次分半的方法细分区间，区间数只能是 $2^k(k = 0,1,\cdots)$。与解法 1 的区间数 58 相比，64 是细分区间数序列中与之最接近的结果，这说明程序 CT2main.m 的结果合理性。计算结果 $T_n = 0.693\ 162\ 438\ 8$ 和 $\ln 2 = 0.693\ 147\ 180\ 5\cdots$ 相比，小数点后有 4 位有效数字，说明结果的正确性。

对比验证：命令 trapz 是直接使用复化梯形公式进行计算，其调用格式为 trapz(x,y)，这里 y 和 x 分别是积分点 x 序列上的函数值序列 y。本算例可以用该命令来验证复化上述程序结果的正确性，在命令行窗口输入：

```
>> xi = a:1/64:b;
>> yi = fx(xi);
>> trapz(xi,yi)
ans =
      0.693162438883403
```

该结果和 CT2main.m 得到的结果完全相同，验证了其正确性。

6.2.3　复化辛普森公式

1. 方法简介

以步长 $h = \dfrac{b-a}{n}$ 将 $[a,b]$ 等分为 n 个小区间，等分点为 $\{x_i\}_{i=0}^{n}$。如果在每个小区间上采用辛普森公式就得到复化辛普森公式，具体公式推导如下：

在每个小区间 $[x_i, x_{i+1}]$ 使用辛普森公式，从而得到复化辛普森公式

$$\begin{aligned}\int_a^b f(x)\mathrm{d}x = \sum_{i=0}^{n-1}\int_{x_i}^{x_{i+1}} f(x)\mathrm{d}x \approx \sum_{i=0}^{n-1}\frac{h}{6}[f(x_i)+4f(x_{i+\frac{1}{2}})+f(x_{i+1})] = \\ \frac{h}{6}\left(f(a)+2\sum_{i=1}^{n-1}f(x_i)+4\sum_{i=0}^{n-1}f(x_{i+\frac{1}{2}})+f(b)\right) := S_n\end{aligned} \tag{6.23}$$

复化辛普森公式的截断误差为 $E_{S_n} = -\dfrac{b-a}{180}\left(\dfrac{h}{2}\right)^4 f^{(4)}(\xi)\ (a \leqslant \xi \leqslant b)$。

2. 算法设计

从复化辛普森公式(6.23)可以看出，当不考虑括号外面的系数 $h/6$ 时，复化辛普森公式的系数为 1,4,2,4,2,…,2,4,1。在计算时需要生成该系数向量，然后让其与节点上的函数值向量求内积，最后乘以系数 $h/6$。

复化辛普森公式进行先验误差估计时，需要满足精度要求的公式如下：

$$|E_{S_n}| = \left|-\frac{b-a}{180}\left(\frac{h}{2}\right)^4 f^{(4)}(\xi)\right| \leqslant \frac{(b-a)^5}{2\ 880 \times n^4}M \leqslant \varepsilon$$

这里 $M = \max|f^{(4)}(x)|$，从上述式子解出 $n \geqslant \sqrt[4]{\dfrac{M(b-a)^5}{2\ 880\varepsilon}}$，不等式右端一般是个实数，

需要向上取整得到最少区间数。

进行后验误差估计时，和复化梯形公式类似，也是采用区间逐次分半来进行加密，直到 $|S_{2n}-S_n|\leqslant\varepsilon$。

由复化辛普森公式的截断误差估计式可以看出，当 n 较大时 $E_{S_n}\approx ch^4$，c 为一常数。若将区间 $2n$ 等分，则有 $E_{S_{2n}}\approx c\,(h/2)^4$。故有

$$\frac{I-S_n}{I-S_{2n}}\approx 2^4=16 \tag{6.24}$$

式(6.24) 表明：采用区间逐次分半后，复化辛普森公式后一次的误差大概是前一次误差的 1/16。

将式(6.24) 改写为

$$I\approx S_{2n}+\frac{1}{15}(S_{2n}-S_n) \tag{6.25}$$

该式说明了用 S_{2n} 近似 I，误差大概为 $\frac{1}{15}(S_{2n}-S_n)$，因此用 $|S_{2n}-S_n|/15<\varepsilon$ 来判断 S_{2n} 对精确值的近似程度是一种更精细的误差估计方法。

在计算 S_{2n} 时，是在原来 n 个区间 $2n+1$ 个节点的前提下，区间数目增加到 $2n$ 个，节点增加到 $4n+1$ 个，原来的节点和新增加节点上的权值变化如图 6.3 所示。

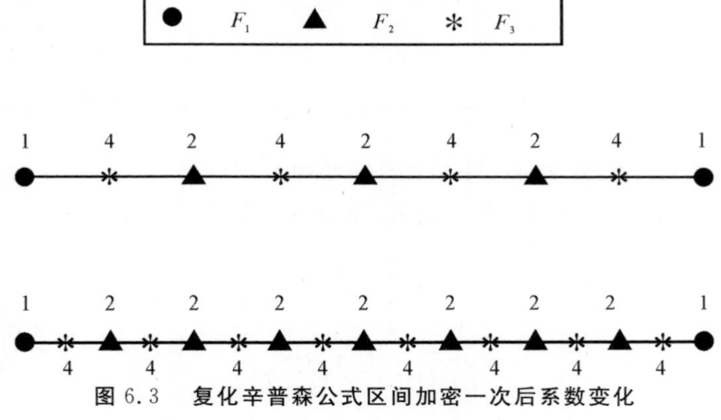

图 6.3　复化辛普森公式区间加密一次后系数变化

根据权值的不同，将 S_n 中的点分为三类：第一类是系数为 1 的边界点(F_1 类)，内部节点分为系数为 4 的点(F_2 类) 和系数为 2 的点(F_3 类)。在二分一次后，计算 S_{2n} 时，第一类边界节点及其上系数没有任何变化，而上一次 F_2 类和 F_3 类节点全部变化为这次的 F_2 类节点，即系数全部变为 2，新增加的点全部为 F_3 类点，其上的系数全部为 4。根据以上规律得到 S_n 和 S_{2n} 的计算公式分别为

$$S_n=\frac{h}{6}(F_1+2F_2+4F_3),\quad S_{2n}=\frac{\hat{h}}{6}(F_1+2\hat{F}_2+4\hat{F}_3)$$

这里 $\hat{h}=h/2$，$\hat{F}_2=F_2+F_3$，计算 S_{2n} 时只需要计算新增节点上函数值之和 $\hat{F}_3$，然后与上一次的 F_2，F_3 进行组合。这样就能避免所有点上函数值加权求和，减少计算量，提高计算效率。

算法 5a　基于先验误差估计的复化辛普森求积算法。

输入数据：被积函数 f，区间端点 a，b，近似解满足的精度要求 ε。

输出数据：满足要求的最少等分数 n_0 积分近似值 S_{n_0}。

计算过程：

Step 1：根据被积函数 f，区间端点 a,b，精度要求 ε 计算最少等分数 n_0；

Step 2：计算步长 $h=(b-a)/n_0$ 及 $x_i=a+ih/2$ 和 $y_i=f(x_i)\ (i=0,1,\cdots,2n_0)$；

Step 3：求积系数 $\boldsymbol{c}=[1,4,2,4,\cdots,2,4,1]$，根据式(6.23) 计算 S_{n_0}；

Step 4：输出最少等份数 n_0 和近似值 S_{n_0}。

算法 5b　基于区间逐步分半的复化辛普森求积算法。

输入数据：区间端点 a,b 以及精度 ε；

输出数据：区间二分次数 k 和积分近似值 S_n；

计算过程：

Step 1：令 $n=2,h=(b-a)/2,k=1$；

Step 2：计算 $F_0=f(a)+f(b),F_1=f((a+b)/2),S_0=h(F_0+4F_1)/3,h=h/2$；

Step 3：令 $F_2=0$，对 $i=1,2,\cdots,n$，计算 $F_2=F_2+f(a+(2i-1)h),k=k+1$；

Step 4：根据式(6.19)，计算 $S_1=h(F_0+2F_1+4F_2)/3$；

Step 5：若 $|S-S_0|\leqslant\varepsilon$，算法终止，输出 S_1；否则，令 $n=2n,h=h/2,S_0=S_1,F_1=F_1+F_2$ 跳转至 Step 3。

3. 程序实现

算法 5a 的 MATLAB 程序(Composite Simpson Rule with apriori times)：

输入：被积函数 fx—— 主程序 CS1main.m 第 3 行；
　　积分区间端点 a,b—— 主程序 CS1main.m 第 4 行；
　　近似值精度要求 eps—— 主程序 CS1main.m 第 5 行

输出：最少区间等分数 n0—— 主程序 CS1main.m 第 6 行；
　　定积分的近似值 Sn0—— 主程序 CS1main.m 第 7 行

主程序代码：CS1main.m

```
1-  clc;clear all;
2-  format long;
3-  fx = @(x) 1./(1 + x);
4-  a = 0; b = 1;
5-  eps = 0.5 * 10^-4;
6-  n0 = CS1sub1(fx,a,b,eps); %find the min number of subintervals
7-  Sn0 = CS1sub2(fx,a,b,n0); %the result of composite Simpson rule
```

子程序代码：CS1sub1.m

```
1-  function nmin = CS1sub1(fx,a,b,eps)
2-  syms x y dy4
3-  y = fx(x);
4-  dy4 = matlabfunction(diff(y,x,4));
5-  xi = a:0.1:b;
6-  yi = dy4(xi);
```

```
7-   M = max(abs(yi));
8-   nmin = ceil((M * (b - a)^5/(2880 * eps))^(1/4));
9-   end
```

子程序代码：CS1sub2. m

```
1-   function S1 = CS1sub2(f,a,b,n)
2-   h = (b - a)/n;
3-   xi = a:h/2:b;
4-   yi = f(xi);
5-   c = ones(1,2 * n + 1);
6-   c(2:2:end - 1) = 4;
7-   c(3:2:end - 2) = 2;
8-   S1 = dot(yi,c);
9-   S1 = (h/6) * S1;
10-  end
```

算法 5b 的 MATLAB 程序(Composite Simpson Rule with Bisection)：

输入：被积函数 fx—— 主程序 CS2main. m 第 3 行；
积分区间端点 a，b—— 主程序 CS2main. m 第 4 行；
近似值精度要求 eps—— 主程序 CS2main. m 第 5 行

输出：逐次分半次数 nt———— 主程序 CS2main. m 第 6 行；
定积分的近似值 Sn———— 主程序 CS2main. m 第 6 行

主程序代码：CS2main. m

```
1    clc;clear all;
2    format long;
3    fx = @(x) 1./(1 + x);
4    a = 0; b = 1;
5    eps = 0.5 * 10^ - 4;
6-   [nt,Sn] = CS2sub(fx,a,b,eps);
```

子程序代码：CS2sub. m

```
1-   function [nt,T] = CS2sub(f,a,b,eps)
2-   %step1
3-   n = 2;
4-   h = (b - a)/2;
5-   %step2
6-   F0 = f(a) + f(b);
7-   F1 = f((a + b)/2);
8-   S0 = (b - a) * (F0 + 4 * F1)/6;
9-   k = 1;
10-  h = h/2;
11-  %step3
12-  F2 = 0;
13-  for i = 1:n
14-      F2 = F2 + f(a + (2 * i - 1) * h);
15-  end
```

```
16-  %step4
17-  S1 = h * (F0 + 2 * F1 + 4 * F2)/3;
18-  %step5
19-  while (abs(S1 - S0)/15) > eps
20-  k = k + 1;
21-  n = 2 * n;
22-  h = h/2;
23-  S0 = S1;
24-  F1 = F1 + F2;
25-  F2 = 0;
26-  for i = 1:n
27-  F2 = F2 + f(a + (2 * i - 1) * h);
28-  end
29-  S1 = h * (F0 + 2 * F1 + 4 * F2)/3;
30-  end
31-  nt = k;
32-  T = S1;
33-  end
```

4. 数值算例

算例 6.5　用基于先验估计的复化辛普森公式和基于区间逐次分半的复化辛普森公式计算积分$\int_0^1 \frac{1}{1+x}\mathrm{d}x$，要求精度满足$\varepsilon = \frac{1}{2}\times 10^{-4}$（精确到小数点后 4 位），并将两种方法的计算次数分别和例 6.4 的计算次数进行比较。

解法 1　基于先验误差估计的复化辛普森公式：该方法先要根据精度要求估算至少要将区间细分为多少等份 n_0，然后基于等份数 n_0 用复化辛普森公式计算近似值。

运行程序 CS1main.m，并在命令行窗口输入：

```
>> n0 ↵
n0 =
        4
>> Sn0 ↵
Sn0 =
          0.693154530654531
```

上述结果表明：用复化辛普森公式计算，如要达到精度要求，需要将区间[0,1]细分成 4 个子区间，总共 9 个节点。计算得到的数值结果 $S_{n_0} \approx 0.693\,154\,530\,65$ 和 $\ln 2 = 0.693\,147\,180\,5\cdots$ 相比，小数点后刚好有 4 位有效数字，验证了算法的正确性。与算例 4 解法 1 中的复化梯形公式需要 58 个子区间共 59 个节点相比，复化辛普森公式只需要 9 个节点就能达到相同精度，因此可见复化辛普森公式的收敛速度更快，事实上，这一点从两种方法的截断误差公式也能直接看出。

解法 2　基于后验误差估计的复化梯形公式。

运行程序 CS2main.m，并在命令行窗口输入：

```
>> nt ↵
nt =
      2
>> Sn ↵
Sn =
      0.693154530654531
```

从结果看出，用基于区间逐次分半的复化辛普森公式计算，并以 $|S_{2n} - S_n|/15 \leqslant \varepsilon$ 进行后验误差控制，只需要进行 2 次折半细分，也就是 $2^2 = 4$ 个子区间上的近似解就能满足要求。与解法 1 的结果是相同的，验证了程序的正确性。如果以 $|S_{2n} - S_n| \leqslant \varepsilon$ 为判断收敛的标准，则需要近似 3 次折半细分，当然结果也更精确。

对比验证：MATLAB 的命令quad可以采用自适应辛普森方法计算数值积分，其调用格式为 quad(fun,a,b) 或者 quad(fun,a,b,tol)，其中 fun 表示函数句柄名，a，b 是积分区间上下界，tol 表示自行设定的精度要求，如果没有 tol，则采用默认的精度 $\varepsilon \leqslant 10^{-6}$。命令quad和命令int的区别是前者是数值积分，而后者是精确积分，quad 计算结果和 int 精确结果相比只有 5 ～ 6 位有效数字。

本算例中，在命令行窗口输入：

```
>> quad(fx,0,1) ↵
ans =
      0.693147199862970
```

上述结果小数点后至少有 4 位有效数字，也能验证程序 CS2main.m 的结果达到精度要求。

6.2.4 龙贝格求积法

从前面的算例 6.5 可以看出要达到相同的精度，复化辛普森公式需要的节点比复化梯形公式要少；基于相同的节点，复化辛普森公式的结果要比复化梯形公式的结果精度更高。一个自然的想法是在当前的节点分布上，用复化辛普森公式替代复化梯形公式来进行计算。

从式(6.21) 看出，在近似定积分 I 时，$T_{2n} + \frac{1}{3}(T_{2n} - T_n)$ 比 T_{2n} 的近似效果更好，可以证明

$$T_{2n} + \frac{1}{3}(T_{2n} - T_n) = \frac{4}{3}T_{2n} - \frac{1}{3}T_n = S_n \tag{6.26}$$

式(6.26) 表明 n 个和 $2n$ 个等距子区间上复化梯形公式的线性组合恰好是 n 个子区间上的复化辛普森公式。由于复化辛普森公式求积系数较为复杂，所以可以先计算出在逐次分半区间上的一个复化梯形公式序列 $T_1, T_2, \cdots, T_{2n}$，然后将它们按式(6.24) 组合得到 $S_1, S_2, \cdots, S_n$，这样就能得到比 T_{2n} 更好的结果 S_n，这种方法本质上是对收敛数列 $T_1, T_2, \cdots, T_{2n}$ 的外推，两个相邻数线性组合后将复化梯形公式的误差 $O(h^2)$ 提高到 $O(h^4)$。类似地可以对 $S_1, S_2, \cdots, S_n$ 再次进行外推，以得到更为精确的结果，从式(6.25) 可以看出外推系数分别为 16/15，−1/15，可以证明

$$\frac{16}{15}S_{2n}-\frac{1}{15}S_n=C_n \tag{6.27}$$

即基于区间逐次分半求积的复化辛普森公式进行外推得到复化柯特斯求积公式的计算值，从而把误差从 $O(h^4)$ 提高到 $O(h^6)$。

这种基于区间逐次分半的复化梯形公式的计算结果，层层进行外推以得到更为精确的结果的方法就是龙贝格求积法。

1. 方法简介

龙贝格积分就是基于区间逐次分半情形下的复化梯形公式结果，不断进行外推，进而得到更高精度的近似解。假设对区间折半细分了 k 次，则用复化梯形公式得到的数列为 $T_1, T_2, \cdots, T_{2n}$，这里 $2n=2^k$，总共 $k+1$ 个数。进行第一次外推，得到 $S_1, S_2, \cdots, S_n$ 共 k 个数，外推系数分别为 $\frac{4}{3}=\frac{4}{4-1}, -\frac{1}{3}=-\frac{1}{4-1}$。用 $S_1, S_2, \cdots, S_n$ 进行第 2 次外推，得到 $k-1$ 个数 $C_1, C_2, \cdots, C_{n/2}$，外推系数分别为 $\frac{16}{15}=\frac{4^2}{4^2-1}, -\frac{1}{15}=-\frac{1}{4^2-1}$。依次类推，总共能进行 k 次外推，可见外推次数取决于区间折半细分次数。根据龙贝格积分算法[5]，第 j 次外推通用公式为

$$\frac{4^j}{4^j-1}X_{2n}-\frac{1}{4^j-1}X_n=Y_n \tag{6.28}$$

当 $j\to\infty$ 时，$\lim\limits_{j\to\infty}\frac{4^j}{4^j-1}=1, \lim\limits_{j\to\infty}\frac{1}{4^j-1}=0$，从式(6.28)可知 $X_{2n}\approx Y_n$。说明随着外推次数的增加，外推对精度的提高也会越来越有限，故龙贝格算法并不建议使用过多次数的外推。

2. 算法设计

算法 6　龙贝格求积算法。

输入数据：积分区间端点 a, b 及折半细分次数 k。

输出数据：龙贝格求积算法的积分表。

Step 1：根据复化梯形公式(6.22)计算序列 $T_1, T_2, \cdots, T_{2^k}$；

Step 2：对 $j=1,2,\cdots,k$ 进行循环，按照式(6.28)逐层进行外推，得到相应的序列 $\{S_i\}_{i=1}^{k}$，$\{C_i\}_{i=1}^{k-1}, \cdots, \{R\}$；

Step 3：将上述结果进行存储，并格式输出积分表。

3. 程序实现

算法 6 的 MATLAB 程序：

输入：被积函数 fx—— 主程序 RImain.m 第 3 行； 积分区间端点 a,b—— 主程序 RImain.m 第 4 行； 细分次数 k—— 主程序 RImain.m 第 5 行
输出：Romberg 求积算法得到的积分表 Rmat—— 主程序 RImain.m 第 6 行
主程序代码：RImain.m

```
1-  clc;clear;
2-  format long
3-  fx = @(x) 4./(1 + x.^2);
4-  a = 0; b = 1;
5-  k = 6;
6-  Rmat = RIsub(fx,a,b,k);
```

子程序代码:RIsub1.m

```
1-  function A = RIsub(f,a,b,k)
2-  Ti = zeros(k+1,1);
3-  A = zeros(k+1,k+1);
4-  h = b-a;
5-  Ti(1) = h*(f(a) + f(b))/2;
6-  for i = 1:k
7-      n = 2^(i-1);
8-      F = 0;
9-      for j = 1:n
10-         F = F + f(a + (2*j-1)*h/2);
11-     end
12-     Ti(i+1) = Ti(i)/2 + h*F/2;
13-     h = h/2;
14- end
15-   A(:,1) = Ti;
16- for j = 2:k+1
17-    for i = j:k+1
18-        w1 = 4^(j-1)/(4^(j-1)-1);
19-        w2 =-1/(4^(j-1)-1);
20-        A(i,j) = A(i,j-1)*w1 + A(i-1,j-1)*w2;
21-    end
22- end
23- fid = fopen('Rombegmatrix.txt','w');
24-   for i = 1:k+1
25-       fprintf(fid,repmat('%10.9f ',[1,i]),(A(i,1:i)));
26-       fprintf(fid,'\n');
27-   end
28- end
```

4. 数值算例

算例 6.6　利用龙贝格积分法计算$\int_0^1 \frac{4}{1+x^2}dx$的近似值,要求进行 4 次外推,将得到的结果与精确值 $\pi = 3.141\ 592\ 653\ 589\ 7\cdots$ 进行对比。

解　运行程序 RImain.m,在命令行窗口输入

```
>> Rmat(end,end) ↵
ans =
     3.141592665277718
```

```
>> ans - pi ↲
ans =
        1.168792440608968e-08
```

结果ans是外推到最后一次的结果，用end进行索引的优点是不需要知道矩阵或向量的维数。该结果和计算机存储的圆周率 pi 的绝对误差限为 0.5×10^{-7}，表明它有 8 位有效数字。

程序 RIsub1.m 中将每次外推得到的结果存储到一个下三角矩阵 $\boldsymbol{A}$，并将其格式输出到文件名为 Rombegmatrix.txt 的数据文件。打开该文件，并将该矩阵数据排列到表 6.3 中。从表中数据可以看出，基于区间逐次分半的复化梯形公式求积，最好的结果 $T_{16}=3.140\,941\,612$ 只有 3 位有效数字。但是通过外推之后，得到的龙贝格积分最好的结果有 8 位有效数字，计算精度提升很大。

表 6.4　算例 6.6 的龙贝格积分表

n	复化梯形序列	外推 1 次	外推 2 次	外推 3 次	外推 4 次
1	3.000 000 000				
2	3.100 000 000	3.133 333 333			
4	3.131 176 471	3.141 568 627	3.142 117 647		
8	3.138 988 494	3.141 592 502	3.141 594 094	3.141 585 784	
16	3.140 941 612	3.141 592 651	3.141 592 661	3.141 592 638	3.141 592 665

6.2.5　高斯型求积公式

牛顿-柯特斯积分公式一般格式为

$$\int_a^b f(x)\mathrm{d}x \approx \sum_{i=0}^{n} A_i f(x_i)$$

这里的求积节点是等分点 $x_i=a+ih(i=0,1,\cdots,n)$，由于含有 $n+1$ 个待定参数 $A_i(i=0,1,\cdots,n)$，故至少需要 $n+1$ 个方程来确定这些系数。从检验代数精确度的方法去给出这些方程，则需要以基函数 $1,x,\cdots,x^n$ 为被积函数，建立精确积分等于数值积分的等式，这就意味着该积分公式至少具有 n 次代数精确度。为了取得更高的代数精确度，将节点也设为未知数，这样就需要确定 $2n+2$ 个待定参数。同理至少需要 $2n+2$ 个方程来确定这些参数，这样公式的代数精确度就可以达到 $2n+1$ 次。把基于 $n+1$ 个点的具有 $2n+1$ 次代数精确度的求积公式称为高斯求积公式，这些挑选出来的节点被称为高斯点。

高斯求积公式更一般的形式为

$$\int_a^b \rho(x) f(x)\mathrm{d}x \approx \sum_{i=0}^{n} A_i f(x_i)$$

式中，$\rho(x)$ 为权函数。公式中高斯点 $\{x_i\}_{i=0}^{n}$ 的选择不仅和权函数有关，而且和积分区间 $[a,b]$ 相关。由于任何两个有界区间之间可以通过线性变换来进行相互转换，所以可以选择一个对称的标准区间 $[-1,1]$ 来建立一系列的高斯积分公式，任何其他区间上的积分可以通过变换到标准区间来计算。

1. 方法简介

常用的以 $\rho(x)=1$，积分区间为 $[-1,1]$ 的高斯积分被称为高斯 - 勒让德求积公式，公式的格式为$\int_{-1}^{1} f(x)\mathrm{d}x \approx \sum_{i=0}^{n} A_i f(x_i)$。由于用代数精确度建立的非线性方程组求解困难，所以不会采用这种方法来求高斯点和对应系数。根据高斯积分理论，n 个高斯点为 n 次正交多项式的零点，此处正交是以内积为零来定义的，$(f(x), g(x)) = \int_a^b \rho(x) f(x) g(x)\mathrm{d}x$ 表示两个函数的带权内积。

高斯-勒让德正交多项式的通式为

$$\left.\begin{aligned} p_0(x) &= 1 \\ p_n(x) &= \frac{1}{2^n n!} \frac{\mathrm{d}^n}{\mathrm{d}x^n}(x^2-1)^n, \quad n = 1,2,\cdots \end{aligned}\right\} \tag{6.29}$$

由通式求得该正交多项式的前 6 项分别为

$$\begin{aligned} p_0(x) &= 1 \\ p_1(x) &= x \\ p_2(x) &= (3x^2-1)/2 \\ p_3(x) &= (5x^3-3x)/2 \\ p_4(x) &= (35x^4-30x^2+3)/8 \\ p_5(x) &= (63x^5-70x^3+15x)/8 \end{aligned}$$

由这些多项式求得的零点(高斯点)及相应的求积系数见表 6.5。

表 6.5　高斯-勒让德求积公式的求积节点和求积系数

n	x_k	A_k
1	0	2
2	±0.577 350 269 2	1
3	±0.774 596 669 2 0	0.555 555 555 6 0.888 888 888 9
4	±0.861 136 311 6 ±0.339 981 043 6	0.347 854 845 1 0.652 145 154 9
5	±0.906 179 845 9 ±0.538 469 310 1 0	0.236 926 885 1 0.478 628 670 5 0.568 888 888 9

对于定积分$\int_a^b f(x)\mathrm{d}x$ 进行积分时，可以通过变量代换

$$x = \frac{a+b}{2} + \frac{b-a}{2}t \tag{6.30}$$

将区间[a,b]上的积分转化为[-1,1]上的积分

$$\int_a^b f(x)\mathrm{d}x = \frac{b-a}{2}\int_{-1}^{1} f\left(\frac{a+b}{2} + \frac{b-a}{2}t\right)\mathrm{d}t \tag{6.31}$$

然后再使用 高斯-勒让德 求积公式进行计算。

取$\rho(x) = \frac{1}{\sqrt{1-x^2}}$，在区间[$-1$,1]上建立的高斯公式被称为高斯-切比雪夫求积公式，该

公式的通式为

$$p_n(x)=\cos(n\arccos x) \tag{6.32}$$

由通式求得该正交多项式的前 6 项分别为

$$p_0(x)=1$$

$$p_1(x)=x$$

$$p_2(x)=2x^2-1$$

$$p_3(x)=4x^3-3x;$$

$$p_4(x)=8x^4-8x^2+1$$

$$p_5(x)=16x^5-20x^3+5x$$

$n+1$ 阶的切比雪夫多项式的高斯点为 $x_i=\cos\dfrac{2i+1}{2(n+1)}\pi(i=0,1,\cdots,n)$，求积系数为 $A_i=\dfrac{\pi}{n+1}(i=0,1,\cdots,n)$。

同样地，对于区间 $[a,b]$ 上的积分，可利用如下公式进行计算：

$$\int_a^b\frac{f(x)}{\sqrt{1-x^2}}\mathrm{d}x=\frac{b-a}{2}\int_{-1}^{1}f\left(\frac{a+b}{2}+\frac{b-a}{2}t\right)\Big/\sqrt{1-\left(\frac{a+b}{2}+\frac{b-a}{2}t\right)^2}\,\mathrm{d}t \tag{6.33}$$

2. 算法设计

算法 7a　高斯-勒让德求积算法。

输入数据：积分区间端点 a，b 及高斯点的个数 n。

输出数据：积分近似值 I_{GL}。

Step 1：根据 n 生成求积系数 c_i；

Step 2：将标准区间 $[-1,1]$ 上的高斯点 $x_i(i=1,2,\cdots,n)$ 转化为实际区间上高斯点 $\hat{x}_i=\dfrac{a+b}{2}+\dfrac{b-a}{2}x_i(i=1,2,\cdots,n)$；

Step 3：计算数值积分值 $I_{\mathrm{GL}}=\dfrac{b-a}{2}\sum\limits_{i=1}^{n}c_if(\hat{x}_i)$。

算法 7b　高斯-切比雪夫求积算法。

输入数据：积分区间端点 a，b 及高斯点的个数 n。

输出数据：积分近似值 I_{GC}。

Step 1：根据 n 生成求积系数 $c_i=\dfrac{\pi}{n+1}$；

Step 2：将标准区间 $[-1,1]$ 上的高斯点 $x_i=\cos\left(\dfrac{2i+1}{2n+2}\pi\right)(i=1,2,\cdots,n)$ 转化为实际区间上高斯点 $\hat{x}_i=\dfrac{a+b}{2}+\dfrac{b-a}{2}x_i(i=1,2,\cdots,n)$；

Step 3：$I=\dfrac{b-a}{2}\sum\limits_{i=1}^{n}c_if(\hat{x}_i)$。

3. 程序实现

算法 7 的 MATLAB 程序（算法 7a 和 7b 共用一个主程序）：

输入：原函数 fx—— 主程序 GImain1. m 第 3 行；
积分区间端点 a，b—— 主程序 GImain1. m 第 4 行；
Gauss 点的个数 n—— 主程序 GImain1. m 第 5 行

输出：积分近似值 IGL—— 主程序 GImain1. m 第 6 行；
积分近似值 IGC—— 主程序 GImain1. m 第 7 行

主程序代码：GImain. m

```
1-  clc;clear all;
2-  format long;
3-  f = @(x) 4./(1 + x.^2);
4-  a = 0; b = 1;
5-  n = input('input the number of Gauss points,n = ? \n');
6-  IGL = GIsub1(f,n,a,b)
7-  IGC = GIsub2(f,n,a,b)
```

子程序代码：GIsub1. m

```
1-  function I1 = GIsub1 (f,n,a,b)
2-  switch n
3-      case 1
4-          c = 2;
5-          x = 0;
6-      case 2
7-          c = [1,1];
8-          x = [- 1/sqrt(3),1/sqrt(3)];
9-      case 3
10-         c = [5/9,8/9,5/9];
11-         x = [- sqrt(3/5),0,sqrt(3/5)];
12-     case 4
13-         c = [0.3478548451,0.6521451549,0.6521451549,0.3478548451];
14-         x = [- 0.8611363116, - 0.3399810436,0.3399810436,0.8611363116];
15- end
16- x1 = (a + b)/2 + ((b - a)/2) * x;
17- I1 = ((b - a)/2) * dot(c,f(x1));
18- end
```

子程序代码：GIsub2. m

```
1-  function I2 = GIsub2(f,n,a,b)
2-  i = 0:n - 1;
3-  c = ones(1,n) * pi/n;
4-  x = cos(pi * (2 * i + 1)/(2 * n));
5-  x1 = (a + b)/2 + ((b - a)/2) * x;
6-  y1 = f(x1). * sqrt(1 - x1.^2);
7-  I2 = ((b - a)/2) * dot(c,y1);
8-  end
```

【编程技巧 6.4】 对于高斯-勒让德算法，由于高斯点和权函数较为复杂，所以采用在程序中事先对它们进行存储，然后根据输入高斯点数目进行调用的方法。而对于高斯-切比雪夫算法，高斯点分布较为规律且每个点上权函数相等，因此采用在程序中计算权函数的方法。

【易错之处 6.1】 对于高斯-切比雪夫算法，由于权函数是$(1-x^2)^{-\frac{1}{2}}$，所以非常适合计算含有该权函数的积分，对于普通函数 $f(x)$ 进行的积分，可以将其视为$(1-x^2)^{-\frac{1}{2}}f(x)(1-x^2)^{\frac{1}{2}}$，因此被积函数应该为 $f(x)(1-x^2)^{\frac{1}{2}}$ 而非 $f(x)$，具体见程序 GIsub2.m 的第 6 行。

4. 数值算例

算例 6.7：利用高斯-勒让德求积公式和高斯-切比雪夫求积公式分别计算 $\int_0^1 \frac{4}{1+x^2}dx$ 的近似值，高斯点的数目分别取为 1，2，3，4，并将结果与牛顿-柯特斯公式的结果进行对比。

解 运行程序 GImain.m，命令行窗口提示输入高斯点数目，在光标闪烁处输入数字 4，得到如下结果：

```
input the number of Gauss points,n=?
4 ↵
IGL =
        3.141611905248539
IGC =
        3.922384500261754
```

高斯点数分别取 1，2，3，4，执行程序得到两种方法的结果见表 6.6。

表 6.6　算例 7 的高斯积分结果

n	高斯-勒让德	高斯-切比雪夫
1	3.200 000 000	4.353 118 474
2	3.147 540 984	3.989 382 390
3	3.141 068 140	3.934 308 285
4	3.141 611 905	3.922 384 500

从上面结果看出高斯-勒让德求积公式比高斯-切比雪夫求积公式在计算该问题时，精度较高。这也是前者被广泛采用的原因，实际计算中，为了进一步提高精度人们往往使用复化的高斯求积公式，即先将整个区间划分成很多子区间，然后在每个子区间上采用点数较少的高斯-勒让德求积公式。

本 章 习 题

1. 对函数 $f'(x)=e^x$，分别采用不同的步长 $h=0.1\times10^{-2k}(k=0,1,\cdots,5)$，利用式(6.6)～式(6.9)计算 $f'(1)$ 与 $f''(1)$ 的近似值，观察误差随着步长的减小有什么变化规律。

2. 对于区间 n 等分上的牛顿-柯特斯公式中求积系数的计算公式进行符号运算推导，然后于得到系数编程计算例 3 中的定积分近似值，计算中 n 分别取 3，4，5，6，并将计算结果与精确值进行对比。

3. 编程求解以下定积分：

$$I = \int_0^1 \frac{4}{1+x^2} \mathrm{d}x$$

(1)将区间 10 等分，然后用复化梯形和复化辛普森公式计算 I 的近似值。

(2)要求误差不超过10^{-4}，先分别估计需要的等距区间份数，然后利用复化梯形和复化辛普森公式计算 I 的近似值。

4. 将高斯勒让德积分从一维推广到二维，推广方法为将原来的 2 点积分转化为 $2\times 2=4$ 点积分，原来的 3 点积分转化为 $3\times 3=9$ 点高斯积分，这些点上的权函数为一维权函数的乘积，用该方法计算下面的二重积分：

$$I = \int_{-1}^1 \int_{-1}^1 \mathrm{e}^{x+y} \mathrm{d}x$$

5. 储存油料的储油罐通常埋在加油站地面下方。设某型储油罐中间是圆柱形，两边是两个形状相同的半球，其剖面图如图 6.4 所示，其中图 6.4(a)表示正常状态，图 6.4(b)表示油罐绕 O 点逆时针旋转了 5°。储油罐中固定有一根探针，最小刻度为 0.01 m，在 O 点右侧 1 m 处。计算油罐随着探针的刻度从 0 到 2 m 变化时，两个储油罐中的油料体积变化情况。储油罐几何参数为长度 L 为 6 m，球体半径为 1.5 m。

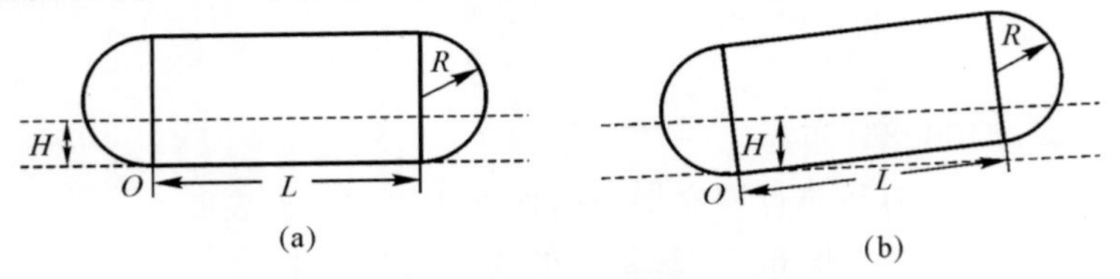

图 6.4　储油罐剖面图

(a)正常状态；(b)倾斜状态

第7章　常微分方程的MATLAB求解

本章将介绍一阶常微分方程的初值问题的数值求解方法和编程实现，主要包括向前欧拉法（显式欧拉法）、向后欧拉法（隐式欧拉法）、欧拉预估校正、龙格-库塔和线性多步法等方法。

7.1　简单的单步法

考虑一阶常微分方程的初值问题

$$\left.\begin{array}{l} y' = f(x,y), x \in [a,b] \\ y(x_0) = y_0 \end{array}\right\} \tag{7.1}$$

如果函数满足 $|f(x,y_1)-f(x,y_2)| \leqslant L|y_1-y_2|$，则式(7.1)的解是存在唯一的。如果函数 $y(x)$ 满足(7.1)的微分方程和边界条件，则称 $y(x)$ 为式(7.1)的解析解。例如自由落体问题满足加速度 $v'(t)=g$，初值条件为 $v(0)=0$，该问题的解析解为 $v=gt$。由工程和科学中建立的大部分微分方程模型无法求解析解，只能求解数值解。数值解首先对整个区间 $[a,b]$ 进行离散（一般以步长 h 进行等距离散）

$$a=x_0 \leqslant x_1 \leqslant \cdots \leqslant x_n=b \tag{7.2}$$

记这些点上的精确解为 $y(x_i)$，用数值方法得到的近似值被记为 y_i。由于一次无法求出所有点上的近似值，所以一般从初始时刻 x_0 开始向后对 x_1 处的函数值 y_1 进行求解，然后 y_2，y_3，…依次求解。$E_i=y(x_i)-y_i$ 被称为整体截断误差。

基于微分方程的泰勒展开式和基于积分方程的数值积分方法可得到各种数值计算格式。在任意一个区间段 $[x_i, x_{i+1}]$，对方程式(7.1)两边进行积分

$$\int_{x_i}^{x_{i+1}} y' \mathrm{d}t = \int_{x_i}^{x_{i+1}} f(t,y) \mathrm{d}t \tag{7.3}$$

根据牛顿-莱布尼茨公式，可得

$$y(x_{i+1}) = y(x_i) + \int_{x_i}^{x_{i+1}} f(t,y) \mathrm{d}t \tag{7.4}$$

使用不同的数值积分公式近似右端的定积分项，就能得到不同的数值格式。

根据在计算 x_{i+1} 处 $y(x_{i+1})$ 的近似值 y_{i+1} 时，用到的前面节点上的近似值的多少不同，将数值方法分为单步法和多步法，单步法是指只用到前一个节点 x_i 上的 y_i 构造的算法。

欧拉法是求解一阶常微分方程初值问题最常用且最简单的单步法，其最直接构造方法是用向前差商 $\frac{y_{i+1}-y_i}{h}$ 或者向后差商 $\frac{y_i-y_{i-1}}{h}$ 代替点 x_i 上的一阶导数值，然后根据微分方程得

到 $y_{i+1}=y_i+hf(x_i,y_i)$或者 $y_i=y_{i-1}+hf(x_i,y_i)$，它们分别被称为向前欧拉法或者向后欧拉法，前者可以直接进行计算，而后者由于未知量 y_i 在等式的两边，所以需要进行迭代求解。

7.1.1 向前欧拉法

1. 方法简介

向前欧拉方法是最基本的一种显式方法，其基本思想源于对非线性问题的线性近似，例如将 $y(x)$在 x_0 处泰勒展开

$$y(x)=y(x_0)+y'(x_0)(x-x_0)+\frac{y''(\xi)}{2!}(x-x_0)^2$$

当 $x\to x_0$，$(x-x_0)^2$ 是高阶无穷小量时，上式可写为

$$y(x)\approx y(x_0)+y'(x_0)(x-x_0)$$

令 $x=x_1$ 则得到 $y(x_1)\approx y(x_0)+y'(x_0)(x_1-x_0)$，基于此式建立的计算格式为

$$y_1=y_0+hy'(x_0)=y_0+hf(x_0,y_0) \tag{7.5}$$

此即向前欧拉法的第一步计算，局部截断误差为$\frac{y''(\xi)}{2!}(x_1-x_0)^2=O(h^2)$，该方法是一种一阶方法。根据$[x_0,x_1]$上的积分形式(7.4)，可以理解为用左矩形公式来近似右端定积分。

同理在 x_1 处泰勒展开，再令 $x=x_1$，可得 $y(x_2)\approx y(x_1)+y'(x_1)(x_2-x_1)$，和第一步时已知 $y(x_0)=y_0$ 不同，第二步计算时 $y(x_1)\approx y_1$，于是得到 $y_2=y_1+hf(x_1,y_1)$。以此类推，得到计算点 $x_{i+1}(i=0,1,\cdots)$上的 $y(x_i)$近似值的统一方法为

$$y_{i+1}=y_i+hf(x_i,y_i) \tag{7.6}$$

由于是用对泰勒公式的线性截断，从几何上看，向前欧拉法是一种用首尾相连的折线段来近似曲线 $y(x)$的方法，所以也被称为折线法。

2. 算法设计

由于向前欧拉法是显式方法，所以可以直接进行迭代计算。计算时，虽然理论上可以一直向 $x\to+\infty$推进，但考虑到误差累积的因素和迭代中止的要求，需要设定一个计算终点 b。令初值 $x_0=a$，则可以根据离散点数目 n，确定离散步长 $h=(b-a)/n$。

利用步长 h 和初始点 x_0，首先生成离散点 $x_i=x_0+ih(i=1,2,\cdots,n)$，然后让循环变量 i 从 1 到 n 循环，根据式(7.6)计算节点 x_i 上 $y(x_i)$的近似值 y_i。

算法 1　向前欧拉法算法(Forward Euler Method)。

输入数据：初始点 x_0 及终点 b，初值 $y(x_0)$，函数 $f(x,y)$。

输出数据：离散点 x_i 上的数值解 y_i。

计算过程：

Step 1：根据输入离散点数 n，计算步长 h 并生成$\{x_i\}_{i=0}^n$。

Step 2：对 i 从 1 到 n 进行循环，计算

$$y_i=y_{i-1}+hf(x_{i-1},y_{i-1})$$

关于该方法每个 x_i 点上的整体截断误差(真实误差)估计比较困难，但通过假定 $y_{i-1}=$

$y(x_{i-1})$，利用泰勒公式能估计出局部截断误差为$\frac{y''(\xi_i)}{2!}h^2(x_{i-1}<\xi_i<x_i)$。由于向前欧拉法具有一阶的收敛性，所以当 $h\to 0$ 时能保证 $y_i\to y(x_i)$。考虑到收敛阶较低，实际计算中应该将步长 h 尽可能取小。

3. 程序实现

算法 1 向前欧拉法的 MATLAB 程序：

输入：右端函数 f(x,y)——主程序 FEmain.m 第 3 行
　　初始点 x0 及初值条件 y0——主程序 FEmain.m 第 4 行；
　　终点 b 和需要等分的区间数 ne——主程序 FEmain.m 第 5,6 行

输出：离散节点 xi 及其数值解 yi——主程序 FEmain.m 第 8,9 行

主程序代码：FEmain.m

```
1-  clc;
2-  clear all;
3-  fxy=@(x,y)y-2*x/y;
4-  x0=0; y0=1;
5-  b=1;
6-  ne=10;
7-  h=(b-x0)/ne;
8-  xi=x0:h:b;
9-  yi=FEsub(fxy,xi,y0,h);
```

子程序代码：FEsub.m

```
1-  function y1=FEsub(fun,x1,y0,h)
2-  np=length(x1);
3-  y1=zeros(1,np);
4-  y1(1)=y0;
5-  for i= 2:np
6-      y1(i) = y1(i-1)+h*fun(x1(i-1),y1(i-1));
7-  end
8-  plot(x1,y1,'r-o');
```

【编程技巧 7.1】　子程序 FEsub.m 第 2,3 行是用来生成一个和 x1 的维数相同的 y1 数组并赋值为零。采用了先查询 x1 的长度，再生成 y1 的方法。实际上可以用更简单的生成方法，即 y1=0*x1。

4. 数值算例

算例 7.1　取步长为 $h=0.1$，在区间[0,1]上用向前欧拉方法求解如下常微分方程初值问题：

$$\begin{cases}\dfrac{dy}{dx}=y-\dfrac{2x}{y}, & 0<x\leqslant 1\\ y(0)=1\end{cases}$$

解 运行 FEmain.m,在命令行窗口输入:

```
>>dsolve('Dy=y-2*x/y','y(0)=1','x') ↵
ans =
(2*x + 1)^(1/2)
```

命令dsolve可以用来求解简单常微分初值问题的解析解,调用格式为 dsolve(deq,intvalue,variable),dep 表示微分方程,其中一阶导数用 D 表示,二阶导数用 D2 表示,intvalue 表示初值条件,variable 表示自变量。一阶常微分方程默认的自变量是 t,因此命令行 dsolve('Dy=y-2*t/y','y(0)=1')也会得到相同结果,即算例 7.1 这个问题的精确解为 $y=\sqrt{2x+1}$。

为了检验向前欧拉法得到的数值解的精度,分别将数值解 y_i 和精确解 $y(x_i)$ 及它们之间的误差列在表 7.1。

表 7.1 算例 7.1 的向前欧拉法计算结果与精确解对比

k	数值解 y_k	精确解 $y(x_k)$	$y(x_k)-y_k$
0	1.000 000 00	1.000 000 00	0
1	1.1000 00 00	1.095 445 12	0.004 554 88
2	1.191 818 18	1.183 215 96	0.008 602 22
3	1.277 437 83	1.264 911 06	0.012 526 77
4	1.358 212 60	1.341 640 79	0.016 571 81
5	1.435 132 92	1.414 213 56	−0.020 919 36
6	1.508 966 25	1.483 239 70	−0.025 726 55
7	1.580 338 24	1.549 193 34	−0.031 144 90
8	1.649 783 43	1.612 451 55	−0.037 331 88
9	1.717 779 35	1.673 320 05	−0.044 459 30
10	1.784 770 83	1.732 050 81	−0.052 720 02

7.1.2 向后欧拉法

1. 方法简介

向后欧拉方法是一种最基本的隐式方法,不同于向前欧拉法将 $y(x)$ 在 x_0 处泰勒展开代入 x_1 并进行线性截断,向后欧拉法是将 $y(x)$ 在 x_1 处泰勒展开

$$y(x)=y(x_1)+y'(x_1)(x-x_1)+\frac{y''(\xi)}{2!}(x-x_1)^2$$

当 $x\to x_1$,$(x-x_1)^2$ 时是高阶无穷小量,上式可写为

$$y(x)\approx y(x_1)+y'(x_1)(x-x_1)$$

令 $x=x_0$,则得到 $y(x_0)\approx y(x_1)+y'(x_1)(x_0-x_1)$,基于此式建立的计算格式为

$$y_1=y_0+hy'(x_1)=y_0+hf(x_1,y_1) \tag{7.7}$$

此即向后欧拉法的第一步计算公式,局部截断误差为 $-\frac{y''(\xi)}{2!}(x_1-x_0)^2=O(h^2)$,该方法是也是一种一阶方法。根据 $[x_0,x_1]$ 上的积分形式(7.4),可以理解为用右矩形公式来近似

右端定积分。

类似地，在其他节点 x_{i+1} 上，得到向后欧拉法的计算通式

$$y_{i+1} = y_i + hf(x_{i+1}, y_{i+1}) \tag{7.8}$$

式中，未知数 y_{i+1} 出现在方程两边，因此这是一种隐式格式，一般无法将右端的包含 y_{i+1} 的项移到左端，然后推导出相应显式格式，故常常需要用迭代法来求解式(7.8)，迭代计算格式为

$$y_{i+1}^{(k+1)} = y_i + hf(x_{i+1},\ y_{i+1}^{(k)}),\quad k = 0,1,\cdots \tag{7.9}$$

迭代中需要设置迭代终止条件 $|y_{i+1}^{(k+1)} - y_{i+1}^{(k)}| \leqslant \varepsilon$，该迭代算法收敛的必要条件是步长 h 满足 $hL < 1$，这里的 L 是条件 $|f(x,y_1) - f(x,y_2)| \leqslant L|y_1 - y_2|$ 中的常数。

2. 算法设计

同向前欧拉法一样，向后欧拉法也首先需要设定一个计算终点 b，然后根据离散点数目 n，确定离散步长 $h = (b-a)/n$ 并生成离散点 $x_i = x_0 + ih(i = 1,2,\cdots,n)$。

最后让循环变量 i 从 0 到 $n-1$ 循环，根据式(7.9)计算节点 x_{i+1} 上 $y(x_{i+1})$ 的近似值 y_{i+1}。此处用简单迭代法计算时，需要设定迭代初值 $y_{i+1}^{(0)}$、容许误差 ε 和最大迭代次数 $N_{\max}$，迭代计算可直接调用第 3 章的子程序 FPIsub. m。

算法 2　向后欧拉法算法(Backward Euler Method)。

输入数据：初始点 x_0 及终点 b，初值 $y(x_0)$，函数 $f(x,y)$。

输出数据：离散点 x_i 上的数值解 y_i。

计算过程：

Step 1：根据输入离散点数 n，计算步长 h 并生成 $\{x_i\}_{i=0}^{n}$。

Step 2：对 i 从 0 到 $n-1$ 进行循环，迭代计算 y_{i+1}，计算公式为

$$y_{i+1}^{(k+1)} = y_i + hf(x_{i+1}, y_{i+1}^{(k)})$$

由于向后欧拉法具有一阶的收敛性，所以当 $h \to 0$ 时能保证 $y_{i+1} \to y(x_{i+1})$。另外，隐式欧拉法方法比显式欧拉法要稳定，可以选择较大的步长 h 来进行计算，但为了保证迭代收敛，需要满足条件 $hL < 1$。

3. 程序实现

算法 2 向后欧拉法的 MATLAB 程序：

输入：右端函数 f(x,y)——主程序 BEmain. m 第 3 行； 初始点 x0 及初值条件 y0——主程序 BEmain. m 第 4 行； 终点 b 和需要等分的区间数 ne——主程序 BEmain. m 第 5,6 行； 迭代初值 yi0 和最大迭代次数 Nmax——主程序 BEmain. m 第 7 行； 容许误差 tol——主程序 BEmain. m 第 8 行
输出：离散点 xi 处数值解 yi——主程序 BEmain. m 第 11 行
主程序代码 BEmain. m

```
1-  clc;
2-  clear all;
```

```
3-   fxy=@(x,y)y-2*x/y;
4-   x0=0; y0=1;
5-   b=1;
6-   ne=10;
7-   yi0=1; Nmax=200;
8-   tol=0.5e-4;
9-   h=(b-x0)/ne;
10-  xi=x0:h:b;
11-  yi=BEsub(fxy,xi,y0,h,yi0,Nmax,tol);
```

子程序代码:BEsub.m

```
1-   function y1=BEsub(fxy,x1,y0,h,a0,max,tol)
2-   np=length(x1);
3-   y1=zeros(1,np);
4-   y1(1)=y0;
5-   for i = 2:np
6-       a=y1(i-1);
7-       b=x1(i);
8-       phi=@(y)(a+h*fxy(b,y));
9-       [yk,niter]=FPIsub(phi,a0,tol,max);
10-      y1(i)=yk;
11-  end
12-  plot(x1,y1,':x');
```

子程序代码:FPIsub.m

```
1-   function [xk, niter] = FPIsub (phi, a0, tol, max)
2-   x = zeros(max, 1);
3-   er = zeros(max, 1);
4-   x(1) = a0; % Set an intial value
5-   % fixed point iteration
6-   for i = 1 : max
7-       x(i+1) = phi(x(i));
8-       er(i+1) = x(i+1)-x(i);
9-       iter = i+1;
10-      if (abs (er(i+1)) < tol)
11-              fprintf('itertion method has converged\n');
12-              xk = x(i+1);
13-              niter = i+1;
14-              break;
15-      end
16-  end
17-  if (iter > max)
18-          fprintf('can not find desired root by maximum times iterations \n');
19-          iter = iter-1;
20-          xk = x(iter);
21-          niter = iter;
```

```
22-  end
23-  % Output results
24-  % fprintf('iter        x        error\n');
25-  % for i = 1: niter
26-  %     fprintf('%3d %14.9f %14.9f \n',i,x(i),er(i));
27-  % end
28-  end
```

【编程技巧 7.2】 向后欧拉法在求解每个 y_{i+1} 时，需要进行不动点迭代，而且每次迭代次数不定，因此可以直接调用第 3 章中不动点迭代法的子程序 FPIsub.m 进行求解，由于原来是求解固定方程的解，而现在是求解一系列方程式(7.9)的解，所以需要循环调用。同时为了避免命令行窗口的输出结果过多，需要将原来的输出语句第 23～27 行注释掉。

【编程技巧 7.3】 调用 FPIsub.m 时需要输入句柄函数 phi，由于 phi 的表达式 $y_i + hf(x_{i+1}, y)$ 在每个点上都会发生改变且表达式又包含另外函数 f(x,y)，所以在程序 BEsub.m 中定义句柄函数 phi 时采用了句柄函数的嵌套。具体见 BEsub.m 第 8 行。

【易错之处 7.1】 不动点迭代法进行迭代时，必须采用最大迭代次数来防止计算陷入死循环，另外，迭代初值的选择也很关键，初值选择不当可能会使得计算失败，例如用向后欧拉法计算例 7.1 中的问题，初值 $y_{i+1}^{(0)}$ 不能设定为 0，因为计算中 $y_{i+1}^{(0)}$ 出现在分母上，具体见 BEmain.m 第 7 行。

4. 数值算例

算例 7.2　取步长为 $h = 0.1$，在区间[0,1]上用向后欧拉方法求解算法 1 中常微分方程初值问题。每步进行不动点迭代时，设定迭代初值 $y_{i+1}^{(0)} = 1$、最大迭代次数 $N_{\max} = 200$，容许误差 $\varepsilon = 0.5 \times 10^{-4}$。

解　运行 BEmain.m，窗口显示每一步不动点迭代都是收敛的。从命令行窗口输出数值解，并将结果列在表 7.2 中。

表 7.2　算例 7.2 的向后欧拉法计算结果与精确解对比

k	数值解 1	数值解 2	精确解 $y(x_k)$
0	1.000 000 00	1.000 000 00	1.000 000 00
1	1.090 735 53	1.090 737 51	1.095 445 12
2	1.174 066 96	1.174 075 72	1.183 215 96
3	1.251 236 39	1.251 248 42	1.264 911 06
4	1.323 075 86	1.323 093 32	1.341 640 79
5	1.390 151 78	1.390 177 85	1.414 213 56
6	1.452 830 68	1.452 869 62	1.483 239 70
7	1.511 328 26	1.511 376 43	1.549 193 34
8	1.565 706 63	1.565 766 68	1.612 451 55
9	1.615 901 17	1.615 976 50	1.673 320 05
10	1.661 711 08	1.661 806 11	1.732 050 81

其中.数值解1表示将不动点容许误差设定为$\varepsilon=0.5\times10^{-4}$的结果,而数值解2表示将容许误差提高到$\varepsilon=0.5\times10^{-6}$的结果,将它们和第3列的精确值对比可以发现,提高迭代法的容许误差无法提高向后欧拉法的整体精度,因此在计算中不需要设定过小的迭代误差。

7.1.3 梯形方法

从积分形式式(7.4)可知,向前欧拉法和向后欧拉法分别采用了左矩形公式和右矩形公式来计算定积分,如果采用精度更高的梯形公式计算积分有望得到精度更高的数值解,即

$$y_{i+1}=y_i+\frac{h}{2}[f(x_i,y_i)+f(x_{i+1},y_{i+1})] \tag{7.10}$$

式(7.10)被称为求解常微分方程初值问题的梯形方法,由于该公式依然是隐格式,所以需要迭代求解,计算公式为

$$y_{i+1}^{(k+1)}=y_i+\frac{h}{2}[f(x_i,y_i)+f(x_{i+1},y_{i+1}^{(k)})],\quad k=0,1,\cdots \tag{7.11}$$

1.方法简介

根据6.2.1节牛顿-柯特斯求积公式的内容,可知用$\frac{h}{2}[f(x_i,y_i)+f(x_{i+1},y_{i+1})]$来近似$\int_{x_i}^{x_{i+1}}f(x,y)\mathrm{d}x$,其误差为$-\frac{(x_{i+1}-x_i)^3}{12}f''(\xi,y(\xi))=-\frac{h^3}{12}f''(\xi,y(\xi))$。该误差也是求解常微分方程初值问题时点$x_{i+1}$处的局部截断误差,其整体截断误差为$O(h^2)$,故梯形法是一种二阶方法。基于相同的步长$h$,有望得到精度更高的数值解。

梯形方法由于是一种隐式格式,需要和向后欧拉法一样进行迭代求解。梯形法在进行迭代求解时收敛的必要条件是步长h满足$\frac{1}{2}hL<1$。

2.算法设计

梯形法先设定一个计算终点b,然后根据离散点数目n,确定离散步长$h=(b-a)/n$并生成离散点$x_i=x_0+ih(i=1,2,\cdots,n)$。

最后让循环变量i从0到$n-1$循环,根据式(7.11)计算节点x_{i+1}上$y(x_{i+1})$的近似值y_{i+1}。此处类似于向后欧拉法,也是用不动点迭代法来迭代求解y_{i+1}的近似值。需要提前设定迭代初值$y_{i+1}^{(0)}$、容许误差ε和最大迭代次数$N_{\max}$,迭代计算可直接调用第3章的子程序FPIsub.m,编程中直接将该函数文件拷贝到当前文件夹,并在需要迭代求解时直接调用即可。

算法3 梯形法算法(Trapezoidal Method)。

输入数据:初始点x_0及终点b,初值$y(x_0)$,函数$f(x,y)$。

输出数据:离散点x_i上的数值解y_i。

计算过程:

Step 1:根据输入离散点数n,计算步长h并生成$\{x_i\}_{i=0}^{n}$;

Step 2:对i从0到$n-1$进行循环,迭代计算y_{i+1},计算公式为

$$y_{i+1}^{(k+1)} = y_i + \frac{h}{2}[f(x_i, y_i) + f(x_{i+1}, y_{i+1}^{(k)})]$$

3. 程序实现

算法3梯形法的MATLAB程序：

输入：右端函数 f(x,y)——主程序 TMmain.m 第3行；
初始点 x0 及初值条件 y0——主程序 TMmain.m 第4行；
终点 b 和需要等分的区间数 ne——主程序 TMmain.m 第5,6行；
迭代初值 yi0 和最大迭代次数 Nmax——主程序 TMmain.m 第7行；
容许误差 tol——主程序 TMmain.m 第8行

输出：离散点 xi 处数值解 yi——主程序 TMmain.m 第11行

主程序代码：TMmain.m
说明：与172页主程序 BEmain.m 相同，不同之处为第11行，需要修改为

```
11-  yi=TMsub(fxy,xi,y0,h,yi0,Nmax,tol);
```

子程序代码：TMsub.m

```
1-   function y1=TMsub(fxy,x1,y0,h,a0,max,tol)
2-   np=length(x1);
3-   y1=zeros(1,np);
4-   y1(1)=y0;
5-   for i = 2:np
6-       a=y1(i-1);
7-       b=x1(i-1); c=x1(i)
8-       phi=@(y)(a+0.5*h*(fxy(b,a)+ fxy(c,y)));
9-       [yk,niter]=FPIsub(phi,a0,tol,max);
10-      y1(i)=yk;
11-  end
12-  plot(x1,y1,':x');
```

子程序代码：FPIsub.m
说明：与向后欧拉法子程序 FPIsub.m 完全相同

4. 数值算例

算例7.3　取步长为 $h=0.1$，在区间[0,1]上用梯形法求解算法1中常微分方程初值问题。每步进行不动点迭代时，设定迭代初值 $y_{i+1}^{(0)}=1$、最大迭代次数 $N_{\max}=200$，容许误差 $\varepsilon=0.5\times10^{-4}$。

解　运行 TMmain.m，在命令行窗口输入

```
>> format long ↵
>>yi' ↵
      1.000000000000000
      1.095655834491622
```

1.183593651330947
1.265440478479095
1.342322355033014
1.415058026781850
1.484265954880181
1.550427777328028
1.613928233164544
1.675081469274513
1.734149072332768

将上述结果与表 7.1 中的精确解进行对比可以发现，梯形法的精度要明显高于向前和向后欧拉法。这种精度差异在图 7.1 中能直观看出来。随着不断计算，向前欧拉法和向后欧拉法都出现了误差越来越大的现象，但是梯形法误差一直较小。

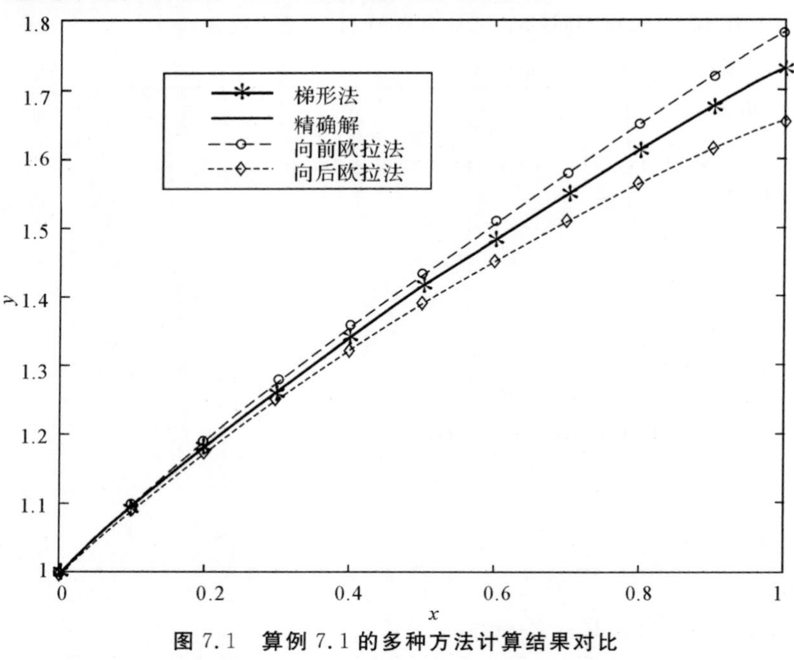

图 7.1 算例 7.1 的多种方法计算结果对比

7.1.4 改进的欧拉方法

隐式方法在求解常微分方程初值问题时，每向前计算一步都需要进行若干次迭代，以算例 7.1 为例，如果设定初值为 1，容许误差为 $\varepsilon=0.5\times10^{-4}$，向后欧拉法每一步平均需要进行 10 次迭代，而梯形法每一步平均需要进行 8 次迭代。当终点 b 较大或者步长 h 较小时，最终需要的迭代计算次数会急剧增长。

一种自然的想法是用显式方法提供一个较好的初值，然后用隐式方法只进行一次迭代，这样的算法也被称为预估较正方法。为了提高预估得到结果的精度，最好采用比显式预估方法阶数更高或者至少相当的隐式方法进行校正。例如用向前欧拉法进行预估，然后用梯形法进行校正的这种算法就被称为改进欧拉法或欧拉预估校正公式。

1. 方法简介

首先使用向前欧拉法得到 y_{i+1} 的预估值 $\tilde{y}_{i+1}$，再使用梯形公式进行校正，即得到改进欧拉法，具体计算公式为

$$\left.\begin{aligned} \tilde{y}_{i+1} &= y_i + hf(x_i, y_i) \\ y_{i+1} &= y_i + \frac{h}{2}[f(x_i, y_i) + f(x_{i+1}, \tilde{y}_{i+1})] \end{aligned}\right\} \tag{7.12}$$

将式(7.12)中的第 1 式代入第 2 式得到更简洁的格式，得

$$y_{i+1} = y_i + \frac{h}{2}[f(x_i, y_i) + f(x_{i+1}, y_i + hf(x_i, y_i))] \tag{7.13}$$

根据理论推导，改进欧拉法的收敛阶也为二阶[4]。

2. 算法设计

改进欧拉法先设定一个计算终点 b，然后根据离散点数目 n，确定离散步长 $h = (b-a)/n$ 并生成离散点 $x_i = x_0 + ih(i = 1, 2, \cdots, n)$。最后让循环变量 i 从 0 到 $n-1$ 循环，根据式(7.12)或式(7.13)计算节点 x_{i+1} 上 $y(x_{i+1})$ 的近似值 y_{i+1}。改进欧拉法将梯形法的迭代只进行了一次，故无论是预估步还是校正步都是显式格式。整个计算中不再需要进行迭代来求解 y_{i+1} 的近似值，即不需要调用不动点迭代法，另外如果采用函数句柄定义式(7.13)，其函数句柄将包含两层嵌套。为了简化编程和计算，编程中最好除了函数 $f(x, y)$ 外不再定义新的函数句柄。

算法 4　改进欧拉法(Improved Euler Method)。

输入数据：初始点 x_0 及终点 b，初值 $y(x_0)$，函数 $f(x, y)$。

输出数据：离散点 x_i 上的数值解 y_i。

计算过程：

Step 1：根据输入离散点数 n，计算步长 h 并生成 $\{x_i\}_{i=0}^{n}$；

Step 2：对 i 从 0 到 $n-1$ 进行循环，迭代计算 y_{i+1}，计算公式为

$$y_{i+1} = y_i + \frac{h}{2}[f(x_i, y_i) + f(x_{i+1}, y_i + hf(x_i, y_i))]$$

3. 程序实现

算法 4 改进欧拉法的 MATLAB 程序：

输入：右端函数 f(x,y)——主程序 IEmain. m 第 3 行； 初始点 x0 及初值条件 y0——主程序 IEmain. m 第 4 行； 终点 b 和需要等分的区间数 ne——主程序 IEmain. m 第 5,6 行	
输出：离散节点 xi 处数值解 yi——主程序 IEmain. m 第 9 行	
主程序代码：IEmain. m	
1-	clc;
2-	clear all;

```
3-   fxy=@(x,y)y-2*x/y;
4-   x0=0; y0=1;
5-   b=1;
6-   ne=10;
7-   h=(b-x0)/ne;
8-   xi=x0:h:b;
9-   yi=IEsub(fxy,xi,y0,h);
```

子程序代码:IEsub. m

```
1-   function y1=IEsub(fun,x1,y0,h)
2-   y1=0*x1;
3-   y1(1)=y0;
4-   np=length(x1);
5-   for i =2:np
6-        yt=y1(i-1)+h*fun(x1(i-1),y1(i-1));
7-        y1(i)=y1(i-1)+0.5*h*(fun(x1(i-1),y1(i-1))+fun(x1(i),yt));
8-   end
9-   plot(x1,y1,'-r*')
10-  end
```

【编程技巧 7.4】 可以将式(7.12)改写为计算两个中间值 $y_1=y_i+hf(x_i,y_i)$ 和 $y_2=y_i+hf(x_{i+1},y_1)$,则 $y_{i+1}=(y_1+y_2)/2$。这样计算能减少一次对函数句柄 fun 的调用,提高计算效率。

4. 数值算例

算例 7.4 取步长为 $h=0.1$,在区间[0,1]上改进欧拉法求解算例 7.1 中的常微分方程初值问题。

解 运行 IEmain. m,在命令行窗口输入:

```
>>fprintf('%10.8f \n',yi') ↵
```

就能格式输出小数点后面有 8 位数字的数值解,这个命令比只能输出小数点后 4 位和 15 位的 format short 和 format long 更加灵活。将得到的结果列入表 7.3。

表 7.3 梯形法和改进欧拉法结果比较

k	梯形法	改进欧拉法	精确解 $y(x_k)$
0	1.000 000 00	1.000 000 00	1.000 000 00
1	1.095 655 83	1.095 909 09	1.095 445 12
2	1.183 593 65	1.184 096 57	1.183 215 96
3	1.265 440 48	1.266 201 36	1.264 911 06
4	1.342 322 36	1.343 360 15	1.341 640 79
5	1.415 058 03	1.416 401 93	1.414 213 56
6	1.484 265 95	1.485 955 60	1.483 239 70
7	1.550 427 78	1.552 514 09	1.549 193 34
8	1.613 928 23	1.616 474 78	1.612 451 55
9	1.675 081 47	1.678 166 36	1.673 320 05
10	1.734 149 07	1.737 867 40	1.732 050 81

从表 7.3 中数据可以看出，梯形法和改进欧拉法的精度相当，都具有 3 位有效数字，但是梯形法的绝对误差比改进欧拉法更小，其原因是梯形法结果是经过多次迭代得到的，比改进欧拉法的结果更接近精确解。

7.2　龙格-库塔方法

如果基于积分形式式(7.4)构造更高阶的数值方法，可以选用比梯形公式精度更高的辛普森公式及柯特斯公式。以辛普森公式为例，计算公式为

$$y_{i+1} = y_i + \frac{h}{6}\left[f(x_i, y_i) + 4f(x_{i+\frac{1}{2}}, y_{i+\frac{1}{2}}) + f(x_{i+1}, y_{i+1})\right]$$

由于一个式子中同时包含了 $y_{i+\frac{1}{2}}, y_{i+1}$ 两个未知数，该公式无法直接用来进行计算。另外基于泰勒级数展开法直接由 $f(x,y)$ 出发，利用复合函数求导法则计算高阶导数，则需要很大的计算量。一种折中的方法是用点(x,y)附近一些点的 $f(x,y)$ 值的线性组合来取代导数的计算，再与泰勒级数进行比较来选择组合系数，这种方法被称为龙格-库塔方法 (Runge-Kutta Method)，其通式为

$$\left.\begin{aligned} y_{n+1} &= y_n + h\sum_{i=1}^{r} c_i K_i \\ K_1 &= f(x_n, y_n) \\ K_i &= f(x_n + \alpha_i h, y_n + h\sum_{j=1}^{i-1}\beta_{ij}K_j), i = 2, \cdots r \end{aligned}\right\} \tag{7.14}$$

其中，$c_i, \alpha_i, \beta_{ij}$ 均为待定常数，式(7.14) 第一式右端需要对 r 个点处的 $f(x,y)$ 函数值进行组合，故称其为 r 级龙格-库塔方法。如果该公式的局部收敛阶为 $O(h^{k+1})$，则称其为 $k(k \leqslant r)$ 阶的龙格-库塔方法，计算效率最高的为 r 级 r 阶龙格-库塔方法。

1. 方法简介

基于式(7.14)的格式，向前欧拉法可视为一种一级一阶的龙格-库塔方法。依据该通式，二级的龙格-库塔公式为

$$\left.\begin{aligned} y_{n+1} &= y_n + h(c_1 K_1 + c_2 K_2) \\ K_1 &= f(x_n, y_n) \\ K_2 &= f(x_n + \alpha_2 h, y_n + \beta_{21} h K_1) \end{aligned}\right\} \tag{7.15}$$

需要确定的待定参数为 $c_1, c_2, \alpha_2, \beta_{21}$，将 K_1, K_2 展开后代入第 1 式得到

$$\begin{aligned} y_{n+1} = {} & y_n + c_1 hK_1 + c_2 hK_2 = \\ & y(x_n) + (c_1 + c_2)hy'(x_n) + c_2 h^2\left[\alpha_2 f_x + \beta_{21} ff_y\right]_{(x_n, y_n)} + \\ & \frac{1}{2}c_2 h^3\left[\alpha_2^2 f_{xx} + 2\alpha_2\beta_{21} ff_{xy} + \beta_{21}^2 f^2 f_{yy}\right]_{(x_n, y_n)} + O(h^4) \end{aligned}$$

与经典泰勒展开式

$$y(x_{n+1}) = y(x_n) + hy'(x_n) + \frac{1}{2!}h^2 y''(x_n) + \frac{1}{3!}h^3 y'''(x_n) + O(h^4)$$

比较，若要局部截断误差为 $O(h^4)$，则系数需要满足方程组

$$\left.\begin{aligned} &1-c_1-c_2=0\\ &\frac{1}{2}-c_2\alpha_2=0\\ &\frac{1}{2}-c_2\beta_{21}=0 \end{aligned}\right\} \tag{7.16}$$

上述方程组为欠定方程组（4 个变量、3 个方程），故方程存在无数组解，即存在无数个二级二阶的龙格-库塔公式。

常用的几种二级二阶龙格-库塔公式如下：

（1）改进欧拉法：$c_1=c_2=\frac{1}{2}, \alpha_2=\beta_{21}=1$；

（2）中点公式：$c_1=0, c_2=1, \alpha_2=\beta_{21}=\frac{1}{2}$；

（3）休恩公式：$c_1=\frac{1}{4}, c_2=\frac{3}{4}, \alpha_2=\beta_{21}=\frac{2}{3}$。

基于类似的方法可以推导出常见的三级三阶龙格-库塔公式有以下 2 种。

（1）休恩公式：

$$\begin{cases} y_{n+1}=y_n+\frac{h}{4}(K_1+3K_3)\\ K_1=f(x_n, y_n)\\ K_2=f\left(x_n+\frac{1}{3}h,\ y_n+\frac{1}{3}hK_1\right)\\ K_3=f\left(x_n+\frac{2}{3}h,\ y_n+\frac{2}{3}hK_2\right) \end{cases}$$

（2）库塔公式：

$$\begin{cases} y_{n+1}=y_n+\frac{h}{6}(K_1+4K_2+K_3)\\ K_1=f(x_n, y_n)\\ K_2=f\left(x_n+\frac{1}{2}h,\ y_n+\frac{1}{2}hK_1\right)\\ K_3=f(x_n+h,\ y_n-hK_1+2hK_2) \end{cases}$$

常见的四级四阶龙格-库塔公式有以下 2 种。

（1）经典公式：

$$\begin{cases} y_{n+1}=y_n+\frac{h}{6}(K_1+2K_2+2K_3+K_4)\\ K_1=f(x_n, y_n)\\ K_2=f\left(x_n+\frac{1}{2}h,\ y_n+\frac{1}{2}hK_1\right)\\ K_3=f\left(x_n+\frac{1}{2}h,\ y_n+\frac{1}{2}hK_2\right)\\ K_4=f(x_n+h,\ y_n+hK_3) \end{cases}$$

(2)基尔公式:

$$
\begin{cases}
y_{n+1} = y_n + \dfrac{h}{6}\left[K_1 + (2-\sqrt{2})K_2 + (2+\sqrt{2})K_3 + K_4\right] \\
K_1 = f(x_n, y_n) \\
K_2 = f\left(x_n + \dfrac{1}{2}h,\ y_n + \dfrac{h}{2}K_1\right) \\
K_3 = f\left(x_n + \dfrac{1}{2}h,\ y_n + \dfrac{\sqrt{2}-1}{2}hK_1 + \dfrac{2-\sqrt{2}}{2}hK_2\right) \\
K_4 = f\left(x_n + h,\ y_n - \dfrac{\sqrt{2}}{2}hK_2 + (1+\dfrac{\sqrt{2}}{2})hK_3\right)
\end{cases}
$$

2. 算法设计

从前面的介绍可以看出,各阶龙格-库塔公式不是唯一的,但是其通式是统一的,各种方法的不同也仅仅是系数的不同。在进行编程时,可以将同阶方法作为一个 case 选项,然后再在选项内进一步选择具体的方法,提前将系数 c_i,α_i,β_{ij}进行存储来代表不同的方法。

算法 5　龙格-库塔方法(Runge - Kutta Method)。

输入数据:初始点 x_0 及终点 b,初值 $y(x_0)$,函数 $f(x,y)$,方法阶数 k,具体方法代号。

输出数据:离散点 x_i 上的数值解 y_i。

计算过程:

Step 1:根据输入离散点数 n,计算步长 h 并生成$\{x_i\}_{i=0}^{n}$。

Step 2:选择龙格-库塔方法 的阶数 $k(k=2,3,4)$,并选择方法名称代码 ij。

Step 3:对 i 从 0 到 $n-1$ 进行循环,按照式(7.14) 计算 y_{i+1}。

3. 程序实现

算法 5 龙格-库塔方法的 MATLAB 程序:

输入:右端函数 f(x,y)——主程序 RKmain. m 第 3 行;
　　初始点 x0 及初值条件 y0——主程序 RKmain. m 第 4 行;
　　终点 b 和需要等分的区间数 ne——主程序 RKmain. m 第 5,6 行;
　　龙格库塔方法阶数 k 和方法代码 ij——主程序 RKsub. m 第 5,8 行

输出:离散节点 xi 上数值解 yi——主程序 RKmain. m 第 8 行

主程序代码:RKmain. m

```
1-  clc;
2-  clear all;
3-  fxy=@(x,y)y-2*x/y;
4-  x0=0; y0=1;
5-  b=1;
6-  ne=10;
7-  h=(b-x0)/ne;
8-  xi=x0:h:b;
9-  yi=RKsub(fxy,xi,y0,h);
```

子程序代码：RKsub. m

```
1-   function [y1]=RKsub(fun,x1,y0,h);
2-   y1=0*x1;
3-   y1(1)=y0;
4-   np=length(x1);
5-   k=menu('choose covergence order', '2-2nd','3-3rd','4-4th');
6-   switch k
7-   case 1            %k==1
8-   ij= menu('choose method', 'A-Improved Euler','B-Middle point',...
9-                    'C-Heun formula');
10-        switch ij
11-        case 1
12-            c1=0.5;c2=0.5;
13-            alfa2=1; beta21=1;
14-        case 2
15-            c1=0;c2=1;
16-            alfa2=0.5; beta21=0.5;
17-        case 3
18-            c1=1/4;c2=3/4;
19-            alfa2=2/3; beta21=2/3;
20-        end
21-        for i=2:np
22-           k1 = fun(x1(i-1),y1(i-1));
23-           k2 = fun(x1(i-1)+alfa2*h,y1(i-1)+beta21*h*k1);
24-           y1(i) = y1(i-1)+h*(c1*k1+c2*k2);
25-        end
26-  case 2  %k==2
27-  ij= menu('choose method', 'A-Heun formula','B-Kutta formula');
28-      switch ij
29-      case 1
30-          c1=1/4; c2=0; c3=3/4;
31-          alfa2=1/3; beta21=1/3;
32-          alfa3=2/3; beta31=0; beta32=2/3;
33-      case 2
34-          c1=1/6; c2=4/6; c3=1/6;
35-          alfa2=1/2; beta21=1/2;
36-          alfa3=1; beta31=-1; beta32=2;
37-      end
38-      for i=2:np
39-         k1 = fun(x1(i-1),y1(i-1));
40-         k2 = fun(x1(i-1)+alfa2*h,y1(i-1)+beta21*h*k1);
41-         k3 = fun(x1(i-1)+alfa3*h,y1(i-1)+beta31*h*k1+beta32*h*k2);
42-         y1(i)=y1(i-1)+h*(c1*k1+c2*k2+c3*k3);
43-      end
44-  case 3   %k==3
```

```
45-  ij= menu('choose method', 'A-Classical formula','B-Gill formula');
46-        switch ij
47-        case 1
48-            c1=1/6; c2=2/6; c3=2/6; c4=1/6;
49-            alfa2=1/2; beta21=1/2;
50-            alfa3=1/2; beta31=0; beta32=1/2;
51-            alfa4=1; beta41=0; beta42=0; beta43=1;
52-        case 2
53-            c1=1/6; c2=(2-sqrt(2))/6; c3=(2+sqrt(2))/6; c4=1/6;
54-            alfa2=1/2; beta21=1/2;
55-            alfa3=1/2; beta31=(sqrt(2)-1)/2; beta32=(2-sqrt(2))/2;
56-            alfa4=1; beta41=0; beta42=-sqrt(2)/2; beta43=1+sqrt(2)/2;
57-        end
58-        for i=2:np
59-           k1=fun(x1(i-1),y1(i-1));
60-           k2=fun(x1(i-1)+alfa2*h,y1(i-1)+beta21*h*k1);
61-           k3=fun(x1(i-1)+alfa3*h,y1(i-1)+beta31*h*k1+beta32*h*k2);
62-           k4=fun(x1(i-1)+alfa4*h,y1(i-1)
63-               +beta41*h*k1+beta42*h*k2+beta43*h*k3);
64-           y1(i)=y1(i-1)+h*(c1*k1+c2*k2+c3*k3+c4*k4);
65-           end
66-  end
67-  end
```

【易错之处 7.2】 如果采用命令menu来输入参数 k，虽然提示语句写的 2、3、4 分别代表 2、3、4 阶龙格-库塔方法，但是选择相应方法后，传递给参数 k 的数值分别为 1、2、3，因此选择结构 switch-case 中必须设定为 case 1、case 2、case 3 而非 case 2、case 3、case 4，对于不同方法的选择变量 ij 的设定也是一样的。

4. 数值算例

算例 7.5　取步长为 $h=0.1$，在区间[0,1]上用二阶休恩公式、三阶休恩公式和四级四阶经典公式求解算例 7.1 中给出的常微分方程初值问题。

解　运行 RKmain.m，在弹出的窗口分别选择阶数和指定的方法，将数值解列到表 7.4 中。

表 7.4　各阶龙格库塔方法结果比较

k	二阶休恩公式	三阶休恩公式	四阶经典公式	精确解
0	1.000 000 00	1.000 000 00	1.000 000 00	1.000 000 00
1	1.095 625 00	1.095 450 78	1.095 445 53	1.095 445 12
2	1.183 572 30	1.183 226 38	1.183 216 75	1.183 215 96
3	1.265 449 13	1.264 926 16	1.264 912 23	1.264 911 06
4	1.342 373 63	1.341 660 85	1.341 642 35	1.341 640 79

续 表

k	二阶休恩公式	三阶休恩公式	四阶经典公式	精确解
5	1.415 161 58	1.414 239 14	1.414 215 58	1.414 213 56
6	1.484 430 80	1.483 271 56	1.483 242 22	1.483 239 70
7	1.550 663 48	1.549 232 47	1.549 196 45	1.549 193 34
8	1.614 245 70	1.612 499 17	1.612 455 35	1.612 451 55
9	1.675 493 59	1.673 377 66	1.673 324 66	1.673 320 05
10	1.734 671 21	1.732 120 23	1.732 056 37	1.732 050 81

从表 7.4 可以看出，随着方法阶数的提高，得到的数值解的精度也随着增加，有效数字位数显著增加。

7.3 线性多步法

前面的各种方法，例如欧拉法、梯形法以及龙格-库塔方法，在计算y_{i+1}时，只用到了点 x_i 上的 y_i，这种方法被称为单步法。如果用到前面两个点以上函数值来计算 y_{i+1}，这种方法被称为多步法，多步法是构造求解常微分方程初值问题的高阶方法的重要手段。

1. 方法简介

线性多步法的基本思想是用已经算出的多个函数值的线性组合来计算函数及导数，其一般格式为

$$y_{n+k} = \sum_{j=0}^{k-1} \alpha_j y_{n+j} + h\beta_{-1} f_{n+k} + \sum_{j=0}^{k-1} h\beta_j f_{n+j} \tag{7.17}$$

式中，$f_{n+j} = f(x_{n+j}, y_{n+j})$，待定参数为 α_j，β_j，如果 $\beta_{-1} = 0$，则该格式为显式格式，否则为隐式格式。显式格式可直接进行计算，但隐式格式需要进行不动点迭代求解。

构造各种线性多步法常用的方法是泰勒展开法和数值积分法，前者将式(7.17)中右端所有项在某个点 x_{n+j} 处泰勒展开，然后将其与经典泰勒展开式进行对比，让尽可能多的项系数和经典泰勒公式相同来提高方法的局部截断误差阶数。

数值积分法是将积分方程修改为

$$\int_{x_{n+s}}^{x_{n+k}} y' \mathrm{d}t = \int_{x_{n+s}}^{x_{n+k}} f(t, y) \mathrm{d}t$$

这里 $s<k$，被积函数 $f(t,y)$ 至少用两个点上的函数值进行插值。积分区间和插值区间可以不相同，这样就能得到各种不同的多步法。

如果积分区间和插值区间相互重叠，这种插值为内部插值，会得到隐式格式。如果积分区间和插值区间不重叠，这种插值为外部插值，会得到显式格式。工程中常用的是 Adams 显式格式，该格式是在$[x_n, x_{n+1}]$上积分，被积函数在区间$[x_{n-3}, x_n]$上进行插值，得到的公式为

$$y_{n+1} = y_n + h\left[\frac{55}{24} f(x_n, y_n) - \frac{59}{24}(x_{n-1}, y_{n-1}) + \frac{37}{24} f(x_{n-2}, y_{n-2}) - \frac{9}{24} f(x_{n-3}, y_{n-3})\right] \tag{7.18}$$

Adams 隐式格式是在$[x_n, x_{n+1}]$上积分，被积函数在区间$[x_{n-2}, x_{n+1}]$上进行插值，得到的公式为

$$y_{n+1} = y_n + h\left[\frac{9}{24}f(x_{n+1}, y_{n+1}) + \frac{19}{24}f(x_n, y_n) - \frac{5}{24}(x_{n-1}, y_{n-1}) + \frac{1}{24}f(x_{n-2}, y_{n-2})\right] \quad (7.19)$$

隐格式需要迭代求解，为了减少运算量，可以采用和改进欧拉法一样的预估校正公式，即用式(7.18)预估，然后用式(7.19)校正，其公式如下：

$$\left.\begin{aligned} \tilde{y}_{n+1} &= y_n + \frac{h}{24}(55f_n - 59f_{n-1} + 37f_{n-2} - 9f_{n-3}) \\ y_{n+1} &= y_n + \frac{h}{24}[9f(x_{n+1}, \tilde{y}_{n+1}) + 19f_n - 5f_{n-1} + f_{n-2}] \end{aligned}\right\} \quad (7.20)$$

式(7.20)被称为 Adams 预估校正公式，上述式(7.18)到式(7.19)都是四阶格式。

2. 算法设计

在计算时 Adams 显式格式时，由于只知道 $x_{n-3} = x_0, y_{n-3} = y_0$，因此第一步直接计算 $y_{n+1} = y_4$ 时还需要知道 y_1, y_2, y_3 这些近似值，这些值被称为线性多步法的启动值。对于精度较高的多步法，应选用和多步法精度相当甚至更高的单步法来计算启动值，否则，启动值的误差会被传导到后面的计算中去。计算完启动值，就可以按式(7.18)直接计算 y_{n+1} 及后面的值 $y_{n+2}, y_{n+3}, \cdots$。

算法 6　线性多步法(Linear Multsteps Method)。

输入数据：初始点 x_0 及终点 b，初值 $y(x_0)$，函数 $f(x,y)$。

输出数据：离散点 x_i 上的数值解 y_i。

计算过程：

Step 1：根据输入离散点数 n，计算步长 h 并生成 $\{x_i\}_{i=0}^{n}$；

Step 2：应用龙格-库塔方法计算 y_1, y_2, y_3；

Step 3：对 i 从 3 到 n 进行循环，按照式(7.18)计算 y_{i+1}。

3. 程序实现

算法 6 线性多步法的 MATLAB 程序：

输入：右端函数 f(x,y)——主程序 LMmain.m 第 3 行； 初始点 x0 及初值条件 y0——主程序 LMmain.m 第 4 行； 终点 b 和需要等分的区间数 ne——主程序 LMmain.m 第 5,6 行
输出：离散节点 xi 上数值解 yi——主程序 LMmain.m 第 9 行
主程序代码：LMmain.m

```
1-  clc;
2-  clear all;
3-  fxy=@(x,y)y-2*x/y;
4-  x0=0; y0=1;
5-  b=1;
6-  ne=10;
7-  h=(b-x0)/ne;
8-  xi=x0:h:b;
9-  yi=LMsub(fxy,xi,y0,h);
```

子程序代码:LMsub. m

```
1-  function y1=LMsub(fun,x1,y0,h)
2-  y1=0 * x1;
3-  y1(1)=y0;
4-  np=length(x1);
5-  for k =1:3
6-       k1= fun(x1(k),y1(k));
7-       k2=fun(x1(k)+0.5 * h,y1(k)+0.5 * h * k1);
8-       k3=fun(x1(k)+0.5 * h,y1(k)+0.5 * h * k2);
9-       k4= fun(x1(k)+h, y1(k)+h * k3);
10-      y1(k+1)=y1(k)+h * (k1+2 * k2+2 * k3+k4)/6;
11- end
12- for i =4:np-1
13-     y1(i+1)=y1 (i)+h/24 * (55 * fun(x1(i),y1(i))-59 * fun(x1(i-1),y1(i-1))...
14-                +37 * fun(x1(i-2),y1(i-2))-9 * fun(x1(i-3),y1(i-3)));
15- end
16- end
```

4. 数值算例

算例 7.6　取步长为 $h=0.1$,在区间[0,1]上改进欧拉法求解算例 7.1 中的常微分方程初值问题。

解　运行程序 LMmain. m,在命令行窗户输入:

```
>> fprintf('%10.8f \n',yi')
1.00000000
1.09544553
1.18321675
1.26491223
1.34155176
1.41404642
1.48301891
1.54891887
1.61211643
1.67291703
1.73156975
```

对比验证:在 MATLAB 软件中有一些常用的函数可以直接求解微分方程初值问题,例如命令ode23采用 2 阶或者 3 阶龙格-库塔方法求解,其调用格式为[x,y]=ode23('fun',[a,b],y0,options),这里 fun 代表函数 f(x,y)函数名,如果用子程序定义 f(x,y),此处的 fun 表示子程序名字,如果用函数句柄定义 f(x,y),则可以直接引用该句柄;[a,b]为区间;y0 为初值;options为误差设定选项,可缺省。

在命令行窗口输入:

```
>> [x,y]=ode23(fxy,[0,1],1);↵
>> x'↵
ans =
列1至9
  0   0.0800   0.1800   0.2800   0.3800   0.4800   0.5800   0.6800   0.7800
列10至12
  0.8800   0.9800   1.0000
>> y'↵
列1至9
  1.0000   1.0770   1.1662   1.2490   1.3267   1.4000   1.4697   1.5363   1.6001
列10至12
  1.6614   1.7206   1.7322
```

从结果看出，命令ode23的节点并非均匀分布，故无法和前面算例结果进行直接对比。其他常用的命令的函数名，采用的方法和特点见表7.5。

表7.5　MATLAB求解微分方程部分命令

命令	方法	特点
ode23	2或3阶龙格-库塔方法	求解速度快，但精度较低
ode45	4或5阶龙格-库塔方法	精度较高，比较常用
ode113	Adams多步法	精度高
ode23t	梯形方法	精度低，但可以求解刚性方程

本章习题

1.用向后欧拉方法编程求初值问题

$$\begin{cases} y' = -20y, & 0 \leqslant x \leqslant 1 \\ y(0) = 1 \end{cases}$$

的数值解，分别取 $h=0.025, 0.05, 0.1$，观察步长对不动点迭代法收敛性影响。

2.用向前欧拉法和向后欧拉法编程计算区间[0,40]上初值问题

$$y' = -y + x + 1, \quad y(0) = 1$$

分别取步长 $h=0.5, 1, 2, 4$，观察结果是否稳定，并将计算结果与精确解 $y=e^{-x}+x$ 进行比较。

3.用改进欧拉法编程计算[0,2]上初值问题

$$y' = -y + x + 1, \quad y(0) = 1$$

起始步长 $h=0.2$，然后逐次减半到 $h=0.1, h=0.05$，观察节点1和2上的误差是否减少趋势(约为原来的1/4)。

4.用Adams－Moulton公式替换Adams预估校正公式(7.20)中的校正公式

$$y_{n+1} = y_n + h\left(\frac{251}{720}f_{n+1} + \frac{323}{360}f_n - \frac{11}{30}f_{n-1} + \frac{53}{360}f_{n-2} - \frac{19}{720}f_{n-3}\right)$$

编程计算区间[0,1]上的初值问题

$$y'=y-x^2+1,\quad y(0)=0.5$$

步长 $h=0.05$,初值用四阶经典龙格-库塔方法计算,计算结果与精确解 $y=(x+1)^2-0.5e^x$ 进行对比;并比较与式(7.20)计算结果的差异。

5. 对于降落伞跳伞问题,其数学模型为

$$\begin{cases} m\dfrac{dv}{dt}=mg-kr^2v \\ v(0)=0 \end{cases}$$

其中,$v(t)$为速度;$g=9.8\ \text{m/s}^2$;$r=4$ m 为降落伞的半径,$m=90$ kg 为跳伞者和降落伞的质量;$k=5$ 为空气阻力系数。

(1)以时间步长 $\Delta t=0.1$ 计算出在 60 s 的整个跳伞过程中速度变化情况。

(2)为了保证跳伞者安全着陆,要求落地速度不超过 10 m/s,降落伞的半径应该增加到多少? 60 s 内下降多少?

附录　数学变量与程序变量对照表

名　称	数学常用变量	程序中变量
线性方程组系数矩阵	$\boldsymbol{A}$	A
右端项	$\boldsymbol{b}$	b
增广矩阵($\boldsymbol{A}\|\boldsymbol{b}$)	$\hat{\boldsymbol{A}}$	AC
方程未知量	$\boldsymbol{x}$	x
上、下三角矩阵	$\boldsymbol{L},\boldsymbol{U}$	L,U
对角矩阵	$\boldsymbol{D}$	D
初值	x^0	x0
最大迭代次数	$N_{\max}$	Nmax
误差限	ε	eps 或 tol
松弛因子	ω	w
迭代次数	$iter$	iter
区间$[a,b]$的端点	a,b	a,b
节点及函数值	x_i,y_i	xi,yi
特定点及函数近似值	$\bar{x},\bar{y}$	xc,yc
等距节点步长	h	h
常微分方程函数	$f(x,y)$	fxy
节点数目	np	np
子区间数目	ne	ne
一阶、二阶导数值	$y'(x_i),y''(x_i)$	dyi1,dyi2

参 考 文 献

[1] 张文生. 科学计算中的偏微分方程有限差分法[M]. 北京：高等教育出版社，2006.

[2] LEADER J J. Numerical Analysis and Scientific Computation[M]. 北京:清华大学出版社,2005.

[3] BURDEN R L,FAIRES J D,BURDEN A M. Numerical Analysis[M]. 9th ed. Belmont: Wadsworth Publishing Company,2011.

[4] 聂玉峰，王振海. 数值方法简明教程[M]. 北京：高等教育出版社，2011.

[5] 封建湖,车刚明,聂玉峰. 数值分析原理[M]. 北京:科学出版社,2001.